(a)彩色原图

(b)红色分量图

(c)绿色分量图

(d)蓝色分量图

彩插 1　数字彩色图像的三原色分量图

彩插 2　0 ~ 255 灰度测试条的伪彩色测试条

(a)灰度图（原图）

(b)图(a)的伪彩色增强

彩插 3　灰度变换伪彩色处理示例

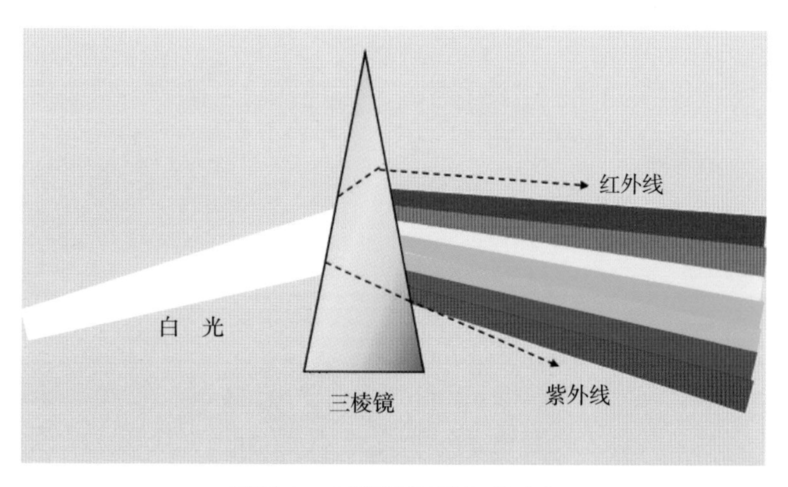

彩插 4　光学原理下的色彩形成

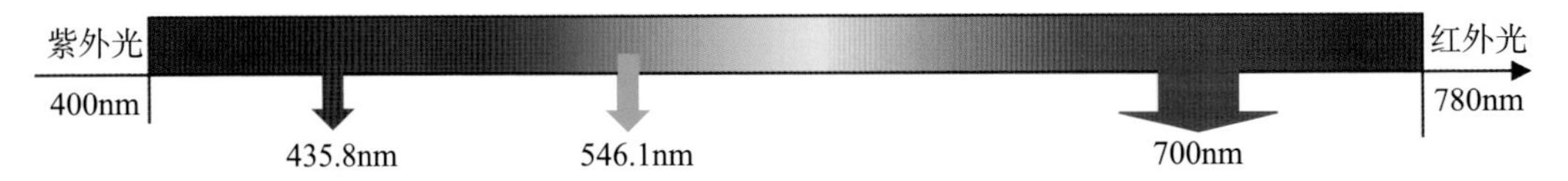

彩插 5　可见光区的色光分布示意图

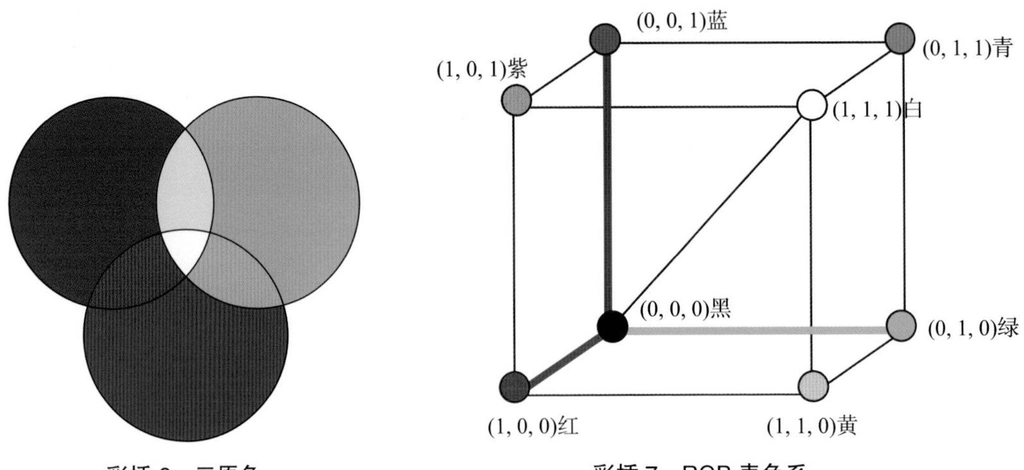

彩插 6　三原色

彩插 7　RGB 表色系

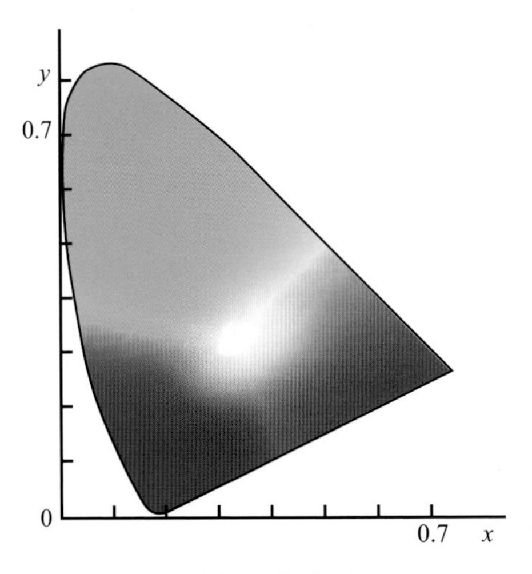

彩插 8　色度图

(a)原　图

(b)灰色世界法

(c)白平衡法

彩插 9　彩色平衡效果示例

(a)原　图

(b) C_b、C_r是小分辨率的效果

彩插 10　将 C_b、C_r 间隔采样后的效果

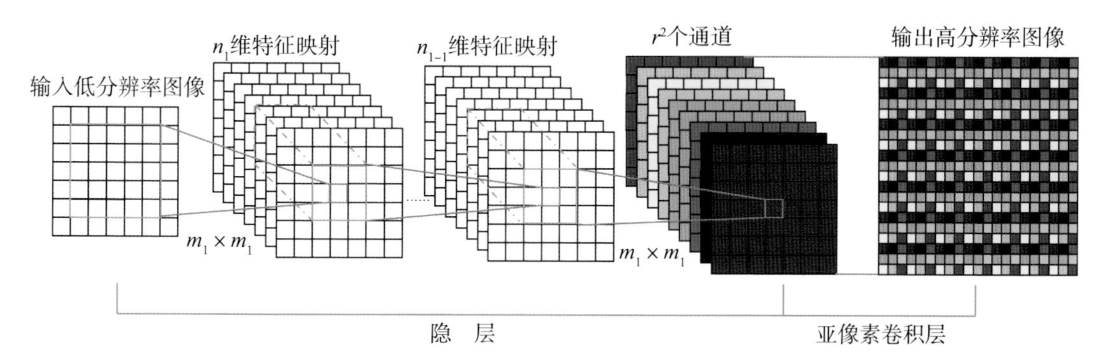

彩插 11　ESPCN 网络结构图

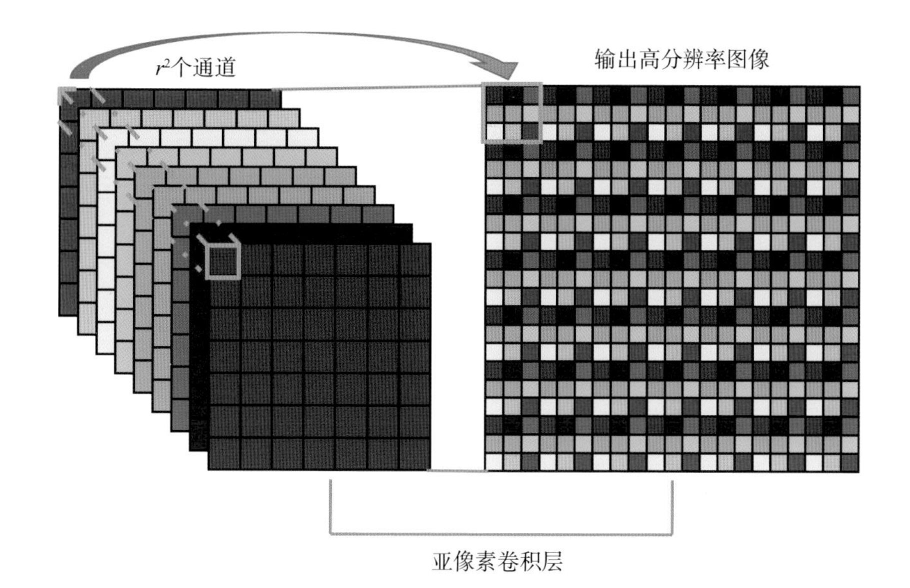

彩插 12　亚像素卷积过程示意图

彩插 13　图像目标检测示例

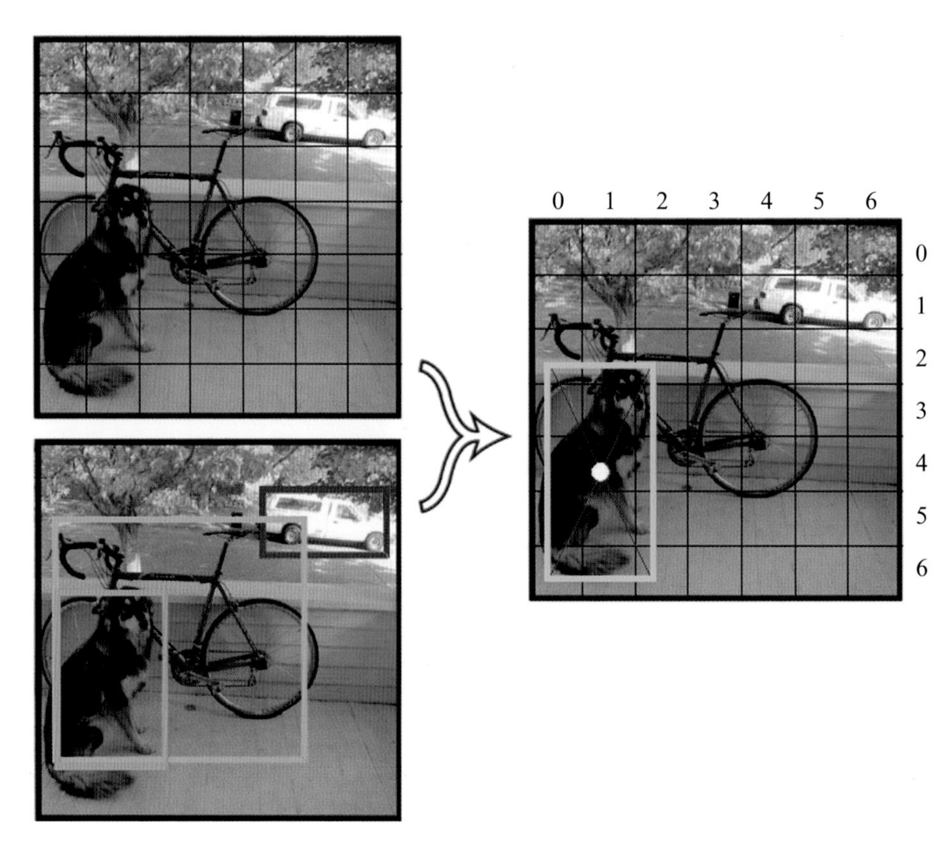

彩插 14　图像分块示意图

数字图像处理基础

（第二版）

朱 虹 主 编

王 栋 蔺广逢 副主编

科 学 出 版 社

北 京

内 容 简 介

本书主要介绍数字图像处理的基础方法，在第一版的基础上，对内容进行优化，增加了关于数字图像处理三类深度学习网络模型的介绍。

本书共11章，重点介绍数字图像处理的基本概念、图像增强、图像几何变换、图像去噪、图像锐化、图像分割、二值图像处理、彩色图像处理、图像变换、图像压缩编码、图像处理的深度学习网络模型等。

本书沿袭了第一版深入浅出、算例引导，方便读者理解和掌握相关内容的撰写风格。本书可作为高等院校电子信息工程、信息与通信工程、信号与信息处理、计算机、应用数学、自动化等相关专业本科生或研究生的教材及参考书，也可作为工程技术人员和相关应用研究人员的参考用书。

图书在版编目（CIP）数据

数字图像处理基础/朱虹主编.—2版.—北京：科学出版社，2023.1

ISBN 978-7-03-073633-8

Ⅰ.①数… Ⅱ.①朱… Ⅲ.①数字图像处理 Ⅳ.①TN911.73

中国版本图书馆CIP数据核字（2022）第199724号

责任编辑：孙力维 杨 凯/责任制作：魏 谨

责任印制：师艳茹/封面设计：张 凌

北京东方科龙图文有限公司 制作

http：//www.okbook.com.cn

科 学 出 版 社 出版

北京东黄城根北街16号

邮政编码：100717

http：//www.sciencep.com

天津市新科印刷有限公司 印刷

科学出版社发行各地新华书店经销

*

2023年1月第 一 版 开本：787×1092 1/16

2023年1月第一次印刷 印张：14 1/2 插页2

字数：295 000

定价：58.00元

（如有印装质量问题，我社负责调换）

编委会

主　编　朱　虹

副主编　王　栋　蔺广逢

编　委　史　静　王　婧　刘　薇　时　华　吴文欢　武　忠　李阳辉

前　言

数字图像由于其获取方式便利，表达信息直观、丰富，广泛应用于各个领域，深度学习的快速发展，以及图像处理与人工智能的结合，让数字图像处理在智能化处理、跨模态处理方面显示出独特的优势。

作者在从事数字图像处理的研究与教学过程中发现，尽管有大量开源代码，工具箱中有非常丰富的函数可以使用，但是，很多初入数字图像处理领域的读者，需要一本可以引导他们学习和理解数字图像处理的参考书。特别是在大学本科教学中，一本深入浅出地分析数字图像处理相关理论的书，可以给读者带来不小的帮助。同时，作者也考虑到应用领域的研究人员对自学参考书的需求，以算例引导的方式完成本书的编写。

本书编委会汇总了第一版使用过程中读者提出的建议，以及教学研究中知识支撑的需求，经过多次充分讨论，完成了第二版内容。在第一版的基础上，对内容进行了大范围优化，保留了经典内容，精简了部分内容，同时增加了深度学习网络模型部分。

本书共分为11章，内容包括数字图像处理的基本概念、图像增强、图像几何变换、图像去噪、图像锐化、图像分割、二值图像处理、彩色图像处理、图像变换、图像压缩编码，以及深度学习在图像超分辨率重建、图像分类、图像检测方面的应用等内容。

本书配套的演示文稿（课件PPT）、基础算法的程序可通过https://qr16.cn/BoeCar下载。

本书的顺利完成，得到了西安理工大学以及科学出版社的大力支持，在此表示感谢。编写过程中，作者引用及参考了大量文献，在此向原作者表示感谢。对参与本书的程序编写、内容撰写、实验分析的博士、硕士研究生们表示感谢。

目 录

第1章

引　　言

人类获得的信息70%以上来自于视觉，换句话说，人类将双眼观察到的世界，进行缜密地分析和思考之后，推动科技的进步，同时推动整个世界的发展。图像带给人们的信息非常直观，图像处理技术随着计算机技术、多媒体技术的飞速发展，取得了长足的进步。图像具有可以反映人类第一感觉下的思维的魅力，这些年来，图像技术快速向多个研究领域渗透。本章首先介绍数字图像处理的基本概念，并对数字图像处理的系统结构和主要研究内容进行概述。

图像是对客观存在物体的一种相似性的生动模仿与描述，是物体的一种不完全、不精确的，但是在某种意义上非常适当的表示。

图1.1所示是对一枝桂花的描述，可以从图中感受到这枝桂花盛开的场景，这种感受来自于图像对场景的生动模仿。而这种模仿的写实性、生动性，以及直观性是其他表达方式所不能及的。从感受桂花美感的角度讲，这幅图像是对当时状况的一个适当表示。但是从图中无法知道当时整棵桂花树的状态，从这个角度来说，这幅图像同时也只是不完全、不精确的描述。

图1.1　桂　花

根据上面对图像的定义，可以将图像分为物理图像和虚拟图像。

物理图像是指物质或能量的实际分布。例如，光学图像的光强度的空间分布，能够被人的肉眼看见，因此也称为可见图像，是与人类的视觉特性相吻合的通常意义下的图像。不可见的物理图像，例如，温度、压力、高度等的分布图，在医学诊断中使用的以超声波、放射线手段成像得到的医学影像等，这类图像是将不可见的物理量通过可视化的手段转换成方便人眼识别的图像形式。物理图像的好坏，很大程度地依赖于物理信号检测设备的性能。以光学图像为例，光感应特性好的设备，可以得到效果好的图像，同时，光感应器件的适应范围（可以感知的最大、最小光强度的范围）不同，使用目的也不同。

虚拟图像是指采用数学的方法，将由概念形成的物体（不是实物）进行表示的图像。虚拟图像从想象中的物体到想象中的光照，再到想象中的摄像机等，都采用数学建模的方式，利用成像几何原理，在计算机上制作。虚拟图像的应用包括增强现实和虚拟现实两个方向。增强现实是在现实场景图像中，增加虚拟的物体。例如，很多电影中合成的灾难场面、历史场面等，在提升电影感染力方面发挥了很好的作用。虚拟现实则全部是虚拟的景物，例如，虚拟手术、虚拟驾驶训练舱等，在提升参与者的操作能力方面发挥了很好的作用。

数字图像是用数字阵列表示的图像。数字阵列中的每个数字表示数字图像的一个最小单位，称为像素。通过对每个像素点的颜色或者亮度等进行数字化的描述，就可以得到在计算机上进行处理的数字图像。显然，数字图像可以是物理图像，也可以是虚拟图像。

1.1 数字图像处理、计算机视觉、计算机图形学

与数字图像相关的研究领域，包括数字图像处理、计算机视觉、计算机图形学等。这三个研究领域所研究的内容有一定的交叉和覆盖，也有其不同的侧重点。

1. 数字图像处理

数字图像处理可以通俗地理解为以下两个方面的操作。

1）从图像到图像的处理

从图像到图像的处理是对一幅效果不好的图像进行处理，获得效果好的图像。如图1.2所示，图1.2(a)是实际拍摄的大雾天气的一个场景，我们希望提高画面的清晰度，由此观察到场景中的景物细节。分析图像不清晰的原因，是因为空

(a)原　图

(b)处理结果图

图1.2　从图像到图像的处理示例

气中悬浮着许多微小的水颗粒，这些水颗粒在光线的散射下，在景物与镜头（或人眼）之间形成一个半透明层。如果通过适当的图像处理方法，消除或减弱这层遮挡视线的大雾层，就可以得到一幅清晰的图像，如图1.2(b)所示。这就是从图像到图像的处理。

2）从图像到决策表达的一种表示

这类处理通常称为数字图像分析，是对一幅图像中的若干目标物进行识别分类后，给出其特性测度。例如，道路监控系统拍摄到一幅卡口图像，图像记录了道路上行驶的若干车辆，通过对图像的处理与分析，可以分检出车辆的数量、车辆的类型、车辆的车牌等信息。

这种从图像到非图像的表示，在许多图像分析中起着非常重要的作用。例如，对人体组织切片图像中的细胞分布进行自动识别与分析，给出病理分析报告就是计算机辅助诊断系统的一个重要应用。这类处理方法在图像检测、图像测量等领域有着非常广泛的应用。

2. 计算机视觉

计算机视觉是指通过对采集的图像进行处理，实现对自然景物的理解。

计算机视觉为设备或机器人提供眼睛的功能。因此，计算机视觉的处理包括三维景物信息的识别与处理，对景物中所包含目标的内容及信息进行理解，最终得到一个决策。

如图1.3所示，在一个生产线上，机械手由三个装有吸盘的手爪构成，当需要机械手平稳地抓起工件时，就需要计算机视觉给出三个手爪可以抓到的最平稳的面。

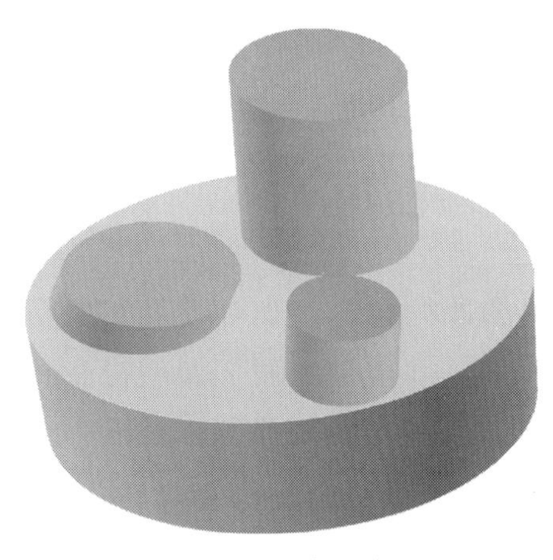

图1.3 工件示例

3. 计算机图形学

计算机图形学是指用计算机对由概念或者数学描述表示的虚构物体图像进行处理和显示的过程。

计算机图形学采用的方法是，利用成像几何对需要表示的虚构物体进行数学建模，并对光照、想象中的摄像机等进行数学建模，获得需要的场景。

虽然数字图像处理、计算机视觉以及计算机图形学都有其相对独立的研究方法，但是，这三个领域的交叉覆盖面相对比较宽，在实际应用中，很多时候是三者的结合。本书的目的是介绍数字图像处理的基本方法，读者在实际应用中如果需要计算机视觉或者是计算机图形学方面的技术，请参考相关著作或参考文献。

1.2　数字图像处理系统的结构

数字图像处理系统结构示意图如图1.4所示。摄像单元记录对象物反射的光强度，通过光电传感器转换成电信号，电信号在A/D转换单元转换成数字信号，存储在图像存储单元中，之后读入计算机，进行相关的处理并将处理结果进行显示。

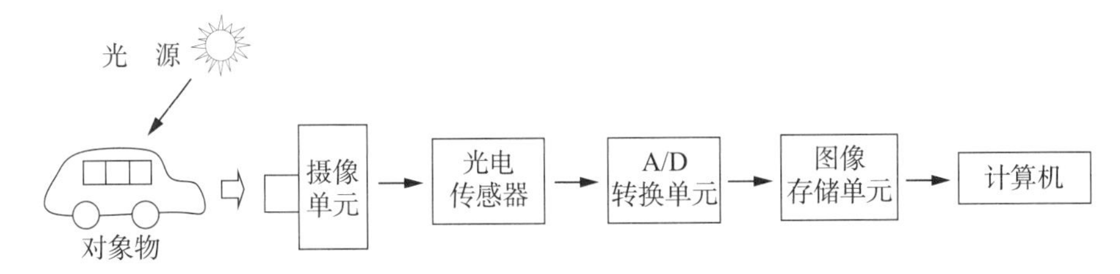

图1.4　数字图像处理系统结构示意图

实际上，最终形成的图像取决于光源、光源与对象物的位置关系，以及对象物的反射光强度等要素。光源包括各种人造光源以及白昼自然光，而光源与对象物的位置关系则大致可分为图1.5所示的背光光照、正面光照、斜射光照等情况。

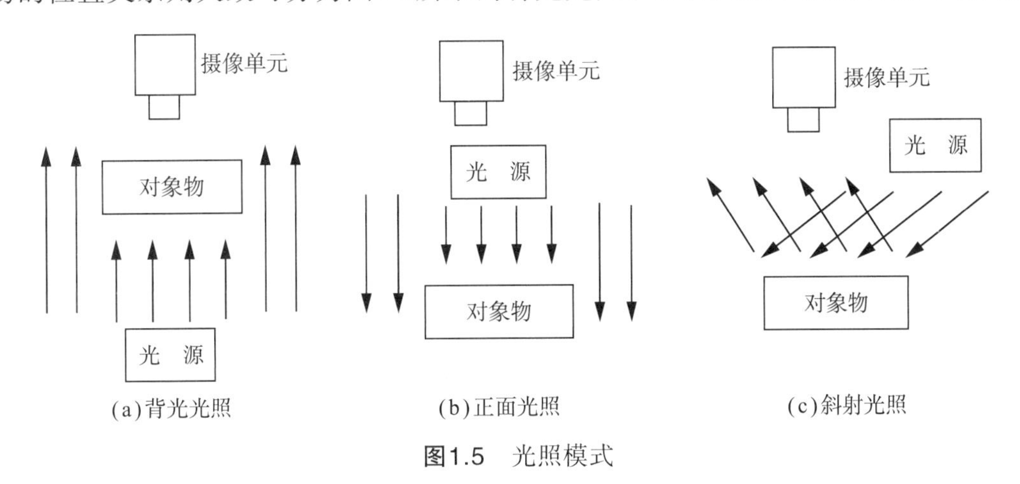

图1.5　光照模式

背光光照下，由于背景光的强度大于前景（对象物），如果拍摄人物图像，人脸的细节部分在图像中呈现的效果不是很好。但是，在某些工业自动化生产线上，为了快速获得目标物的定位，常常将光源设置为背光照明方式。

正面光照下，如果目标物有非常光滑的反射表面，如金属表面，并且其表面是凸面，则会在画面上产生高光区，高光区部分的颜色等细节会退化。但是对于一般的非特殊光滑表面的物体，正面照射可以获得反映目标物细节的图像。

斜射光照下，画面会产生光照不均的效果，如果要进行景物渲染，这是一种非常好的方法，但是当需要从画面提取相应目标物时，光照不均会严重影响正确获取目标物。

显然，在构造数字图像处理系统时，如果允许设置光源，需要综合考虑系统的功能目标来进行合理的设置。

1.3 数字图像的基本概念

数字图像是指用数字阵列表示的图像，阵列中的每一个元素称为像素。像素是组成数字图像的基本元素，数字图像由有限个像素组成，构成数字图像的所有像素构成矩阵，矩阵大小表示像素数量。每英寸图像内的像素个数称为图像的分辨率，是由采样精度确定的；矩阵中像素值的分布范围，则是由量化精度确定的。

图像分辨率是面阵传感器采集图像的指标，例如，手机拍摄到一个大小为4032×3024的图像，其像素数为12 192 768，在购买具有这个分辨率的数码相机时，产品性能介绍上会给出1200万像素分辨率这一参数。

扫描分辨率是线阵传感器采集图像的指标，一台扫描仪输入图像的细微程度指每英寸扫描所得到的点，单位是dpi（dot per inch，每英寸点数）。扫描分辨率数值越大，被扫描的图像转化为数字化图像越逼真，扫描仪质量也越好。

量化是把采样点上表示亮暗信息的连续量离散化后，用数值来表示。一般的量化值为整数。图像的量化等级反映了量化的质量，例如，图像中每个像素都采用8位二进制数表示，则有$2^8=256$个量级；若采用16位二进制数表示，则有$2^{16}=65\,536$个量级；若采用24位二进制数表示，则有$2^{24}\approx1677$万个量级。

1.3.1 数字图像的数值描述

图像可以看成对三维客观世界的二维投影，因此一幅图像可以定义为一个二维函数$f(x, y)$，其中，x, y是空间坐标，$f(x, y)$表示图像在该点的亮度或灰度，或简称为像素值。

因为矩阵是二维结构的数据，同时量化值取整数，因此，一幅数字图像可以用一个整数矩阵来表示。矩阵的元素位置(i, j)对应数字图像上一个像素点的位置。矩阵元素的值$f(i, j)$即对应像素点的像素值。

值得注意的是，虽然矩阵是二维结构的数据，可以用来描述图像，但是，矩阵中元素$f(i, j)$的坐标含义是i为行坐标，j为列坐标。而像素$f(x, y)$的坐标含义一般指直角坐标系中的坐标，两者的差异如图1.6所示。为了便于阐述，本书将数字图像坐标系定义为矩阵坐标系。

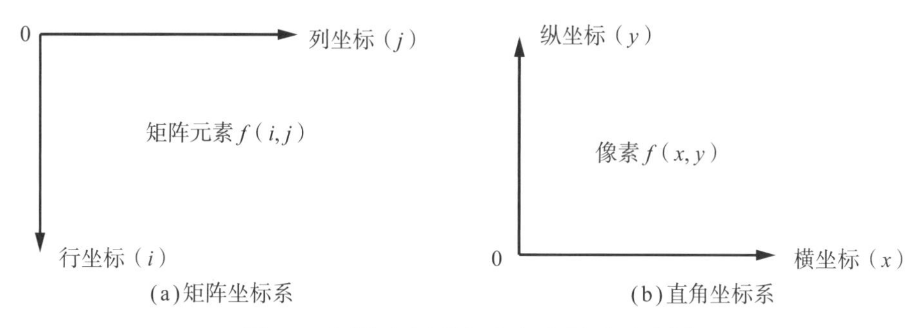

(a)矩阵坐标系　　(b)直角坐标系

图1.6　矩阵坐标系与直角坐标系示意图

对应不同的场景内容，一般数字图像可以大致分为二值图像、灰度图像、彩色图像三类。下面分别讨论其数值描述。

二值图像是指每个像素表达的只有黑和白，灰度值没有中间过渡的图像。虽然二值图像对画面的细节信息描述得比较粗略，适合文字信息图像的描述，但是如图1.7(a)所示，对一幅一般的场景图像，通过二值图像的画面已经完全可以理解其基本内容。二值图像的矩阵取值非常简单，即$f(i, j) = 0$（黑）或$f(i, j) = 1$（白），具有数据量小的优点。

为了便于读者理解，从图1.7(a)中取一个局部子块进行局部放大，如图1.7(b)所示，对应该局部子块的数值描述矩阵见下页矩阵F。

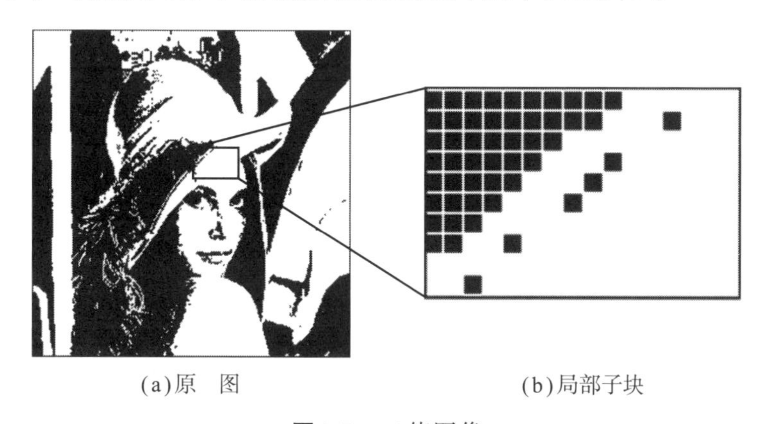
(a)原　图　　(b)局部子块

图1.7　二值图像

灰度图像是指每个像素的信息是由量化后的灰度级来描述的数字图像，灰度图像中不包含彩色信息。标准灰度图像中每个像素的灰度由一个字节表示，灰度级数为256级，像素值可以是0～255（黑到白）的任何一个值。在后面的讨论中，默认灰度图像的灰度级数均为256。

$$F=\begin{bmatrix}0&0&0&0&0&0&0&0&0&0&1&1&1&1&1&1\\0&0&0&0&0&0&0&0&0&1&1&1&0&1&1&1\\0&0&0&0&0&0&0&1&1&1&1&1&1&1&1&1\\0&0&0&0&0&0&1&1&1&0&1&1&1&1&1&1\\0&0&0&0&0&1&1&1&0&1&1&1&1&1&1&1\\0&0&0&0&1&1&1&0&1&1&1&1&1&1&1&1\\0&0&0&1&1&1&1&1&1&1&1&1&1&1&1&1\\0&0&1&1&0&1&1&1&1&1&1&1&1&1&1&1\\1&1&1&1&1&1&1&1&1&1&1&1&1&1&1&1\\1&1&0&1&1&1&1&1&1&1&1&1&1&1&1&1\end{bmatrix}$$

图1.8(a)所示是一幅灰度图像，同样，从图像中取局部子块进行局部放大[见图1.8(b)]，对应这个局部子块的数值描述矩阵见矩阵A。

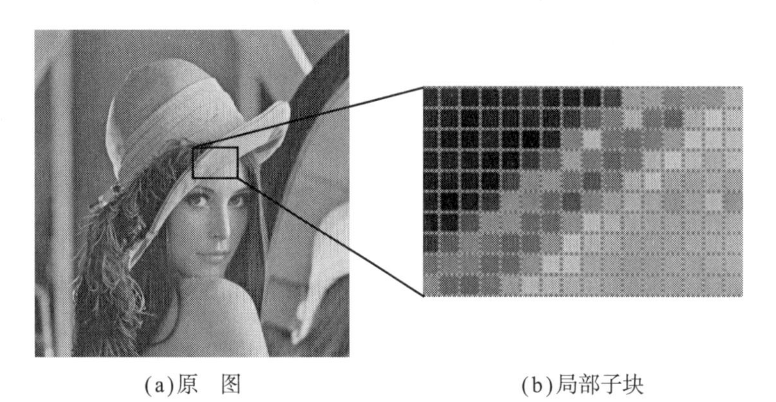

(a)原 图　　(b)局部子块

图1.8 灰度图像

$$A=\begin{bmatrix}38&47&27&34&38&52&37&31&29&74&180&180&151&165&165&189\\44&44&21&47&44&57&50&77&125&159&197&137&119&193&208&195\\54&43&30&61&32&20&59&167&207&147&137&154&181&207&200&192\\51&62&50&40&46&92&139&184&145&125&147&196&205&191&180&190\\57&72&64&53&115&175&180&146&116&152&192&199&179&175&184&174\\71&56&75&109&173&164&143&122&163&180&185&180&168&179&187&166\\74&86&125&165&167&142&144&166&187&182&179&176&176&177&177&176\\101&131&156&155&145&144&163&182&180&177&173&171&172&175&175&175\\131&150&159&149&143&157&176&183&175&173&170&170&171&172&174&174\\151&154&151&147&152&170&181&181&174&171&169&170&170&172&173&173\end{bmatrix}$$

彩色图像是根据三原色成像原理实现对自然界中色彩的描述的。三原色成像原理认为，自然界中所有颜色都可以由红、绿、蓝（R、G、B）三种基色组合而成。如果三种基色的灰度分别用一个字节（8bit）表示，则不同灰度组合的三原色可以形成不同的颜色。图1.9所示是彩色插图1.1的原图及三原色分量图。可以看到，与图1.9(c)、图1.9(d)相比，图1.9(b)所示的红色分量图的灰度值最大，所以彩色图像的画面呈暖色调。

(a)彩色原图

(b)红色分量图

(c)绿色分量图

(d)蓝色分量图

图1.9　数字彩色图像的三原色分量图（见彩插1）

1.3.2　数字图像的灰度直方图

在很多时候，对图像质量的评价，或者是对目标物的观察与分析，往往会用到这样一些表达，如“这幅图像偏暗”“这幅图像的目标物相对于背景来说比较亮”“这幅图像的对比度比较小”，等等。这些表达不考虑位置信息，由此提出了对图像整体画面的亮暗分布进行统计的概念，即数字图像的灰度直方图概念。

灰度直方图是关于图像灰度级分布的函数，是对图像中灰度级分布的统计。灰度直方图是将数字图像中的所有像素，按照灰度值的大小，统计其出现的频率。灰度直方图的横坐标表示灰度值，纵坐标表示像素个数，也可采用某一灰度值的像素数占全图像素数的百分比作为纵坐标。灰度直方图上一个点的含义是，图像中存在的等于某个灰度值的像素个数。这样，就可以通过灰度直方图对图像的某些整体效果进行描述。例如，如果“这幅图像偏暗”的话，灰度直方图的像素大多分布在灰度值较小的部分。

从数学上来说，图像的灰度直方图是图像灰度值统计特性与图像灰度值的函数，它反映了图像中每个灰度值出现的频率。从图形上来说，灰度直方图横坐标表示图像中各个像素点的灰度值，纵坐标为图像中各个灰度值的像素点出现的次数或概率，表征图像最基本的统计特征。

下面通过一个简单的例子来介绍什么是图像的灰度直方图。假设一个非常小的4 × 4的图像如图1.10(a)所示。

统计图像中灰度值为0的像素有1个，灰度值为1的像素有2个……灰度值为6的像素有1个。因此，图像的灰度分布见表1.1。

表 1.1 图像的灰度分布

灰度值	0	1	2	3	4	5	6
像素个数	1	2	6	3	3	0	1
灰度分布	1/16	2/16	6/16	3/16	3/16	0	1/16

根据表1.1绘制该图像的灰度直方图如图1.10(b)所示。

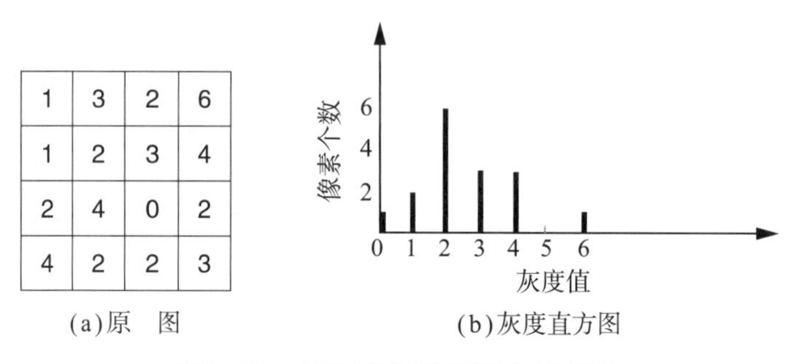

图1.10 灰度直方图的概念示意图

通过上面的例子可知，数字图像的灰度直方图计算非常简单。作为图像处理系统中一种非常重要的图像分析工具，灰度直方图除计算简单外，同时包含丰富的信息。因此，无论在图像分析还是图像处理方案的提出等方面，灰度直方图均起着非常重要的作用。在图像处理过程中，灰度直方图可以作为引导思路及检验结果的工具。

1. 灰度直方图的性质

灰度直方图具有以下三个重要的性质。

1）灰度直方图表征了图像的一维信息

灰度直方图是一幅图像中各像素灰度值出现次数（或频率）的统计结果，它只反映该图像中不同灰度值出现的次数（或频率），不反映某一灰度值像素所在位置。也就是说，它只包含该图像中某一灰度值像素出现的频率，丢失了其所在位置的信息。

2）灰度直方图与图像之间的关系是一对多的映射关系

任意一幅图像都可以唯一确定出一幅与它对应的灰度直方图，但不同的图像可能有相同的灰度直方图。也就是说，灰度直方图与图像之间是一对多的映射关系。因此，通常灰度直方图用于对图像进行定性分析。例如，同一个场景的若干个视频帧中，运动目标物位置虽然不同，但相邻几帧图像的灰度直方图却是相同的。这一特征可以作为对视频帧进行镜头分割的依据之一。

3）子图直方图之和为全图的灰度直方图

由于灰度直方图是对具有相同灰度值的像素进行统计得到的，因此，一幅图像各子图的灰度直方图之和就等于该图像全图的灰度直方图。

2. 灰度直方图的应用

由于灰度直方图反映了图像的灰度分布状况，因此，虽然灰度直方图是一维信息，但是作为表征图像特性的信息在图像处理中通常起着非常重要的作用。可以说从对图像的观察与分析，到对图像处理结果的评价，灰度直方图都是最简单、最有效的工具。下面通过几个简单的应用来介绍灰度直方图的用途。

1）作为图像数字化的参数

如图1.11所示，可以利用灰度直方图来判断一幅图像是否合理地利用了全部被允许的灰度级范围。如果灰度直方图的曲线连续平滑，表示被摄景物灰度分布均匀，层次比较丰富[见图1.11(c)、图1.11(d)]。一般一幅数字图像应该利用全部或几乎全部可能的灰度级，换句话说，一幅图像的灰度直方图中灰度从0到255均有像素分布。否则，就相当于增加了量化间隔，一旦数字化图像的量化级数少于256，丢失的信息（除非重新数字化）将不能恢复。图1.11(a)、图1.11(b)所示的图像灰度分布在57～203，其灰度级数为203−57＝146，实际上相当于量化级数为146，量化级数的减少，一定会导致画面的表现效果不好。另外，如果景物的光照动态范围超出了摄像设备数字化器所能处理的范围，则这些灰度级将被简单地置0或255，由此在灰度直方图的一端产生尖峰。这时会出现所谓的亮度饱和问题，降低图像的表现效果。

(a)原图1

(b)灰度直方图1

(c)原图2

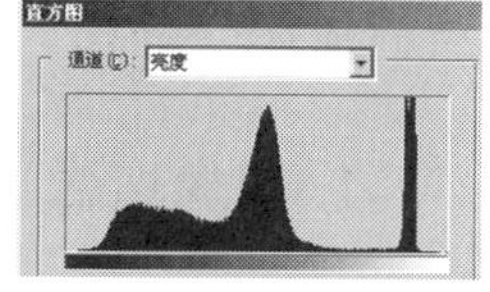

(d)灰度直方图2

图1.11　不同灰度直方图的图像效果比较

2）图像分割阈值的选择依据

图像分割是进行图像识别、图像测量的一个不可缺少的处理环节。根据图像的灰度直方图，对一些具有特殊灰度分布的图像可以直接选择分割阈值。例如，如果图像的灰度直方图具有二峰性，则可以根据灰度直方图获得有指导意义的阈值。

从某种意义上说，用两峰之间的最低点（谷点）的灰度值作为阈值来确定阈值分割的边界是最适宜的。由于灰度直方图是面积函数的导数。在谷底附近，灰度直方图的值相对较小，意味着面积函数随阈值灰度级的变化很缓慢。如果我们选择谷底处的灰度作为阈值可以使图像分割对物体边界的影响达到最小。

图1.12(a)所示原图的灰度直方图具有二峰性[见图1.12(b)]，可知左边峰表示了图像中较暗的那部分区域的亮度分布，而右边峰则表示了图像中较亮的那部分区域的亮度分布，对于这幅图像来说，亮的部分刚好是肾小球切片图像中包围肾小球的边缘。因此，取分离两个峰的谷点的灰度值为阈值，就可以得到图1.12(c)所示的阈值分割结果。显然，因为这个结果已经得到了包围肾小球的封闭边缘，所以可以很容易地从原图中提取出肾小球区域，以便进行相应的后续处理与分析。

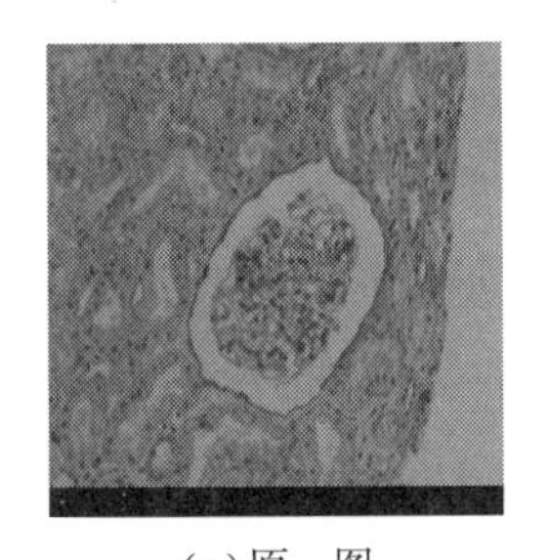

(a)原　图

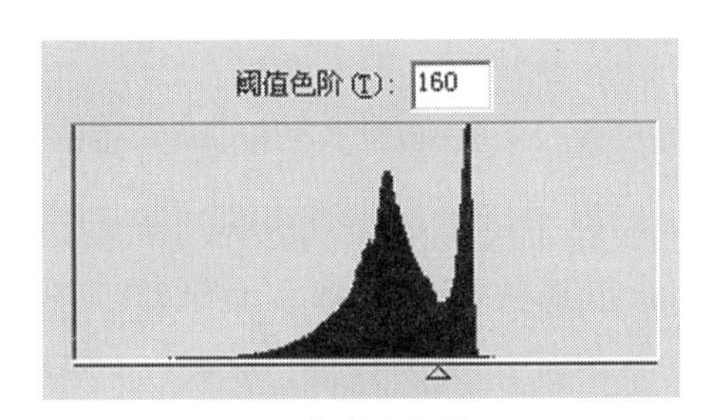

(b)灰度直方图

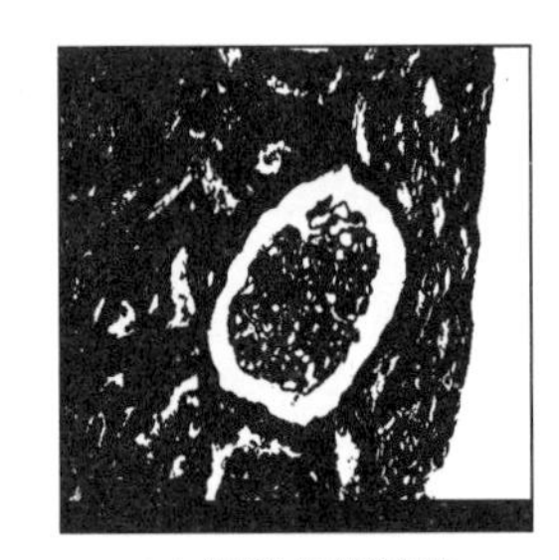

(c)阈值分割结果

图1.12　基于灰度直方图的阈值分割示例

1.4　数字图像处理的主要研究内容

数字图像处理的主要研究内容，根据其主要的处理目标大致可以分为图像信息的描述、处理、分析、编码，以及显示几个方面。

1. 图像增强

图像增强的目的是将一幅图像中有用的信息（感兴趣的信息）进行增强，同时将无用的信息（干扰信息或噪声）进行抑制，提高图像的可观察性。图1.2就是一个图像增强的例子。

2. 图像几何变换

图像几何变换的目的是改变一幅图像的大小或形状。除了平移、旋转、放大、缩小、镜像等二维图像的几何变换之外，还包括单应性变换、透视变换等三维场景的几何变换。图像几何变换可以进行两幅以上图像内容的配准，以便进行图像内容的对比和检测。例如，在印章的真伪识别，以及相似商标检测中，通常都会采用这类处理。不同景深图像的拼接、图像的配准等，则需要三维场景的几何变换。另外，对图像中景物的几何畸变进行校正，对图像中的目标物大小进行测量等，大多也需要有图像几何变换的处理环节。

3. 图像恢复

图像恢复的目的是将退化的以及模糊的图像的原有信息进行恢复，使图像更加清晰。图像退化是指图像画面的颜色以及对比度发生了退化，可能是噪声污染等导致图像退化，可能是因现场亮暗范围太大导致暗区或高光区信息退化，也可能是相机分辨率过低导致景物细节退化，等等。图像模糊则常常是因为运动，以及拍摄时镜头的散焦等原因。无论是图像退化还是图像模糊，本质上都是原始信息部分丢失，或者原始信息相互混叠，又或者原始信息与外来信息相互混叠造成的。因此，根据图像退化模糊的不同原因，采用不同的图像恢复方法达到图像清晰化的目的。

4. 图像三维重建

图像三维重建的目的是根据二维平面图像数据构造出三维物体的图像。例如，医学影像技术中的CT成像技术，就是将多幅断层二维平面数据重建成可描述人体组织器官三维结构的图像。有关三维图像的重建方法，在计算机图形学中有非常详细的说明。三维重建技术也是目前虚拟现实技术以及科学可视化技术的重要基础。

5. 图像变换

图像变换是指通过数学映射的方法，将空间域中的图像信息转换到如频域、时频域等空间进行分析的数学手段。常用的图像变换有傅里叶变换、小波变换等。通过二维傅里叶变换可进行图像的频率特性分析。小波变换可以将图像进行多频段分解，通过不同频段的不同处理，可以达到很好的效果。

除了上述狭义意义上的图像变换之外，二维条码技术也是一种图像的变换方法。

6. 图像编码

图像编码的目的是简化图像的表示方式、压缩图像数据，便于图像存储和传输。图像编码主要是对图像数据进行压缩。因为图像信息具有较强的相关性，因此，改变图像数据的表示方式，可对图像的数据冗余进行压缩。另外，利用人类的视觉特性，也可对图像的视觉冗余进行压缩。以此来达到减少描述图像的数据量的目的。

7. 图像识别与理解

所谓图像识别与理解是指对图像中各种不同物体的特征进行定量化描述，对期望获得的目标物进行提取，对提取的目标物进行定量分析。要达到这个目的，实际上就是要实现对图像内容的理解，以及对特定目标的识别。因此，图像识别与理解的核心是根据目标物的特征对图像进行区域分割，获得期望目标物所在的局部区域。

目标物的特征描述大致包含两个方面，一方面是具有明确物理含义的低层特征，如形状特征、纹理特征、颜色特征等；另一方面是通过数据训练深度学习网络得到的深度特征，这类特征属于高层特征，具有适应同类目标较强泛化性能的特征。

图像理解除了完成图像中目标物的识别，还包括目标物与目标物、目标物与环境之间关联关系的特征提取，例如语义特征的提取。

1.5 本书的结构安排

本章前面几节简单介绍了数字图像处理领域包含的主要研究内容。以这些内容为中心，本书主要内容安排如下。第1章为引言部分，概述本书所要讨论的内容。第2章为图像增强，主要讨论图像对比度展宽的各种方法。第3章为图像几何变换，主要对图像的放大、缩小、旋转以及三维投影变换等方法进行讨论。第4章为图像的噪声抑制，介绍抑制噪声的均值滤波、中值滤波，以及边界保持类滤波方法和非局部均值滤波方法。第5章为图像锐化，主要讨论图像边缘及细节的检测方法。第6章为图像的分割，介绍几种基本的图像分割方法。第7章为二值图像的处理方法，主要介绍通过二值图像进行图像理解的几种基本方法。第8章为彩色图像处理，对几种基本的表色系进行讨论，并给出彩色补偿以及彩色平衡方法。第9章为图像变换，介绍目前常用的几种最基本的图像变换。第10章为图像压缩编码，对图像数据的冗余概念，图像无损压缩、有损压缩的基本方法进行介绍。第11章介绍超分辨率重建、图像分类、目标检测三大类深度学习网络。

由于篇幅所限，本书的主要目的是介绍数字图像处理最基本的方法，这11章的内容相对比较独立，有一定基础的读者可以根据需要选择相关章节进入，也可以按照本书的内容安排进行系统学习。相信经过本书的学习之后，在进行相关文献阅读以及解决实际问题时，读者会有一个较为清晰的物理概念，并通过物理概念的建立，对问题进行正确分析，最终解决问题。

习 题

1. 观看一段电视节目之后，请说明在节目中使用了哪些计算机处理手段对画面进行渲染，产生特殊的视觉效果。

2. 根据日常生活以及学习、工作中的经历，举例说明数字图像处理技术在某个应用领域的贡献。

3. 通过检索资料，尝试比较数字图像处理、计算机图形学、计算机视觉研究内容的重点，并给出具体实例进行说明。

4. 设某个图像为 $f=\begin{bmatrix}100 & 67 & 34 & 100\\ 67 & 67 & 34 & 100\\ 67 & 56 & 211 & 67\\ 100 & 100 & 211 & 100\end{bmatrix}$，请计算并绘制该图像的灰度直方图。

第2章

图像增强

图像增强是将图像中重要的内容增强突出，同时对不重要的内容进行抑制，提升图像的清晰程度，扩大图像中不同特征之间的差异，以达到改善画面的视觉效果和加强图像判读识别的目的。换句话说，通过对重要内容的增强和对不重要内容的抑制获得清晰的图像显示效果。本章将介绍和讨论图像增强若干常用方法。

2.1 γ校正

为了了解γ校正的概念，首先简单介绍光图像的成像过程。如图2.1所示，景物的反射光被数字照相机捕获，该信号为光信号（L）。光电转换单元将光信号转换为电信号（I），最终我们在计算机中处理的，或是在显示器上显示的都是电信号。

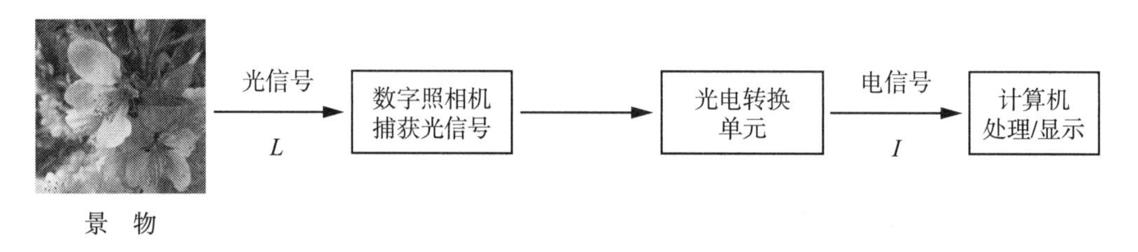

图2.1　光图像的成像过程示意图

如果数字照相机的输出电压与场景中光的强度成正比，那么图像处理会变得比较容易。然而现实世界并不是如此，目前几乎所有CRT投影机、摄影胶片和许多数字照相机的光电转换特性都是非线性的。这些非线性元器件的输入、输出特性可以描述为一个幂函数，即如果输入的光信号强度为L，输出的电信号强度为I，则输入、输出之间的关系满足式（2.1）：

$$I = cL^{\gamma} \tag{2.1}$$

式中，c为放大倍数，是一个常数；γ（gamma）是幂函数的指数，用来衡量非线性元器件的光电转换特性，这种特性通常称为幂律（power-law）转换特性。因为非线性特性主要表现为输入、输出的关系呈γ次幂的形式，因此，又称该特性为γ特性。

图2.2给出了一幅图像的γ特性，如果不对图像进行适当校正，就只能得到图2.2(b)的画面效果。因此，需要根据式（2.1）进行适当校正，针对非线性关系的校正即γ校正。

(a)原始场景（光信号L）

(b)电信号I构成的场景

图2.2　γ特性示例

由式（2.1）可知，根据数字照相机输出所获得的电信号强度I，可以估算出原始的光信号强度$\tilde{L}$。

$$\tilde{L} = \tilde{c} I^{1/\gamma} \tag{2.2}$$

显然，如果已知γ值，按照式（2.2）就可以进行γ校正。

以对比度作为分析图像质量的依据。一般情况下，对比度大的图像较对比度小的图像画面清晰度更高，层次感更强。

对比度计算公式如下：

$$C = \sum_{\delta} \delta(i,j) P_{\delta}(i,j) \tag{2.3}$$

式中，$\delta(i, j) = |\ i-j\ |$为相邻像素间的灰度差；$P_{\delta}(i, j)$为相邻像素灰度差为δ的分布概率。

相邻像素分为四近邻和八近邻两种定义方式，四近邻是指当前像素的上、下、左、右四个相邻像素，即如果当前像素为$l(i, j)$，其四近邻为$l(i-1, j)$、$l(i+1, j)$、$l(i, j-1)$、$l(i, j+1)$；八近邻是指当前像素周围的八个相邻像素，即如果当前像素为$l(i, j)$，其八近邻为$l(i-1, j-1)$、$l(i-1, j)$、$l(i-1, j+1)$、$l(i, j-1)$、$l(i, j+1)$、$l(i+1, j-1)$、$l(i+1, j)$、$l(i+1, j+1)$。

下面通过一个简单的例子来介绍γ校正的操作与效果（示例中相邻像素均按四近邻意义计算）。

设原始景物为$L = \begin{bmatrix} 1 & 3 & 7 \\ 6 & 0 & 6 \\ 8 & 3 & 0 \end{bmatrix}$，按照式（2.3）计算其对比度：

$$\begin{aligned}C_{\mathrm{L}}=\{&[|1-6|+|1-3|]+[|3-0|+|3-1|+|3-7|]+[|7-6|+|7-3|]\\&+[|6-1|+|6-8|+|6-0|]+[|0-3|+|0-3|+|0-6|+|0-6|]\\&+[|6-7|+|6-0|+|6-0|]+[|8-6|+|8-3|]\\&+[|3-0|+|3-8|+|3-0|]+[|0-6|+|0-3|]\}/24=92/24\approx 3.833\end{aligned}$$

假设数字照相机具有$\gamma=0.4$的γ特性，按照式（2.1）（常数$c=1$），得到的图像信号（电信号）强度为$I=\begin{bmatrix}1&2&2\\2&0&2\\2&2&0\end{bmatrix}$，按照式（2.3）计算其对比度：

$$\begin{aligned}C_{\mathrm{I}}=\{&[|1-2|+|1-2|]+[|2-0|+|2-1|+|2-2|]+[|2-2|+|2-2|]\\&+[|2-1|+|2-2|+|2-0|]+[|0-2|+|0-2|+|0-2|+|0-2|]\\&+[|2-2|+|2-0|+|2-0|]+[|2-2|+|2-2|]\\&+[|2-0|+|2-2|+|2-0|]+[|0-2|+|0-2|]\}/24=28/24\approx 1.167\end{aligned}$$

可以看出，因为数字照相机的γ特性，会使画面的对比度降低。

如果按照式（2.2），取$\gamma=0.4$进行γ校正（常数$\tilde{c}=1$），得到的光信号强度估计值为$\tilde{L}=\begin{bmatrix}3&5&5\\5&0&5\\5&5&0\end{bmatrix}$，按照式（2.3）计算其对比度：

$$\begin{aligned}C_{\tilde{\mathrm{L}}}=\{&[|3-5|+|3-5|]+[|5-0|+|5-3|+|5-5|]+[|5-5|+|5-5|]\\&+[|5-3|+|5-5|+|5-0|]+[|0-5|+|0-5|+|0-5|+|0-5|]\\&+[|5-5|+|5-0|+|5-0|]+[|5-5|+|5-5|]\\&+[|5-0|+|5-5|+|5-0|]+[|0-5|+|0-5|]\}/24=68/24\approx 2.833\end{aligned}$$

$\tilde{L}$与L相比，对比度降低了，这是因为在光电转换时，许多细节丢失，细节被退化。

为了保持细节，如果取常数$c=8/2.2974\approx 3.48$，光电转换后得到的图像信号（电信号）强度为$I=\begin{bmatrix}3&5&8\\7&0&7\\8&5&0\end{bmatrix}$，按照式（2.3）计算其对比度$C_{\mathrm{I}}=100/24\approx 4.167$。

按照式（2.2），取$\gamma=0.4$进行γ校正（常数$\tilde{c}=0.044$）后，得到的光信号强

度估计值为$\tilde{L}=\begin{bmatrix}1 & 2 & 3\\6 & 0 & 6\\8 & 2 & 0\end{bmatrix}$，按照式（2.3）计算其对比度$C_{\tilde{L}}=92/24\approx3.833$，与原始光信号的对比度相同。

实际的图像系统是由多个部件组成的，这些部件中可能存在非线性部件。如果所有部件都有幂函数的转换特性，那么整个系统的传递函数就是一个幂函数，系统的指数γ等于所有单个部件指数γ的乘积。下面给出一个具有两个环节的简单系统幂率转换特性的推导。

设第一个环节输入、输出分别为x_1、y_1，其幂率转换特性为$y_1=x_1^{\gamma_1}$；第二个环节的输入、输出分别为x_2、y_2，其幂率转换特性为$y_2=x_2^{\gamma_2}$，因为第二个环节的输入是第一个环节的输出，所以$x_2=y_1$，如果系统只有两个环节，则系统的输入为x_1，输出为y_2，即

$$y_2=c_2x_2^{\gamma_2}=c_2y_1^{\gamma_2}=c_2\left(c_1x_1^{\gamma_1}\right)^{\gamma_2}=cx_1^{\gamma_1\cdot\gamma_2} \tag{2.4}$$

为此，在图像系统中有时会增加一个补偿环节，该补偿环节的γ_c是前面几个固有环节γ乘积的倒数，即$\gamma_c=1/\gamma$，则整个系统的总体输入、输出关系可以认为是线性的（$\gamma_s=\gamma_c\,\gamma=1$）。

如果图像系统最终整体γ满足$\gamma=1$，则输出与输入呈线性关系。这似乎是图像系统追求的目标，即得到的图像可以真实地再现原始场景。但实际情况却不完全是这样。因为人眼在观察图像时，视觉特性会受到周围环境的影响。

在明亮环境观看图像，$\gamma=1$的图像系统使图像看起来像“原始场景”一样。所谓明亮环境，是指实际环境中白色物体的亮度与图像中白色部分的亮度几乎相同。

在黑暗环境观看图像，$\gamma=1.5$的图像系统使图像看起来像“原始场景”一样。所谓黑暗环境，是指周围环境比图像画面的亮度暗许多，例如，放映电影和投影幻灯片的环境。

在光线不是很好的室内环境观看图像，$\gamma=1.25$的图像系统使图像看起来像“原始场景”一样。所谓室内环境，是指周围环境虽然比图像画面的亮度低，但是依然能够看见周围环境中放置的东西。

尽管从上面的实际情况分析可知，在不同环境，要求图像系统达到的γ不一定为1，在这里为了阐述方便，我们仅以$\gamma=1$为目标，对系统进行γ校正。

为了对$\gamma \neq 1$的图像进行校正，获得γ值是关键。下面我们给出基本的估计γ值的方法。将式（2.4）两边取对数，则有

$$\log I = \gamma \log L + \tilde{C} \tag{2.5}$$

换句话说，因为$\log I$与$\log L$呈线性关系，考虑到实际设备的光电转换特性不一定是线性的，则其幂率转换特性可由式（2.5）表示。为了估计γ值，首先设置测试靶图，即设置$\log L$的图像，然后通过检测得到$\log I$，获得$\log I$与$\log L$数据的对应关系，选择其中的线性段部分，其斜率就对应γ值。

另外，如果没有条件设置测试靶图，通过逐步调整的方法也可以获得对γ值的估计。例如，因为摄像设备的γ特性不好，拍摄到图2.3(a)所示的图像。从画面可以看到，因γ值产生的幂率转换特性，导致画面对比度偏低，画面没有层次感。因为没有γ的先验值，如果以一个较小的γ估计值进行校正，结果如图2.3(b)所示，过校正使得景物中的许多部分偏暗，影响效果。如果以一个较大的γ估计

(a)未进行γ校正的原图

(b)γ估计值过小时的校正结果

(c)γ估计值过大时的校正结果

(d)γ估计值适当时的校正结果

图2.3　估计γ值与γ校正的效果

值进行校正，结果如图2.3(c)所示，虽然画面有一定的改善，但是因校正不足，无法达到好的效果。对γ估计值进行适当调整，则可以得到图2.3(d)所示的较好的校正图像。

2.2 对比度线性展宽

对比度展宽可以解决原始图像对比度不足导致的画质效果差的问题。

对比度线性展宽处理，实际上是图像灰度值的线性映射。假设处理后图像与处理前图像的量化级数相同，即处理前后图像的灰度分布范围均为[0, 255]，从原理上说，只能通过抑制非重要信息的对比度，腾出空间给重要信息进行对比度展宽。

设原图像的灰度为$f(i, j)$，处理后图像的灰度为$g(i, j)$，对比度线性展宽的原理如图2.4所示。假设原图中重要景物的灰度分布在$[f_a, f_b]$范围内，对比度线性展宽处理后重要景物的灰度分布在$[g_a, g_b]$的范围内，当$\Delta f = (f_b - f_a) < \Delta g = (g_b - g_a)$，达到对比度展宽的目的。换句话说，图2.4所示的映射关系中，分段直线的斜率$\alpha < 1$，$\gamma < 1$，表示非重要景物的抑制，而$\beta > 1$表示重要景物的对比度展宽增强。

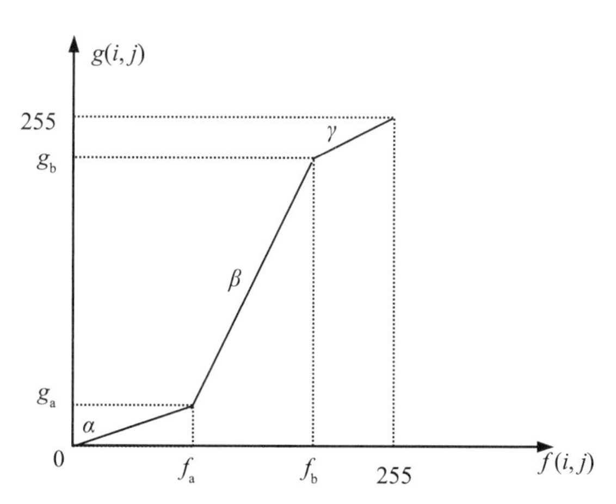

图2.4　对比度线性展宽映射关系

对比度线性展宽的计算公式如下：

$$g(i,j)=\begin{cases}\alpha f(i,j) & 0\leqslant f(i,j)<f_a\\ \beta\left[f(i,j)-f_a\right]+g_a & f_a\leqslant f(i,j)<f_b\\ \gamma\left[f(i,j)-f_b\right]+g_b & f_b\leqslant f(i,j)<255\end{cases} \tag{2.6}$$

$$(i=1,2,\cdots,m;\ j=1,2,\cdots,n)$$

式中，$\alpha=\dfrac{g_a}{f_a}$，$\beta=\dfrac{g_b-g_a}{f_b-f_a}$，$\gamma=\dfrac{255-g_b}{255-f_b}$；图像的大小为$m\times n$。

图2.5(a)所示的原图是在黄昏时段拍摄的，由于时间偏晚，并且是阴天，图像的场景对比度不够好。经过对比度线性展宽处理后，画面效果得到明显改善，如图2.5(b)所示。

(a)原　图

(b)对比度线性展宽后的效果

图2.5　对比度线性展宽

下面，通过一个简单的计算示例介绍对比度线性展宽的计算方法。

设原图的数据为 $F=\begin{bmatrix}1&3&9&9&8\\2&1&3&7&3\\3&6&0&6&4\\6&8&2&0&5\\2&9&2&6&0\end{bmatrix}$，其对比度$C_F=3.325$。为方便计算，设图像的灰度变化范围为[0, 9]，设定$f_a=2$，$f_b=4$，$g_a=1$，$g_b=6$，按照式（2.6），计算得到线性映射系数$\alpha=\dfrac{g_a}{f_a}=\dfrac{1}{2}=0.5$，$\beta=\dfrac{g_b-g_a}{f_b-f_a}=\dfrac{6-1}{4-2}=2.5$，$\gamma=\dfrac{9-g_b}{9-f_b}=\dfrac{9-6}{9-4}=0.6$，对比度线性展宽前后图像的像素对应关系见表2.1。

表 2.1　对比度线性展宽前后像素对应关系

$F(i,j)$	0	1	2	3	4	5	6	7	8	9
$G(i,j)$	0	1	1	4	6	7	7	8	8	9

得到对比度线性展宽后的图像为$G=\begin{bmatrix}1&4&9&9&8\\1&1&4&8&4\\4&7&0&7&6\\7&8&1&0&7\\1&9&1&7&0\end{bmatrix}$，其对比度$C_G=3.650$，提升了对比度。

2.3 灰级窗与灰级窗切片

2.3.1 灰级窗

灰级窗实际上是通过映射关系，只将灰度值落在一定范围内的目标进行对比度增强，这就好像开窗观察只落在窗内视野中的目标内容一样。视野外的内容对观测不造成影响。图2.6所示是灰级窗的映射关系图。原图像的灰度值为$f(i, j)$，灰级窗处理后图像的灰度值为$g(i, j)$，可以看到，经过灰级窗处理，原图中灰度值分布在$[f_a, f_b]$范围内的像素值影射到[0, 255]范围内，由此使该范围内的景物因对比度展宽而更加清晰，便于观察。

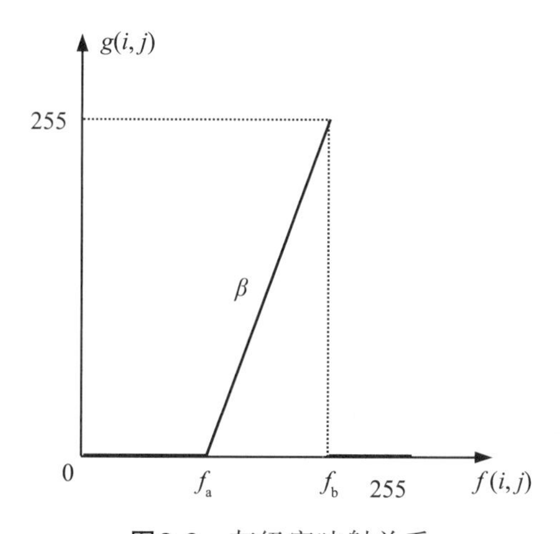

图2.6 灰级窗映射关系

灰级窗映射计算公式如下：

$$g(i,j)=\begin{cases}0 & 0\leqslant f(i,j)<f_a \\ \beta\left[f(i,j)-f_a\right] & f_a\leqslant f(i,j)<f_b \\ 0 & f_b\leqslant f(i,j)<255\end{cases} \tag{2.7}$$

$$(i=1,2,\cdots,m;\ j=1,2,\cdots,n)$$

式中，$\beta=\dfrac{255}{f_b-f_a}$；图像的大小为$m\times n$。

通过与2.2节同样的简单计算示例来介绍灰级窗的计算方法。

设原图的数据为$F=\begin{bmatrix}1&3&9&9&8\\2&1&3&7&3\\3&6&0&6&4\\6&8&2&0&5\\2&9&2&6&0\end{bmatrix}$，其对比度$C_F=3.325$。为方便计

算，设图像的灰度变化范围为[0, 9]，设定$f_a = 2$，$f_b = 6$，按照式（2.7），$\beta = \dfrac{9}{f_b - f_a} = \dfrac{9}{6-2} = 2.25$，灰级窗处理前后图像的像素对应关系见表2.2。

表 2.2　灰级窗处理前后像素对应关系

$F(i,j)$	0	1	2	3	4	5	6	7	8	9
$G(i,j)$	0	0	0	2	5	7	9	9	9	9

得到灰级窗处理后的图像为$G = \begin{bmatrix} 0 & 2 & 9 & 9 & 9 \\ 0 & 0 & 2 & 9 & 2 \\ 2 & 9 & 0 & 9 & 5 \\ 9 & 9 & 0 & 0 & 7 \\ 0 & 9 & 0 & 9 & 0 \end{bmatrix}$，其对比度$C_G = 4.525$，提升了对比度。

灰级窗技术在医学图像处理中用得比较多。如图2.7所示，在CT图像中，当我们需要观察肺部的生理病理特性时，如果去掉骨头和肌肉部分，则更方便以更大的对比度对肺部的细节进行观察。从图2.7(b)可以看到，肺部的细节纹理部分可以清晰地表示出来。同样，在肌肉窗中可以清晰地看到肌肉的纹理[见图2.7(c)]，在骨窗中可以清晰地看到骨头的纹理[见图2.7(d)]。

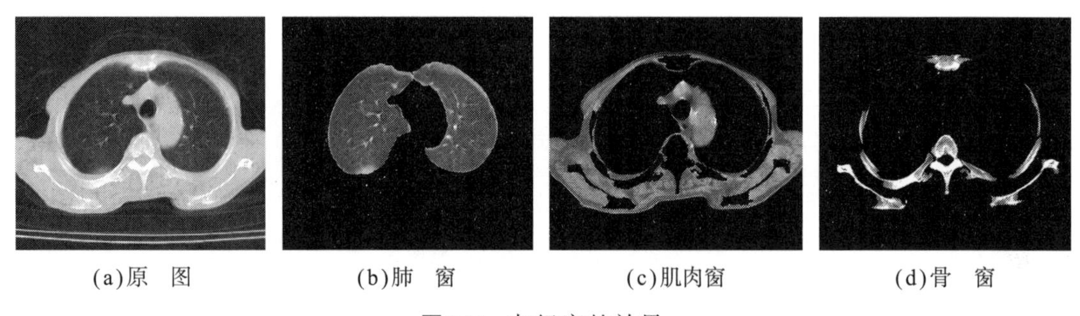

(a)原　图　　(b)肺　窗　　(c)肌肉窗　　(d)骨　窗

图2.7　灰级窗的效果

2.3.2　灰级窗切片

在图像处理过程中，经常要对某个目标物的形状、边界、截面面积以及体积进行测量，从而得到该目标物功能方面的重要信息。例如，在医学临床实践和研究中，常常需要对人体某种器官和组织进行精确测量，方便对疾病的诊断和治疗。因此，对感兴趣目标的正确分类是图像处理的一项重要内容。这些工作大部分都由图像分割处理来完成，即把数字图像划分成互不相交（不重叠）的若干区域。

所谓灰级窗切片，是指将需要检测的目标与画面中其他部分分离开，目标部分置为白（黑），非目标部分置为黑（白）。

灰级窗切片的映射关系如图2.8所示，设原图像的灰度值为$f(i, j)$，灰级窗切片处理后图像的灰度值为$g(i, j)$，将原图中灰度值分布在$[f_a, f_b]$范围内的像素值（待检测目标的灰度分布范围）映射到255，在此范围之外的像素值映射到0。

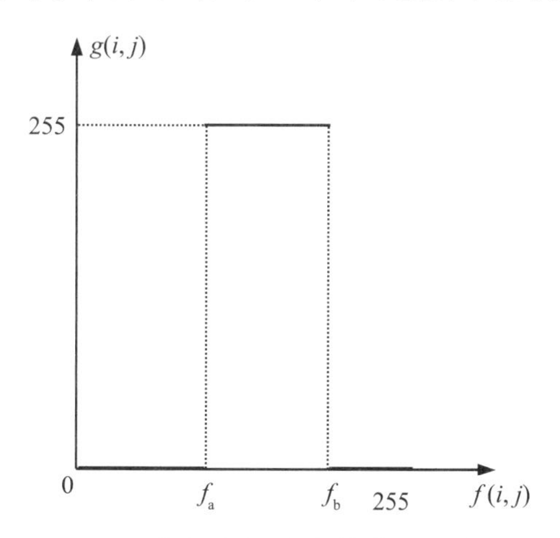

图2.8 灰级窗切片映射关系示意图

灰级窗切片的计算公式如下：

$$g(i,j)=\begin{cases}0 & 0\leqslant f(i,j)<f_a\\ 255 & f_a\leqslant f(i,j)<f_b\\ 0 & f_b\leqslant f(i,j)<255\end{cases} \tag{2.8}$$
$$(i=1,2,\cdots,m;\ j=1,2,\cdots,n)$$

式中，图像的大小为$m\times n$。

图2.9所示是对图2.7(a)进行灰级窗切片后得到的结果。显然，经过灰级窗切片处理，可以对肺部区域[见图2.9(a)]、纵隔与肌肉区域[见图2.9(b)]及骨头区域[见图2.9(c)]进行进一步的处理与分析。

(a)肺窗切片

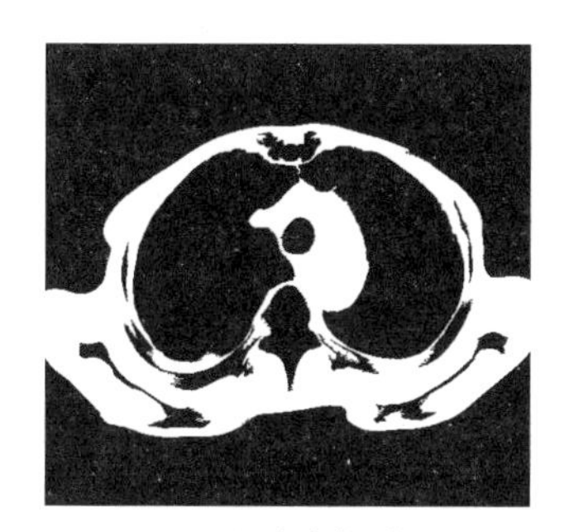

(b)肌肉窗切片

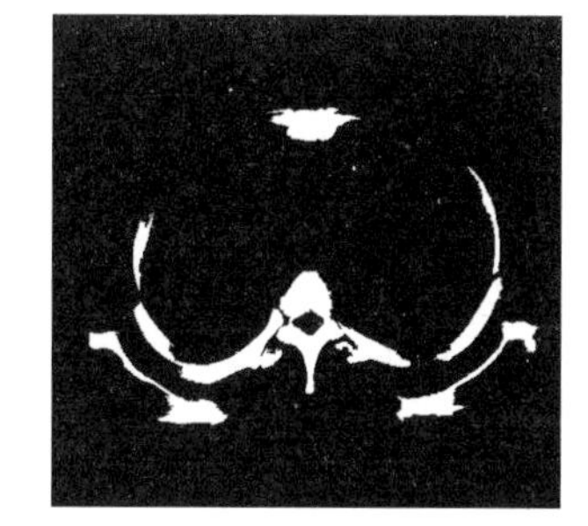

(c)骨窗切片

图2.9 灰级窗切片效果

2.4 动态范围调整

所谓动态范围，是指照相机拍摄到的某个瞬间场景的亮度变化范围，即一幅图像描述的从最暗到最亮的变化范围。我们通过下面的事例来理解人类视觉所能适应的动态范围。

假设在某个天气晴朗的假日，你突然想看一场电影，于是买票进入电影院，如果这时电影已经开始放映，刚到门口，你会觉得放映厅里漆黑一片，什么也看不见。相信你会在原地站一会儿，等到眼睛可以看清放映厅内的环境，再去寻找自己的座位。

发生这个现象是因为，当你刚刚进入电影院时，眼睛面对的是从外面非常亮的光照强度到电影院内微弱光照强度的一个非常大的动态范围。人类的眼睛无法兼顾这么大的动态范围，亮的光照强度淹没了微弱的光照强度，所以无法看清眼前的景物。而站一会儿实际上是进行一个动态范围的调整，让大脑忘记之前电影院外非常亮的光照强度，逐渐适应放映厅内微弱的光照强度，调整后的动态范围完全适合人眼的观察，因此可以看清环境，找到座位。

通过上面的例子，我们就可以体会到动态范围调整方法的设计思想。

所谓动态范围调整，就是利用动态范围对人眼视觉影响的特性，对图像的动态范围进行压缩，将关心部分的灰度级变化范围扩大，由此达到改善画面效果的目的。

2.4.1 线性动态范围调整

由于人眼可以分辨的亮度变化范围是有限的，或者说，表现在图像上可以描述的灰度变化范围是有限的。因此，动态范围太大时，往往会因为很高的灰度值区域的信号掩盖了暗区的信号，影响目标区域的表现效果，使得目标区域的细节，特别是暗区的细节难以辨认。

线性动态范围调整的方法是，首先进行亮暗限幅，如图2.10所示，将图像中黑的像素值调大，由0调整到a，白的像素值调小，由255调整到b。然后将区域$[a, b]$线性映射到$[0, 255]$范围内。这样，实际上有一部分较暗的像素点以及较亮的像素点进入饱和，中间部分的像素值可以进行对比度线性扩展，使得其细节部分表现得更加清楚。

线性动态范围调整的映射关系如图2.11所示，设原图的灰度值为$f(i, j)$，处

图2.10　线性动态范围调整示意图

理后图像的灰度值为$g(i, j)$，从图2.11可以看出，原图中灰度值在$0\sim a$范围的部分压缩为0，原图灰度值大于b的部分压缩为255，这两部分的信息细节全部损失掉了。若这两部分的像素数较少，那么损失信息也是较少的。无论如何，以损失一部分信息的代价换来了图像中感兴趣的目标区域$[a, b]$得到增强。

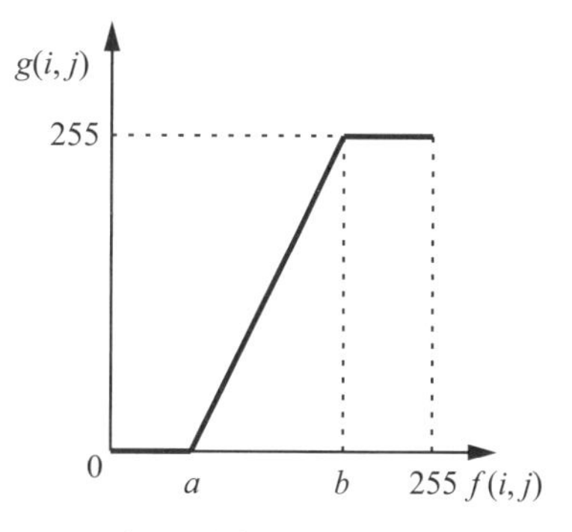

图2.11　线性动态范围调整的映射关系

线性动态范围调整的计算公式如下：

$$g(i,j)=\begin{cases}0 & f(i,j)<a\\ \dfrac{255}{b-a}\left[f(i,j)-a\right] & a\leqslant f(i,j)\leqslant b\\ 255 & f(i,j)>b\end{cases}\tag{2.9}$$

$$(i=1,2,\cdots,m;\ j=1,2,\cdots,n)$$

式中，图像的大小为$m\times n$。

图2.12所示是线性动态范围调整的示例。原图[见图2.12(a)]是在阴天黄昏时拍摄的，因此画面偏暗，这里采用了对暗进行限幅的方法，可获得图2.12(b)所示的结果。

(a)原　图

(b)线性动态范围调整结果

图2.12　线性动态范围调整示例

下面，通过一个简单的计算示例来介绍线性动态范围调整的计算方法。

设原图的数据为 $F=\begin{bmatrix}1&3&9&9&8\\2&1&3&7&3\\3&6&0&6&4\\6&8&2&0&5\\2&9&2&6&0\end{bmatrix}$，其对比度 $C_{\mathrm{F}}=3.325$。为方便计算，设图像的灰度变化范围为[0, 9]，目标区域的灰度变化范围[a, b]为[2, 7]。

按照式（2.9），线性动态范围调整处理前后图像的像素对应关系见表2.3。

表 2.3　线性动态范围调整前后像素对应关系

$F(i,j)$	0	1	2	3	4	5	6	7	8	9
$G(i,j)$	0	0	0	2	4	5	7	9	9	9

得到线性动态范围调整后的图像为 $G=\begin{bmatrix}0&2&9&9&9\\0&0&2&9&2\\2&7&0&7&4\\7&9&0&0&5\\0&9&0&7&0\end{bmatrix}$，其对比度 $C_{\mathrm{G}}=4.000$，提升了对比度。

经过线性动态范围调整，图像整体对比度的值加大，提高了画面的显示效果。

2.4.2　非线性动态范围调整

考虑到从人眼接收图像信号到在大脑中形成一个形象的过程中，有一个近似对数映射的环节，因此，可以采用对数算子构建非线性动态范围调整。由于非线性动态范围调整依据的是人眼的视觉特性，所以处理后图像的灰度分布与人的视觉特性相匹配，可以得到很好的效果。

非线性动态范围调整的原理如图2.13所示，通过一条光滑的映射曲线，使得处理后图像的灰度变化比较光滑。

从图2.13给出的基于对数函数的非线性动态范围调整映射曲线可知，非线性动态范围调整的作用是抑制高亮度区域、扩展低亮度区域。这恰好在一定程度上解决了景物中高亮度区的信号掩盖暗区信号的问题。

非线性动态范围调整的计算公式如下：

$$g(i,j)=c\lg\left[1+f(i,j)\right]\quad\left(i=1,2,\cdots,m;\ j=1,2,\cdots,n\right)\tag{2.10}$$

式中，原图像的灰度值为$f(i,\ j)$；处理后图像的灰度值为$g(i,\ j)$；c为增益常数；图像的大小为$m \times n$。

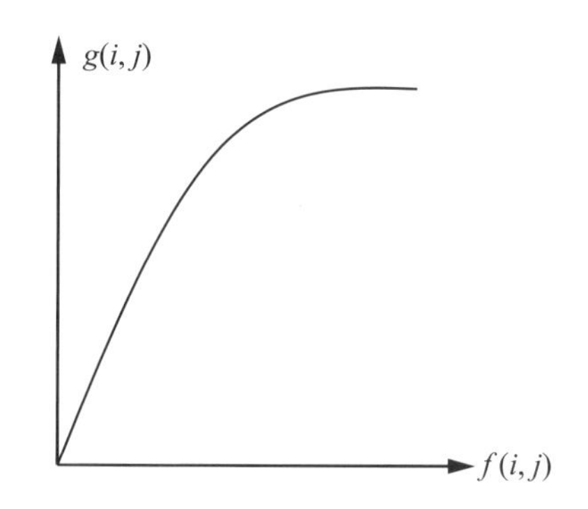

图2.13 非线性动态范围调整映射关系

图2.14所示是一幅图像进行非线性动态范围调整的效果。可以看到非线性动态范围调整对光照较弱部分的校正效果比较明显。对原图[见图2.14(a)]按照式（2.10）进行非线性动态范围调整，画面上落在暗区的景物细节都可以清晰地表现出来，如图2.14(b)所示。

(a)原 图

(b)非线性动态范围调整结果

图2.14 非线性动态范围调整示例

下面，通过一个简单的计算示例来介绍非线性动态范围调整的计算方法。

设原图的数据为 $F=\begin{bmatrix} 1 & 3 & 9 & 9 & 8 \\ 2 & 1 & 3 & 7 & 3 \\ 3 & 6 & 0 & 6 & 4 \\ 6 & 8 & 2 & 0 & 5 \\ 2 & 9 & 2 & 6 & 0 \end{bmatrix}$，其对比度$C_{\mathrm{F}}=3.325$。为方便计算，设图像的灰度变化范围为[0, 9]，按照式（2.10）取$c=9/\lg(9+1)=9$，非线性动态范围调整处理前后图像的像素对应关系见表2.4。

表 2.4　非线性动态范围调整前后像素对应关系

$F(i,j)$	0	1	2	3	4	5	6	7	8	9
$G(i,j)$	0	3	4	5	6	7	8	8	9	9

得到非线性动态范围调整后的图像为$G=\begin{bmatrix}3&5&9&9&9\\4&3&5&8&5\\5&8&0&8&6\\8&9&4&0&7\\4&9&4&8&0\end{bmatrix}$，其对比度$C_G=$3.375，提升了对比度。

经过非线性动态范围调整，改善了画面中前景细节的表述，并且图像整体对比度的值加大，提升了图像画面的显示效果。

2.5　直方图均衡化

在信息论中有这样一个结论：当数据的分布接近均匀分布时，数据承载的信息量（熵）最大。从前面介绍的图像灰度直方图的概念可知，图像的灰度直方图反映了图像中像素的灰度分布特性，因此，调整灰度直方图，可以达到使图像数据信息量增大的目的，并由此改善画面的表现效果。

为了便于读者理解，这里不从信息熵的角度介绍直方图均衡化方法，而是从图像表现效果的角度来进行介绍。

对于一幅图像，如果等于某个灰度值的像素数量在图像中占的比例比较大，则其对画面的影响也比较大，而如果等于某个灰度值的像素数量在图像中占的比例比较小，例如，在一个100万像素的画面中只有1个像素等于某个灰度，则改变这个像素的灰度值对图像的影响是可以忽略不计的。

按照上面的思想，直方图均衡化方法的基本原理是，对图像中像素数量多的灰度值（即对画面起主要作用的灰度值）进行展宽，而对像素数量少的灰度值（即对画面不起主要作用的灰度值）进行归并，从而达到使图像更加清晰的目的。

设$f(i,j)$、$g(i,j)$（$i=1,2,\cdots,M$; $j=1,2,\cdots,N$）分别为原图像和直方图均衡化后的图像，图像的灰度变化范围为[0, 255]，则直方图均衡化方法的具体步骤如下：

① 求原图$[f(i,j)]_{M\times N}$的灰度直方图，设用256维的向量h_f表示。

② 由h_f求原图的灰度分布概率，记作p_f，则有

$$p_f(i)=\frac{1}{N_f}h_f(i) \qquad (i=0,1,2,\cdots,255) \tag{2.11}$$

式中，$N_f=M\times N$（M、N分别为图像的长和宽）为图像的总像素数。

③ 计算图像各个灰度值的累计分布概率，记作p_a，则有

$$p_a(i)=\sum_{k=0}^{i}p_f(k) \qquad (i=0,1,2,\cdots,255) \tag{2.12}$$

式中，令$p_a(0)=0$。

④ 进行直方图均衡化计算，得到处理后图像的像素值$g(i,j)$为

$$g(i,j)=255p_a(k) \tag{2.13}$$

下面，通过一个简单的计算示例来介绍直方图均衡化方法。

设原图的数据为$F=\begin{bmatrix}1&3&9&9&8\\2&1&3&7&3\\3&6&0&6&4\\6&8&2&0&5\\2&9&2&6&0\end{bmatrix}$，其对比度$C_F=3.325$。为方便计算，设图像的灰度变化范围为[0, 9]，按照式（2.10）求出原图的灰度直方图为$h_f=[3, 2, 4, 4, 1, 1, 4, 1, 2, 3]$，图像的总像素数为$N_f=5\times5=25$，原图的灰度分布概率为$p_f=[3/25, 2/25, 4/25, 4/25, 1/25, 1/25, 4/25, 1/25, 2/25, 3/25]$，原图的灰度累计分布概率为$p_a=[0, 5/25, 9/25, 13/25, 14/25, 15/25, 19/25, 20/25, 22/25, 25/25]$。

按照式（2.13），$9p_a=[0, 1.8, 3.2, 4.7, 5.0, 5.4, 6.8, 7.2, 7.9, 9]$，直方图均衡化处理前后图像的像素对应关系见表2.5。

表 2.5 直方图均衡化前后像素对应关系

$F(i,j)$	0	1	2	3	4	5	6	7	8	9
$G(i,j)$	0	2	3	5	5	5	7	7	8	9

得到直方图均衡化后的图像为$G=\begin{bmatrix}2&5&9&9&8\\3&2&5&7&5\\5&7&0&7&5\\7&8&3&0&5\\3&9&3&7&0\end{bmatrix}$，其对比度$C_G=3.150$，

对比度值降低了一点，与原图的对比度接近。这表明直方图均衡化能够在保持原有图像特性的基础上，提高图像的画质。

接下来，观察图2.15所示的上述计算例直方图均衡化处理前后的灰度直方图。比较图2.15(a)和图2.15(b)，原图灰度值为4、5、7的像素数量为1，因此，在图2.15(b)中，这三个像素值点分别归并到相邻的灰度值中。因为有三个灰度值被归并，在进行直方图均衡化处理时，出现三个空位，由这些空位将原来相邻的灰度值展开，由此展宽了对比度。这个结论与前面计算得到的处理前后图像的对比度值结果不一致，原因是灰度值归并降低了某些相邻像素的对比度。同时也说明直方图均衡化方法对灰度分布相对集中的图像的处理效果比较明显。

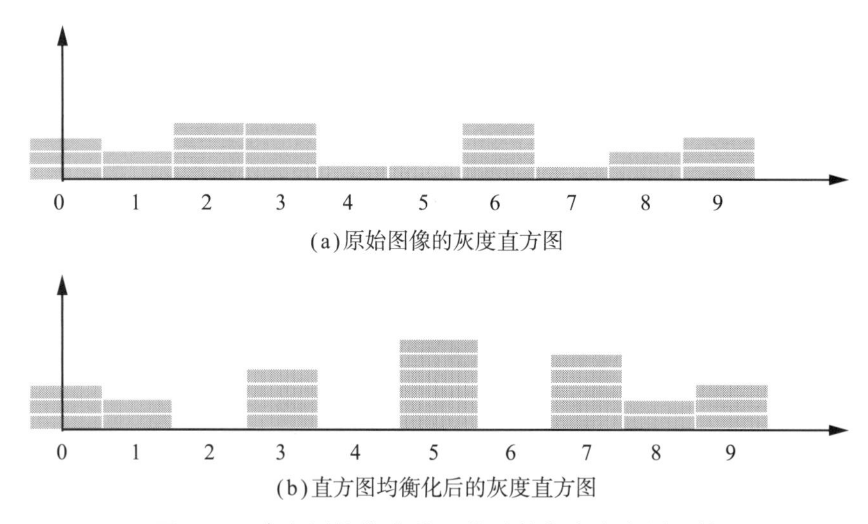

图2.15　直方图均衡化处理前后的灰度直方图比较

图2.16(a)所示的原图整个画面较暗，分析其直方图[见图2.16(c)]，占据的灰度值范围较窄。经过直方图均衡化处理[见图2.16(b)]，从画面的表现效果来看，可以非常逼真地再现灯光的效果，画面的层次感加强，细节也比较清晰。处理后的直方图[见图2.16(d)]基本上均匀占据了整个图像灰度值允许的范围，并且直方图的大致轮廓与原直方图相似，这就表示处理后的图像不仅表现效果得到改善，同时原始图像的特征在处理后的图像中也得到保持。

(a)原　图

(b)直方图均衡化的效果

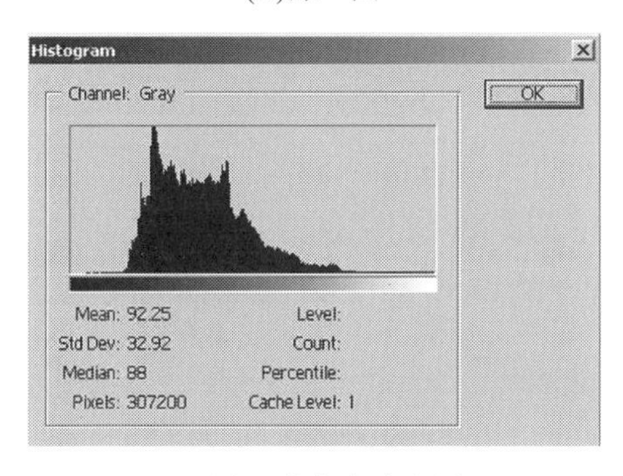

(c)图(a)的灰度直方图

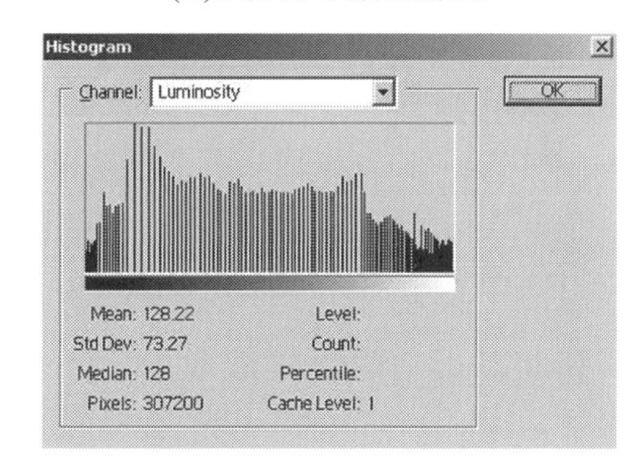

(d)图(b)的灰度直方图

图2.16　直方图均衡化处理效果

2.6 自适应直方图均衡化

2.5节介绍的直方图均衡化对图像有较好的增强效果，但是在某些情况也存在一些不足。由于图像明暗分布不均，对图像进行全局的直方图均衡化，可能导致图像明亮部或者暗部的细节丢失。图2.17(a)所示的原图是在雾天拍摄的，进行图像增强时，直方图均衡化使得远处的景物总体上得到较好的增强，但是近处的景物，由于占比较低，反而导致细节的退化，如图2.17(b)所示。

这类问题有以下两个解决方案：

① 将图像均匀分块，每个子块各自进行直方图均衡化。对图2.17(a)进行分块直方图均衡化处理之后，会出现块间亮度不一致的块效应，如图2.17(c)所示。

② 对图像中的每个像素，构建一个$m \times n$的邻域，对该邻域进行直方图均衡

化处理，之后取邻域上该位置的处理结果，替换原像素值。对图2.17(a)进行邻域直方图均衡化处理之后，如图2.17(d)所示，达到了良好的增强效果。逐个像素都要构建邻域并进行直方图均衡化处理，由于直方图均衡化需要统计概率分布，其邻域不能太小，因此，邻域直方图均衡化计算量庞大，甚至是全局直方图均衡化的1000倍以上。

(a)原　图　　(b)全局直方图均衡化　　(c)分块直方图均衡化　　(d)邻域直方图均衡化

图2.17　直方图均衡化方法的改进效果

针对以上问题，自适应直方图均衡化处理的思路是，采用分块直方图均衡化方法，在此基础上消除块效应。

图2.18　自适应直方图均衡化灰度插值示意图

消除块效应的方法称为灰度双线性插值，下面以图2.18为例对具体算法进行说明。

① 首先将图像等分为若干子块，如图2.18所示，将图像分成$\Omega_1 \sim \Omega_9$共计9个子块，对每个子块各自进行直方图均衡化，为方便描述，这里假设9个子块的直方图均衡化映射用$h_1(p) \sim h_9(p)$表示，其中，p为像素点。因为直方图均衡化处理是基于统计学原理完成的，所以子块的大小不宜过小，建议以64×64以上为好。

② 以Δ步长平移，使原图的分块如图2.18中虚线所示（图中只给出其中的4个子块），假设A点在某个虚线框内，沿着它的垂直方向和水平方向，分别找到虚线框边缘上的B、C、D，E四个点。

③ 图2.18可以看出，B、$C \in \Omega_2$，$D \in \Omega_3$，$E \in \Omega_5$，因此，采用双线性插值方法，计算得到A的自适应直方图均衡化结果为

$$h(A) = a_1 h_2(B) + a_2 h_2(C) + a_3 h_3(D) + a_4 h_5(E)$$

式中，系数a_1、a_2、a_3、a_4由双线性插值方法确定。双线性插值方法具体解释请参考本书3.2.2节。

图2.19所示是自适应直方图均衡化处理的效果示例，在大大降低计算时间的情况下，保持了良好的图像增强效果。

(a)原　图

(b)效果图

图2.19　自适应直方图均衡化处理效果

2.7　伪彩色

如果用视觉范围来定义人眼能感知的亮度范围，这个范围非常宽，一般为$10^{-2} \sim 10^{6}$cd/m^2。但是，人眼并不是同时感受到这样宽的亮度范围，事实上，在人眼适应了某个平均亮度环境以后，它能感受的亮度范围要小得多，当平均亮度适中时，人眼能分辨的亮度上、下限之比为1000：1。而当平均亮度较低时，该比值为10：1。

从观察图像角度讲，以[0, 255]表示图像从黑到白，这里定义灰阶差为相邻亮暗的差的量化数。例如，4灰阶差表示相邻的亮度相差为4。显然，从图2.20所给的测试条来看，人的肉眼能够直接分辨的灰阶只有16个左右。特别是较暗的部分更加明显。

为了对画面细节进行描述，前面的处理都是通过抑制画面中某些不重要的部分来提高重要部分景物的细节描述能力，所以当对不重要部分的抑制，不足以提供改善画面所需的调整空间时，需要考虑采取其他方法来解决。

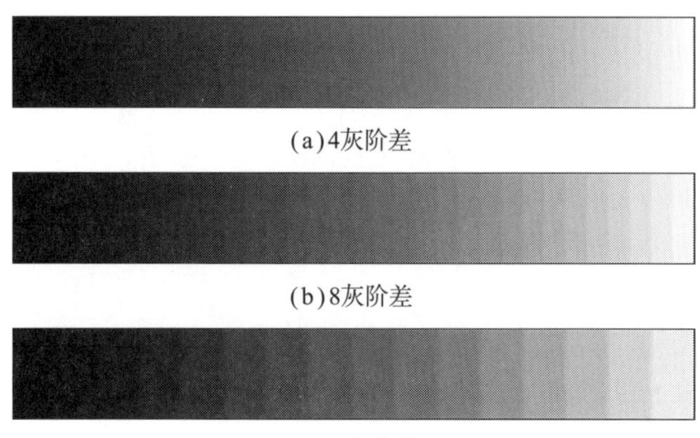

(a)4灰阶差

(b)8灰阶差

(c)16灰阶差

图2.20　不同灰阶差的分辨效果

除亮度信息之外，人眼还可以分辨不同的彩色。例如，对同一亮度，人眼很容易识别出红、绿、蓝、黄等不同的颜色。因此，对于人眼无法区别的灰度变化，用不同的彩色来提高识别率，这便是伪彩色增强的基本依据。

要从一幅灰度图像生成一幅彩色图像，是一个“一到三”的映射，即“一对多”的映射，由少信息量获得多信息量需要有关联性的运算，必然基于估计原理。也就是说，对未知的部分，通过各种手段进行合理的估计。将原来的亮度分量分解为用红（R）、绿（G）、蓝（B）三原色的组合表示。

伪彩色的实现方法因研究目的不同而不同，包括基于灰度变换的伪彩色方法、基于灰度调色板的伪彩色方法和基于区域分割的伪彩色方法等。本节只介绍基于灰度变换的伪彩色实现方法，算作抛砖引玉，读者可以根据具体需要设计出最适当的伪彩色映射。

仿照对温度的描述方式，当温度比较低时，我们会想到蓝色（又称冷色调），当温度较高时，会想到红色（又称暖色调）。根据人类感官的这一特性，将亮度低的灰度映射为蓝色，亮度高的灰度映射为红色。按照这样的伪彩色生成原理，可以定义图2.21所示的灰度–红色、灰度–绿色、灰度–蓝色3种不同映射方式。

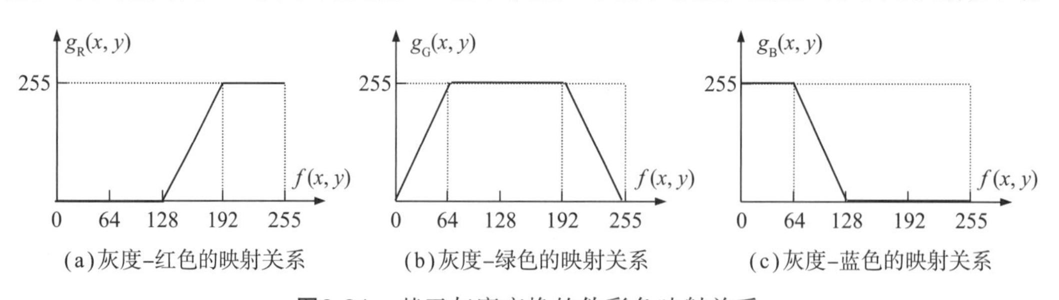

(a)灰度–红色的映射关系　(b)灰度–绿色的映射关系　(c)灰度–蓝色的映射关系

图2.21　基于灰度变换的伪彩色映射关系

按照图2.21给出的伪彩色映射关系，得到0 ~ 255灰度测试条（灰阶差为1）的伪彩色测试条如图2.22所示。

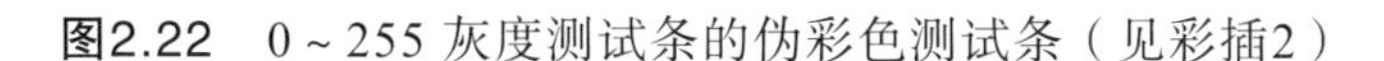

图2.22 0 ~ 255 灰度测试条的伪彩色测试条（见彩插2）

下面，通过一个简单的计算示例来介绍伪彩色增强方法。

设原图的数据为 $F=\begin{bmatrix}1&3&9&9&8\\2&1&3&7&3\\3&6&0&6&4\\6&8&2&0&5\\2&9&2&6&0\end{bmatrix}$，其对比度$C_{\mathrm{F}}=3.325$。为方便计算，设图像的灰度变化范围为[0, 9]，按照图2.21给出的映射关系，将0 ~ 9的灰度分布范围分成[0, 2]、[3, 4]、[5, 7]、[8, 9]4个部分，则红色R、绿色G、蓝色B分别为

$$\begin{cases}r(i,j)=0\\g(i,j)=\dfrac{9}{2}f(i,j)\\b(i,j)=9\end{cases}\quad 0\leqslant f(i,j)\leqslant 2 \qquad \begin{cases}r(i,j)=0\\g(i,j)=9\\b(i,j)=-9f(i,j)-4\end{cases}\quad 3\leqslant f(i,j)\leqslant 4$$

$$\begin{cases}r(i,j)=\dfrac{9}{2}f(i,j)-5\\g(i,j)=9\\b(i,j)=0\end{cases}\quad 5\leqslant f(i,j)\leqslant 7 \qquad \begin{cases}r(i,j)=9\\g(i,j)=-9f(i,j)-9\\b(i,j)=0\end{cases}\quad 8\leqslant f(i,j)\leqslant 9$$

计算得到三原色分量为

$$R=\begin{bmatrix}0&0&9&9&9\\0&0&0&9&0\\0&5&0&5&0\\5&9&0&0&0\\0&9&0&5&0\end{bmatrix}\quad G=\begin{bmatrix}5&9&0&0&0\\9&9&9&0&9\\9&0&9&0&5\\0&0&9&9&0\\9&0&9&0&9\end{bmatrix}\quad B=\begin{bmatrix}9&9&0&0&0\\9&9&9&0&9\\9&0&9&0&5\\0&0&9&9&0\\9&0&9&0&9\end{bmatrix}$$

对图2.23(a)所示的灰度图，观察画面上树荫下的景物细节非常吃力，采用基于灰度变换的伪彩色方法，经过处理之后的图像如图2.23(b)所示。显然，经过伪彩色处理后，原来不容易分辨的细节部分变得容易辨认。

这类伪彩色方法在医疗诊断仪器中经常被使用。因为要进行病灶组织与正常组织的区分，颜色往往比灰度更加容易辨认，可以使病情的早期诊断成为可能。

(a)灰度图（原图）

(b)图(a)的伪彩色增强

图2.23　灰度变换伪彩色处理示例（见彩插3）

2.8　Retinex图像增强方法

Retinex（视网膜“retina”和大脑皮层“cortex”的缩写)是埃德温·赫伯特·兰德（Edwin Herbert Land）提出的关于人类视觉系统（human visual system）如何调节感知到物体颜色和亮度的模型。Retinex可在灰度动态范围压缩、边缘增强和颜色恒定性三个方面达到平衡，因此，可对不同类型的图像进行自适应性增强。

Retinex的基本原理是将一幅图像分为亮度分量和反射分量两部分，通过抑制亮度图像对反射图像的影响，达到增强图像的目的。

设照射图像空间是平滑的，拍摄得到的原始图像为$[f(i,j)]_{m\times n}$，反射分量为$[r(i,j)]_{m\times n}$，亮度分量为$[l(i,j)]_{m\times n}$，三者之间满足下面的关系式：

$$f(i,j)=r(i,j)l(i,j) \tag{2.14}$$

将式（2.14）的两边取对数，有

$$\log\left[f(i,j)\right]=\log\left[r(i,j)\right]+\log\left[l(i,j)\right] \tag{2.15}$$

即

$$R(i,j)=\log\left[r(i,j)\right]=\log\left[f(i,j)\right]-\log\left[l(i,j)\right] \tag{2.16}$$

由于物体反射入射光后呈现何种颜色是由物体本身的性质决定的，不因光源或光线亮度的变化而变化。考虑到照射空间的平滑性，亮度分量可简化为

$$l(i,j)=g(i,j)*f(i,j) \tag{2.17}$$

式中，$g(i,j)$称为环绕函数，起平滑作用；算子“*”为卷积运算。

一般情况下，$g(i,j)$选高斯函数，即

$$g(i,j)=\lambda e^{-(i^2+j^2)/c^2} \tag{2.18}$$

式中，c为尺度常量，λ是常量矩阵，它使得

$$\iint g(i,j)\mathrm{d}i\mathrm{d}j=1 \tag{2.19}$$

一般情况下，尺度常量c越小，灰度动态范围压缩得越多，图像的细节增强越明显，但c过于小，则会导致画面失真；反之c越大，图像处理效果越平滑，但如果c过大，则处理效果不明显。建议尺度常量在80～100，灰度动态范围压缩和对比度增强可以达到较好的平衡。

图2.24所示是采用Retinex算法，取不同的尺度常数c进行图像增强的效果比较示例。从图2.24(a)给出的原图可以看到，远处的天空和近处的地面形成一个较大的动态范围，导致亮区的信息抑制了暗区的信息。图2.23(b)是取尺度常量$c=20$的处理结果，可以看到，动态范围得到很大程度的压缩，近处的景物也能够很好地表示出来，但细节过度增强，使画面显得不够自然，比较图2.23(c)和图2.23(d)可以看出，取$c=80$相比于取$c=200$，动态范围压缩和对比度增强两个方面都得到了很好的平衡。

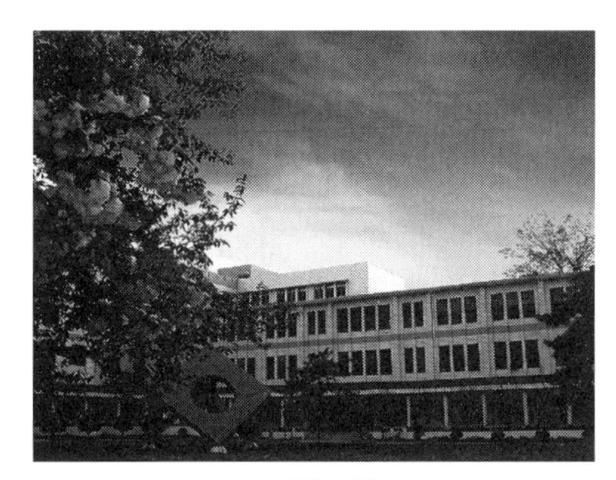

(a)原　图

(b)$c=20$的效果

(c)$c=80$的效果

(d)$c=200$的效果

图2.24　Retinex算法的处理效果比较示例

习　题

1. 假设图像的灰度取值范围为[0, 7]，已知某设备的γ畸变值为0.8，请给出该设备的γ校正列表。

2. 如果从画面效果看到，某图像需要进行γ校正，但是你不知道γ畸变值是多少，你该采用什么样的方法进行γ校正？

3. 已知一幅图像为 $f=\begin{bmatrix} 1 & 5 & 255 & 225 & 100 & 200 & 255 & 200 \\ 1 & 7 & 254 & 255 & 100 & 10 & 10 & 9 \\ 3 & 7 & 10 & 100 & 100 & 2 & 9 & 6 \\ 3 & 6 & 10 & 10 & 9 & 2 & 8 & 2 \\ 2 & 1 & 8 & 8 & 9 & 3 & 4 & 2 \\ 1 & 0 & 7 & 8 & 8 & 3 & 2 & 1 \\ 1 & 1 & 8 & 8 & 7 & 2 & 2 & 1 \\ 2 & 3 & 9 & 8 & 7 & 2 & 2 & 0 \end{bmatrix}$，计算它的对比度，并对其进行如下处理。

① 线性对比度展宽，要求展宽后的对比度大于原图像的对比度。

② 非线性动态范围调整，并计算调整后图像的对比度。

③ 直方图均衡化处理，并计算处理后图像的对比度。

④ 比较以上三种方法对该图像的处理效果。

第3章

图像几何变换

在实际场景拍摄一幅图像，如果画面过大（小），就需要进行缩小（放大），如果景物与摄像头没有形成相互平行关系，则会发生几何畸变，需要进行畸变校正。此外，图像中目标物的匹配，例如，鉴别印章的真伪时两枚印章的配准对比，需要对图像进行旋转、平移等处理。进行三维景物显示时，需要三维到二维平面的投影建模。本章介绍图像几何变换的基本方法。

图像的几何变换是指用数学建模的方法描述图像位置、大小、形状等变化，通过数学建模对数字图像进行几何变换。

3.1 图像的位置变换

图像的位置变换主要包括图像的平移、镜像及旋转。下面就对这三个基本的位置变换进行介绍。

3.1.1 图像的平移

图像的平移是将图像中的像素点按照要求的量进行垂直、水平移动。图像的平移处理，只改变原有景物在画面上的位置，图像的内容不发生变化。

在第1章中，已经假设本书采用的数字图像坐标系为矩阵坐标系，在此前提下，假设原始图像$F(i, j)$的位置坐标为(i, j)，图像沿着垂直（行方向）和水平方向（列方向）的平移量为$(\Delta i, \Delta j)$，经过平移后图像$G(i', j')$的坐标设为(i', j')，那么图像的平移计算公式为

$$\begin{cases} i' = i + \Delta i \\ j' = j + \Delta j \end{cases} \tag{3.1}$$

值得注意的是，一个数字图像（灰度图）是以一个矩阵来描述的，因此，如果不增大存放处理后图像的矩阵，会出现图像的部分内容移出画面的情况。

例如，设一个图像为 $F = \begin{bmatrix} f_{11} & f_{12} & f_{13} \\ f_{21} & f_{22} & f_{23} \\ f_{31} & f_{32} & f_{33} \end{bmatrix}$，如果进行$\Delta i = 1$，$\Delta j = 2$的平移操作，平移后图像的坐标为$i' = 2$、3、4，$j' = 3$、4、5，如果不进行处理，则$i' = 4$，$j' = 4$、5，的值会超出原有矩阵的下标范围，得到的平移后图像为$G = \begin{bmatrix} 0 & 0 & 0 \\ 0 & 0 & f_{11} \\ 0 & 0 & f_{21} \end{bmatrix}$。

显然，图像的大部分信息因为移出画面外而丢失。为此，需要根据处理后图像信息不丢失的原则，扩大存放处理后图像的矩阵，这种处理又称作画布扩大。

同样是这个例子，将画布扩大为$G = [g_{ij}]_{4\times 5}$，一个4×5的矩阵。经过同样的平移操作之后，得到的图像为$G = \begin{bmatrix} 0 & 0 & 0 & 0 & 0 \\ 0 & 0 & f_{11} & f_{12} & f_{13} \\ 0 & 0 & f_{21} & f_{22} & f_{23} \\ 0 & 0 & f_{31} & f_{32} & f_{33} \end{bmatrix}$。

可以看到，平移之后原图像的内容在新图像的右下角，原图信息全部在新图像中保留下来。

3.1.2 图像的镜像

图像的镜像变换分为水平镜像和垂直镜像两种。通俗地讲，水平镜像就是将图像的倒数第一行放到第一行，第一行则放到倒数第一行，以此类推；垂直镜像就是将图像的倒数第一列放到第一列，第一列则放到倒数第一列，以此类推。

设图像的大小为$M\times N$，图像镜像的计算公式如下：

$$\text{水平镜像}\begin{cases} i' = i \\ j' = N - j + 1 \end{cases} \tag{3.2}$$

$$\text{垂直镜像}\begin{cases} i' = M - i + 1 \\ j' = j \end{cases} \tag{3.3}$$

式中，(i, j)是原图像$F(i, j)$的像素点坐标；(i', j')是对应像素点(i, j)镜像变换后图像$G(i', j')$中的坐标。

下面通过一个简单的例子来介绍图像的镜像处理。

设原图为$F = \begin{bmatrix} f_{11} & f_{12} & f_{13} \\ f_{21} & f_{22} & f_{23} \\ f_{31} & f_{32} & f_{33} \end{bmatrix}$，若要进行垂直镜像，则将原来的行排列$i = 1$、2、3转换为$i' = M - i + 1 = 3$、2、1，列的排列顺序不变，得到垂直镜像图像如下：

$$G_{\text{v}} = \begin{bmatrix} f_{31} & f_{22} & f_{21} \\ f_{21} & f_{22} & f_{23} \\ f_{11} & f_{12} & f_{13} \end{bmatrix}$$

如果要进行水平镜像，则将原来的列排列$j = 1$、2、3转换成$j' = N - j + 1 = 3$、2、1，行的排列顺序不变，得到水平镜像图像如下：

$$G_h = \begin{bmatrix} f_{13} & f_{12} & f_{11} \\ f_{23} & f_{22} & f_{21} \\ f_{33} & f_{32} & f_{31} \end{bmatrix}$$

图3.1所示是图像的水平镜像和垂直镜像示例。

(a)原　图

(b)垂直镜像

(c)水平镜像

图3.1　图像的镜像示例

3.1.3　图像的旋转

图像的旋转是指以图像中的某一点为原点，逆时针或顺时针方向旋转一定的角度。通常绕图像的起始点逆时针旋转。可以用解析几何的方法实现图像的旋转。这里给出三种基本的图像旋转实现方法，读者可以根据需要在此基础上采用更加完善的方法。

1. 直角坐标系旋转方法

图像旋转计算公式如下：

$$\begin{cases} i' = i\cos\theta - j\sin\theta \\ j' = i\sin\theta + j\cos\theta \end{cases} \tag{3.4}$$

式中，(i, j)是原图像$F(i, j)$中像素点的坐标；(i', j')是对应像素点(i, j)旋转后图像$G(i', j')$中像素点的坐标。

值得注意的是，因为图像的坐标值只能是正整数，因此，根据式（3.4）计算出来的值还需要进行后续相关处理。

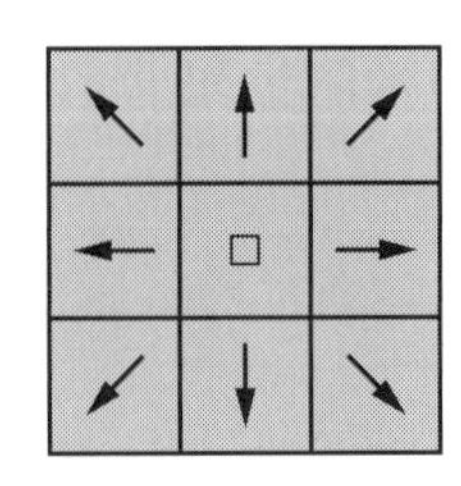

图3.2　相邻像素方向示意图

首先，需要对计算得到的坐标值(i', j')进行取整[为描述简便，取整后的坐标值仍用(i', j')表示]；其次，需要根据取整后坐标值的范围，进行画布扩大；最后，如图3.2所示，中间点的像素周围只有8个像素，它们之间的最小间隔角度为45°，因此，如果任意设定旋转角度，则一定会出现最终实现的旋转角度在像素级别上存在角度偏差。另外，像素点坐标取整之后会出现归并现象，即有可能出现原图像的多个像素点同时旋转变换到新图像中同一个像素点的位置上。这样就会导致在旋转变换后的新图像上，有些像素点上有若干个原图像像素点叠加，或者是位置排列破坏了原有的相邻关系，而有些像素点则无对应的原图像像素点可填，出现空穴，这时就需要对出现的空穴进行填充。

下面通过一个简单的例子来介绍图像的旋转。

设原图像为 $F=\begin{bmatrix} f_{11} & f_{12} & f_{13} \\ f_{21} & f_{22} & f_{23} \\ f_{31} & f_{32} & f_{33} \end{bmatrix}$，其行坐标分布为 $i=\begin{bmatrix} 1 & 1 & 1 \\ 2 & 2 & 2 \\ 3 & 3 & 3 \end{bmatrix}$（第1行虽然列不同，但是行坐标是相同的，以此类推），列坐标分布为 $j=\begin{bmatrix} 1 & 2 & 3 \\ 1 & 2 & 3 \\ 1 & 2 & 3 \end{bmatrix}$。

要对图像进行逆时针30° 的旋转，按照式（3.4）计算得到旋转后相应的坐标值 $i'=\begin{bmatrix} 0.4 & -0.1 & -0.6 \\ 1.2 & 0.7 & 0.2 \\ 2.1 & 1.6 & 1.1 \end{bmatrix}$，$j'=\begin{bmatrix} 1.4 & 2.2 & 3.1 \\ 1.9 & 2.7 & 3.6 \\ 2.4 & 3.2 & 4.1 \end{bmatrix}$。取整为 $i'=\begin{bmatrix} 0 & 0 & -1 \\ 1 & 1 & 0 \\ 2 & 2 & 1 \end{bmatrix}$，$j'=\begin{bmatrix} 1 & 2 & 3 \\ 2 & 3 & 4 \\ 2 & 3 & 4 \end{bmatrix}$。

接下来进行画布扩大，因为 i' 的取值范围是[−1, 2]，而矩阵的坐标只能是正整数，因此，将所有坐标值+2，取值范围调整为[1, 4]，j' 的取值范围是[1, 4]。旋转后图像的矩阵大小设为 4×4，这样就可以得到相应的坐标对应关系。例如，原图像(1, 1)位置上的像素点，因为 $i'(1, 1)=0+2=2$，$j'(1, 1)=1$，旋转之后在出现新图像(2, 1)的位置上。

也就是说，原图像素的坐标分布为 $i=\begin{bmatrix} 1 & 1 & 1 \\ 2 & 2 & 2 \\ 3 & 3 & 3 \end{bmatrix}$，$j=\begin{bmatrix} 1 & 2 & 3 \\ 1 & 2 & 3 \\ 1 & 2 & 3 \end{bmatrix}$，旋转后图像像素的坐标分布为 $i'+2=\begin{bmatrix} 2 & 2 & 1 \\ 3 & 3 & 2 \\ 4 & 4 & 3 \end{bmatrix}$，$j'=\begin{bmatrix} 1 & 2 & 3 \\ 2 & 3 & 4 \\ 2 & 3 & 4 \end{bmatrix}$，由此得到旋转后的图像数据为 $G=\begin{bmatrix} 0 & 0 & f_{13} & 0 \\ f_{11} & f_{12} & 0 & f_{23} \\ 0 & f_{21} & f_{22} & f_{33} \\ 0 & f_{31} & f_{32} & 0 \end{bmatrix}$。

从得到的 G 矩阵的值可以看出，像素值为0处的像素点在原图中找不到相应的像素点，这些点一部分是画布上的空白点，另一部分则是图像中的空穴。如 $g_{23}=0$ 就是旋转变换后图像 G 中的一个空穴点。

将图3.3(a)所示的原图按照式（3.4）顺时针旋转45°之后，得到图3.3(b)所示的效果。空穴的存在，使得旋转后图像的画面仿佛有一层网纱笼罩。

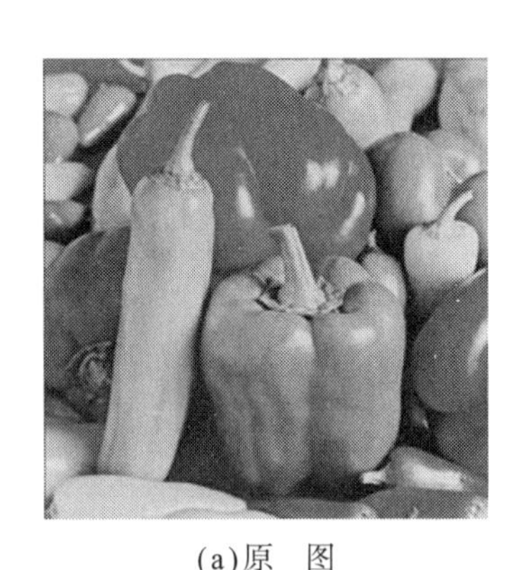

(a)原 图

(b)顺时针旋转45°

图3.3 图像的旋转示例（未进行空穴填充）

有关空穴的填充问题，可以采用插值方法来解决。

所谓插值方法，是指在判定为空穴的位置填充一个估计的值。估计值的选择不同，插值方法的复杂度以及图像的填充效果也不同。在这里，给出邻近插值法和均值插值法。

1）邻近插值法

邻近插值法是将判断为空穴的位置用其相邻行（或列）的像素值来填充，例如，$G=\begin{bmatrix} 0 & 0 & f_{13} & 0 \\ f_{11} & f_{12} & 0 & f_{23} \\ 0 & f_{21} & f_{22} & f_{33} \\ 0 & f_{31} & f_{32} & 0 \end{bmatrix}$。像素点(2，3)为空穴，对其用邻近行插值[即用(2，2)点的像素值填充]的结果为$G=\begin{bmatrix} 0 & 0 & f_{13} & 0 \\ f_{11} & f_{12} & f_{12} & f_{23} \\ 0 & f_{21} & f_{22} & f_{33} \\ 0 & f_{31} & f_{32} & 0 \end{bmatrix}$，邻近列插值的结果为

$$G=\begin{bmatrix} 0 & 0 & f_{13} & 0 \\ f_{11} & f_{12} & f_{13} & f_{23} \\ 0 & f_{21} & f_{22} & f_{33} \\ 0 & f_{31} & f_{32} & 0 \end{bmatrix}。$$

显然，邻近插值法很简单，但是这种插值方法只用了空穴周围像素中的一个，处理后的画面效果不太好。为了使插值处理后的画面效果更加自然，可以采用均值插值法。

2）均值插值法

均值插值法是将空穴周围像素值的均值作为填充值填在空穴中，例如，

$$G=\begin{bmatrix} 0 & 0 & f_{13} & 0 \\ f_{11} & f_{12} & 0 & f_{23} \\ 0 & f_{21} & f_{22} & f_{33} \\ 0 & f_{31} & f_{32} & 0 \end{bmatrix}$$

，其中空穴像素点(2，3)周围（上、下、左、右）像素值为f_{13}、f_{22}、f_{12}、f_{23}，则该点的填充像素值为$g_{23}=(f_{12}+f_{13}+f_{22}+f_{23})/4$，

即 $$G=\begin{bmatrix} 0 & 0 & f_{13} & 0 \\ f_{11} & f_{12} & g_{23} & f_{23} \\ 0 & f_{21} & f_{22} & f_{33} \\ 0 & f_{31} & f_{32} & 0 \end{bmatrix}$$ 。

图3.4所示是用邻近行插值法对图3.3(b)进行空穴填充后得到的图像，可以看到，图像画面效果的劣化大大减弱。

图3.4 空穴填充后的图像旋转效果

2. 极坐标变换方法

极坐标变换是指将原图像中像素点的坐标在极坐标系中表示并进行旋转变换。这样就可以将直角坐标系中的旋转处理转换成极坐标系中的平移处理。在极坐标系进行平移后，再进行极坐标逆变换就可以得到旋转后的图像。

直角坐标系到极坐标系的正变换、逆变换公式如下：

$$\text{正变换}\ \begin{cases}\rho=\sqrt{x^2+y^2}\\ \theta=\arctan(y/x)\end{cases}\tag{3.5}$$

$$\text{逆变换}\ \begin{cases}x=\rho\cos\theta\\ y=\rho\sin\theta\end{cases}\tag{3.6}$$

还是通过上面给出的简单例子来介绍极坐标变换法。设原图为 $F=\begin{bmatrix}f_{11}&f_{12}&f_{13}\\f_{21}&f_{22}&f_{23}\\f_{31}&f_{32}&f_{33}\end{bmatrix}$，其行坐标、列坐标分布分别为$x=\begin{bmatrix}1&1&1\\2&2&2\\3&3&3\end{bmatrix}$，$y=\begin{bmatrix}1&2&3\\1&2&3\\1&2&3\end{bmatrix}$。

要进行逆时针30° 旋转，按照式（3.5）进行极坐标变换，得

$$\rho=\begin{bmatrix}1.4&2.2&3.2\\2.2&2.8&3.6\\3.2&3.6&4.2\end{bmatrix}\quad \theta=\begin{bmatrix}45°&63°&72°\\27°&45°&56°\\18°&34°&45°\end{bmatrix}$$

逆时针旋转30° 相当于$\theta'=\theta+30°$，$\rho'=\rho$，即

$$\rho'=\begin{bmatrix}1.4&2.2&3.2\\2.2&2.8&3.6\\3.2&3.6&4.2\end{bmatrix}\quad \theta'=\begin{bmatrix}75°&93°&102°\\57°&75°&86°\\48°&64°&75°\end{bmatrix}$$

根据式（3.6）得到旋转后的坐标分布为$x'=\begin{bmatrix}0&0&-1\\1&1&0\\2&2&1\end{bmatrix}$，$y'=\begin{bmatrix}1&2&3\\2&3&4\\2&3&4\end{bmatrix}$。

这个结果与直接在直角坐标系中进行旋转的结果一致。后续只需要进行插值处理就可以得到同样的结果。

极坐标变换法一般在像图像配准这种需要进行多次试探性旋转，以判断图像配准角度的场合使用非常方便。

3. 反变换方法

所谓反变换方法，就是从新图像的像素点坐标反过来求对应的原图像像素点的坐标，即将式（3.4）写成

$$\begin{cases}i=i'\cos\theta+j'\sin\theta\\ j=-i'\sin\theta+j'\cos\theta\end{cases}\tag{3.7}$$

下面仍然通过上面的例子来介绍基于反变换方法的图像旋转。

首先确定画布的大小，如果需要从底边逆时针旋转30° 到斜边的位置，画布的边长应该是原来的$1/\cos\theta$，即$3/0.866 \approx 3.46$，取整为4，因为原图像大小为3×3，为了不丢失信息，旋转后的图像的画布扩大为4×4，即$G=\begin{bmatrix}0&0&0&0\\0&0&0&0\\0&0&0&0\\0&0&0&0\end{bmatrix}$。

根据正变换公式（3.4）可知，当$i\in[1, 3]$，$j\in[1, 3]$时，取整后，$i'_{\min}=-1$，$i'_{\max}=2$，$j'_{\min}=1$，$j'_{\max}=4$。

下面根据式（3.7）进行反变换。旋转后图像G的行坐标、列坐标分布为

$$i'=\begin{bmatrix}1&1&1&1\\2&2&2&2\\3&3&3&3\\4&4&4&4\end{bmatrix}\quad j'=\begin{bmatrix}1&2&3&4\\1&2&3&4\\1&2&3&4\\1&2&3&4\end{bmatrix}$$

根据式（3.7）得到相应的原图像F的行坐标、列坐标分布为

$$i=\begin{bmatrix}0&0&1&1\\1&1&1&2\\1&2&2&3\\2&3&3&4\end{bmatrix}\quad j=\begin{bmatrix}1&2&3&4\\1&2&3&3\\0&1&2&3\\0&1&2&2\end{bmatrix}$$

将i，j的值超出[1, 3]范围的像素点作为画布点置0，则可以得到旋转后的图像为$G=\begin{bmatrix}0&0&f_{13}&0\\f_{11}&f_{12}&f_{13}&f_{23}\\0&f_{21}&f_{22}&f_{33}\\0&f_{31}&f_{32}&0\end{bmatrix}$，这时没有空穴，无须后续的插值处理。

3.2 图像的形状变换

所谓图像的形状变换，是指用数学建模的方法描述图像形状发生的变化。基本的形状变换包括图像的缩小、放大及错切。下面介绍这三种基本的形状变换。

3.2.1 图像的缩小

图像的缩小从物理意义上来说，将描述图像的每个像素的物理尺寸缩小相应

的倍数就可以完成。但如果像素的物理尺寸不允许改变，从数码技术的角度来看，图像的缩小实际上是通过减少像素个数来实现的。因此，需要根据期望缩小的尺寸，从原图像中选择合适的像素点，使得图像缩小之后，可以尽量保持原有图像的概貌特征不丢失。

图像的缩小分为按比例缩小和不按比例缩小两种。按比例缩小就是图像的长和宽按照同样的比例缩小；不按比例缩小则是指图像缩小时，长、宽的缩小比例不同。图3.5所示是一个图像缩小的示例。

(a)原　图

(b)按比例缩小

(c)不按比例缩小

图3.5　图像的缩小

下面介绍两种图像缩小的实现方法。

1. 等间隔采样的图像缩小方法

这种图像缩小方法的设计思想是，通过对画面像素进行均匀采样，使得选择的像素可以原保持图像的概貌特征，该方法的具体实现步骤如下。

1）计算采样间隔

设原图大小为$M \times N$，将其缩小为$k_1M \times k_2N$，（$k_1 = k_2$时为按比例缩小，$k_1 \neq k_2$时为不按比例缩小，$k_1 < 1, k_2 < 1$），则采样间隔为

$$\Delta i = 1/k_1 \quad \Delta j = 1/k_2 \tag{3.8}$$

2）求出缩小的图像

设原图为$F(i, j)(i = 1, 2, \cdots, M; j = 1, 2, \cdots, N)$，缩小后的图像为$G(i, j)(i = 1, 2, \cdots, k_1M; j = 1, 2, \cdots, k_2N)$，则有

$$g(i,j)=f(\Delta ii,\Delta jj) \tag{3.9}$$

下面通过一个简单的例子来介绍图像的缩小。

设原图像为$F=\begin{bmatrix} f_{11} & f_{12} & f_{13} & f_{14} & f_{15} & f_{16} \\ f_{21} & f_{22} & f_{23} & f_{24} & f_{25} & f_{26} \\ f_{31} & f_{32} & f_{33} & f_{34} & f_{35} & f_{36} \\ f_{41} & f_{42} & f_{43} & f_{44} & f_{45} & f_{46} \end{bmatrix}$，原图像大小为$4\times6$，缩小的倍数为$k_1=0.7$，$k_2=0.6$，则缩小后图像的大小为$3\times4$。根据式（3.8）计算得到$\Delta i=1/0.7\approx1.4$，$\Delta j=1/0.6\approx1.7$。根据式（3.9）得到缩小后的图像为$G=\begin{bmatrix} f_{12} & f_{13} & f_{15} & f_{16} \\ f_{32} & f_{33} & f_{35} & f_{36} \\ f_{42} & f_{43} & f_{45} & f_{46} \end{bmatrix}$。

2. 基于局部均值的图像缩小方法

等间隔采样的图像缩小方法实现非常简单，但是没有被选取的点的信息无法反映在缩小后的图像中。为了解决这个问题，可以采用基于局部均值的方法实现图像的缩小，该方法的具体实现步骤如下。

1）计算采样间隔

和等间隔采样方法一样，首先根据式（3.8）得到Δi，Δj。

2）求出局部子块

这里的局部子块是指相邻两个采样点之间包含的原图像的子块，即

$$F^{(i,j)}=\begin{bmatrix} f_{\Delta i(i-1)+1,\Delta j(j-1)+1} & \cdots & f_{\Delta i(i-1)+1,\Delta jj} \\ & \cdots & \\ f_{\Delta ii,\Delta j(j-1)+1} & \cdots & f_{\Delta ii,\Delta jj} \end{bmatrix} \tag{3.10}$$

3）求出缩小后的图像

$$g(i,j)=F^{(i,j)}\text{的均值} \tag{3.11}$$

同上面的例子，原图像为$F=\begin{bmatrix} f_{11} & f_{12} & f_{13} & f_{14} & f_{15} & f_{16} \\ f_{21} & f_{22} & f_{23} & f_{24} & f_{25} & f_{26} \\ f_{31} & f_{32} & f_{33} & f_{34} & f_{35} & f_{36} \\ f_{41} & f_{42} & f_{43} & f_{44} & f_{45} & f_{46} \end{bmatrix}$。缩小的倍数为$k_1=0.7$，$k_2=0.6$，缩小后图像的大小为$3\times4$。根据式（3.8）计算得到$\Delta i=1/0.7\approx1.4$，$\Delta j=1/0.6\approx1.7$。根据式（3.10），可以将$F$分块为

$F=\begin{bmatrix} f_{11} & f_{12} & f_{13} & f_{14} & f_{15} & f_{16} \\ f_{21} & f_{22} & f_{23} & f_{24} & f_{25} & f_{26} \\ f_{31} & f_{32} & f_{33} & f_{34} & f_{35} & f_{36} \\ f_{41} & f_{42} & f_{43} & f_{44} & f_{45} & f_{46} \end{bmatrix}$，再由式（3.11）得到缩小后的图像为 $G=\begin{bmatrix} g_{11} & g_{12} & g_{13} & g_{14} \\ g_{21} & g_{22} & g_{23} & g_{24} \\ g_{31} & g_{32} & g_{33} & g_{34} \end{bmatrix}$，其中，$g(i,j)$为各子块的均值，例如，$g_{1,1}=\frac{1}{4}(f_{11}+f_{12}+f_{21}+f_{22})$，$g_{14}=\frac{1}{2}(f_{16}+f_{26})$，$g_{22}=f_{33}$ ……

下面通过一个简单的例子来介绍这两种图像缩小方法，假设原图像 $F=\begin{bmatrix} 1 & 5 & 9 & 13 & 17 & 21 \\ 2 & 6 & 10 & 14 & 18 & 22 \\ 3 & 7 & 11 & 15 & 19 & 23 \\ 4 & 8 & 12 & 16 & 20 & 24 \end{bmatrix}$，要将其缩小为$3\times4$的图像，按照以上两种方法得到的缩小后图像分别为 $G_1=\begin{bmatrix} 5 & 9 & 17 & 21 \\ 7 & 11 & 19 & 23 \\ 8 & 12 & 20 & 24 \end{bmatrix}$，$G_2=\begin{bmatrix} 4 & 10 & 16 & 22 \\ 5 & 11 & 17 & 23 \\ 6 & 12 & 18 & 24 \end{bmatrix}$。

3.2.2　图像的放大

图像放大，从物理含义上讲是图像缩小的逆操作。但是从信息处理的角度来看，含义完全不一样。图像缩小是从多数据量到少数据量的选择处理过程，而图像放大则是从少数据量到多数据量的估计处理过程。图像的相邻像素之间相关性很强，可以利用相关性来实现图像的放大。

如图3.6所示，与图像缩小相同，按比例放大图像不会产生畸变，而不按比例放大图像则会产生畸变。

(a)原　图

(b)不按比例放大

(c)按比例放大

图3.6　图像放大示例

下面介绍两种图像放大的基本方法。

1. 像素复制的图像放大方法

图3.7所示是像素复制法的原理示意图。如果一幅图像要放大$k_1 \times k_2$倍（行放大k_1倍，列放大k_2倍，$k_1 > 1$，$k_2 > 1$），则将图像中的每个像素复制到$k_1 \times k_2$个像素所构成的子块中，这些子块再按照原来像素的排列顺序进行排列，以此实现图像的放大。从图像上看，一个像素放大成一个$k_1 \times k_2$的子块，相当于像素放大了$k_1 \times k_2$倍，所以叫作像素复制的图像放大方法。

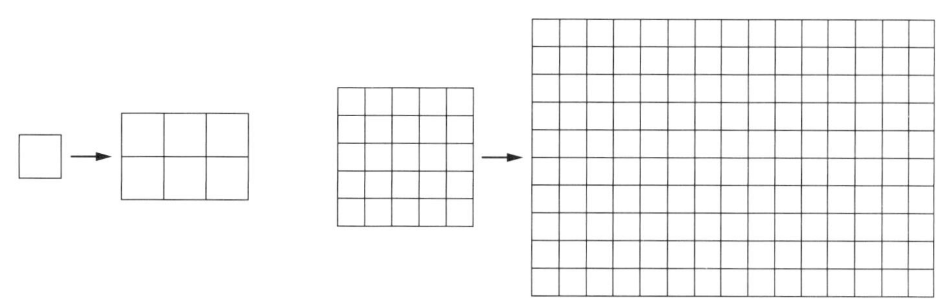

(a)单个像素复制2×3　　(b)一幅图像相应放大2×3倍（行放大2倍，列放大3倍）

图3.7　基于像素放大原理的图像放大方法示意图

图3.7所示的是行和列均放大整数倍时的方法。如果k_1、k_2不是整数，设原图像为F，放大图像为G，则可按照式（3.12）进行放大。

$$g(i,j) = f(c_1 i, c_2 j) \tag{3.12}$$

式中，$c_1 = 1/k_1$，$c_2 = 1/k_2$。

下面通过一个简单的例子来介绍基于像素复制的图像放大方法，设原图为$F = \begin{bmatrix} f_{11} & f_{12} & f_{13} \\ f_{21} & f_{22} & f_{23} \\ f_{31} & f_{32} & f_{33} \end{bmatrix}$，将其放大1.2×2.5倍，则放大后的图像为$G = [g_{ij}]_{4\times 8}$，且

$$G = \begin{bmatrix} f_{11} & f_{11} & f_{11} & f_{12} & f_{12} & f_{13} & f_{13} & f_{13} \\ f_{21} & f_{21} & f_{21} & f_{22} & f_{22} & f_{23} & f_{23} & f_{23} \\ f_{31} & f_{31} & f_{31} & f_{32} & f_{32} & f_{33} & f_{33} & f_{33} \\ f_{31} & f_{31} & f_{31} & f_{32} & f_{32} & f_{33} & f_{33} & f_{33} \end{bmatrix}。$$

2. 双线性插值的图像放大方法

基于像素复制的图像放大方法有一个问题，就是当放大倍数比较大时，会产生马赛克现象。换句话说，放大后的图像子块与子块之间过渡不平缓，导致画面效果不自然。针对这一问题，可采用双线性插值的方法来解决。

从本质上讲，图像的放大是将一个点放大为一个子块，因此如果子块中的像素值不是全部复制同一个像素，而是根据相邻像素值的变化得到的，则可大大改善图像的放大效果。图3.8所示是双线性插值的示意图，为方便描述，对坐标值进行了归一化处理，顶点$f(0, 0)$是原图像中的像素值，$f(0, 1)$、$f(1, 0)$、$f(1, 1)$，是原图的相邻像素，放大图子块的4个顶点坐标分别设为(0, 0)、(0, 1)、(1, 0)、(1, 1)，相应的待处理像素的坐标为(x, y)，$0<x<1$，$0<y<1$，则$f(x, y)$可由下式得到：

$$\begin{aligned} f(0,y) &= f(0,0) + y[f(0,1) - f(0,0)] \\ f(1,y) &= f(1,0) + y[f(1,1) - f(1,0)] \\ f(x,y) &= f(0,y) + x[f(1,y) - f(0,y)] \end{aligned} \tag{3.13}$$

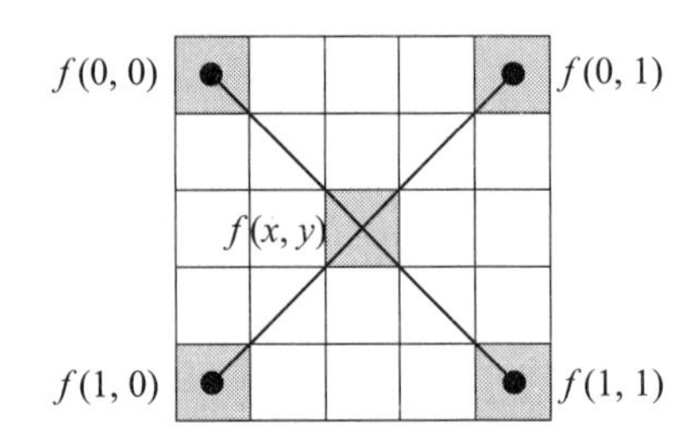

图3.8　双线性插值示意图

如果$x=1$，或者$y=1$，则用单线性插值计算，即

$$\begin{aligned} f(x,y) &= f(0,0) + y[f(0,y) - f(0,0)] \quad (x=1) \\ f(x,y) &= f(0,0) + x[f(1,0) - f(0,0)] \quad (y=1) \end{aligned} \tag{3.14}$$

下面通过一个简单的例子来介绍这两种方法的不同。设原图为$F=\begin{bmatrix} 1 & 4 & 7 \\ 2 & 5 & 8 \\ 3 & 6 & 9 \end{bmatrix}$，将其放大1.2 × 2.5倍，则放大后的图像为$G=[g_{ij}]_{4\times 8}$，采用式（3.12）的像素复制法得到的结果为$G=\begin{bmatrix} 1 & 1 & 1 & 4 & 4 & 7 & 7 & 7 \\ 2 & 2 & 2 & 5 & 5 & 8 & 8 & 8 \\ 3 & 3 & 3 & 6 & 6 & 9 & 9 & 9 \\ 3 & 3 & 3 & 6 & 6 & 9 & 9 & 9 \end{bmatrix}$。

采用双线性插值法，首先进行顶点填充，得到$G=\begin{bmatrix} 1 & 0 & 0 & 4 & 0 & 0 & 0 & 7 \\ 2 & 0 & 0 & 5 & 0 & 0 & 0 & 8 \\ 0 & 0 & 0 & 0 & 0 & 0 & 0 & 0 \\ 3 & 0 & 0 & 6 & 0 & 0 & 0 & 9 \end{bmatrix}$，

之后按照式（3.13）进行双线性插值计算，得到$G=\begin{bmatrix}1&2&3&4&5&6&7&7\\2&3&4&5&6&7&8&8\\3&0&0&6&0&0&0&9\\3&4&5&6&7&8&9&9\end{bmatrix}$，

$$G=\begin{bmatrix}1&2&3&4&5&6&7&7\\2&3&4&5&6&7&8&8\\3&4&5&6&7&8&9&9\\3&4&5&6&7&8&9&9\end{bmatrix}。$$

观察数据可知，采用双线性插值的方法可以使像素块之间的过渡平缓，从而使画面效果更自然。

3.2.3 图像的错切

图像的错切变换实际上是平面景物在投影平面的非垂直投影。错切使图像中的图形产生扭变，这种扭变只在一个方向上产生，即水平方向或垂直方向的错切。下面分别对其进行阐述。

1. 图像的水平错切

水平方向的错切是指图形在水平方向发生扭变。

如图3.9所示，当原图[见图3.9(a)]发生水平方向的错切，图中矩形水平方向的边扭变成斜边，而垂直方向上的边不变[见图3.9(b)]。

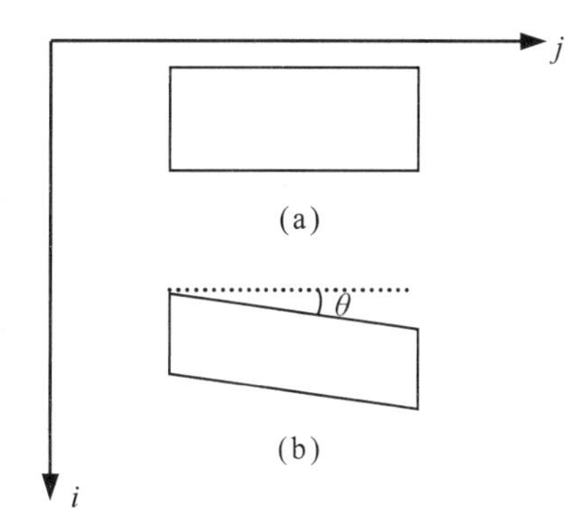

图3.9　水平方向错切示意图

图像在水平方向上错切的数学表达式为

$$\begin{cases}i'=i+bj\\j'=j\end{cases}\tag{3.15}$$

式中，(i, j)为原图像的坐标；(i', j')为错切后的图像坐标。

根据式（3.15），水平错切时图像的列坐标不变，行坐标随原坐标(i, j)和系数b作线性变化，$b=\tan\theta$。$b>0$，图形沿i轴正方向作错切；$b<0$，图形沿i轴负方向作错切。

2. 图像的垂直错切

垂直方向的错切是指图形在垂直方向发生扭变。如图3.10所示，当原图[见

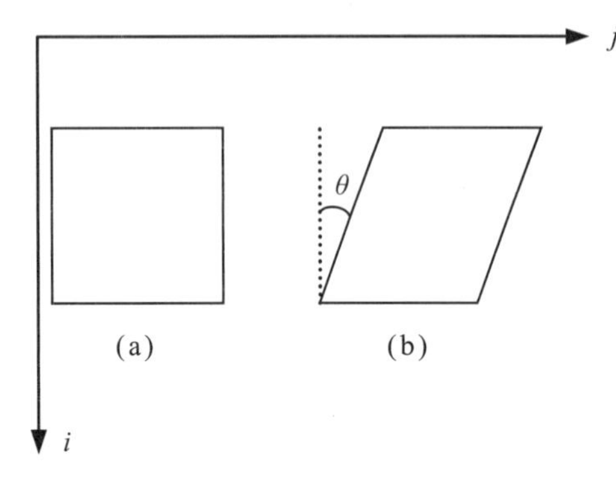

图3.10　垂直方向错切示意图

图3.10(a)]发生垂直方向的错切，图中矩形水平方向的边不变，垂直方向的边扭变成斜边[见图3.10(b)]。

图像在垂直方向错切的数学表达式为

$$\begin{cases} i' = i \\ j' = i + dj \end{cases} \tag{3.16}$$

式中，(i, j)为原图像的坐标；(i', j')为错切后的图像坐标。

根据式（3.16），垂直错切时图像的行坐标不变，列坐标随原坐标(i, j)和系数d作线性变化，$d = \tan\theta$。$d>0$，图形沿j轴正方向作错切；$d<0$，图形沿j轴负方向作错切。

3. 利用错切实现图像的旋转

根据三角函数的性质，还可以通过错切实现图像的旋转。

$$\begin{bmatrix} 1 & -\tan\dfrac{\theta}{2} \\ 0 & 1 \end{bmatrix}\begin{bmatrix} 1 & 0 \\ \sin\theta & 1 \end{bmatrix}\begin{bmatrix} 1 & -\tan\dfrac{\theta}{2} \\ 0 & 1 \end{bmatrix} = \begin{bmatrix} \cos\theta & -\sin\theta \\ \sin\theta & \cos\theta \end{bmatrix} \tag{3.17}$$

图像旋转θ角度用矩阵表示为

$$\begin{bmatrix} i' \\ j' \end{bmatrix} = \begin{bmatrix} \cos\theta & -\sin\theta \\ \sin\theta & \cos\theta \end{bmatrix}\begin{bmatrix} i \\ j \end{bmatrix} \tag{3.18}$$

在i方向和j方向上的错切用矩阵表示为

$$\begin{bmatrix} i' \\ j' \end{bmatrix} = \begin{bmatrix} 1 & b \\ 0 & 1 \end{bmatrix}\begin{bmatrix} i \\ j \end{bmatrix}, \quad \begin{bmatrix} i' \\ j' \end{bmatrix} = \begin{bmatrix} 1 & 0 \\ d & 1 \end{bmatrix}\begin{bmatrix} i \\ j \end{bmatrix} \tag{3.19}$$

所以，图像旋转可以通过三次图像的错切来实现。

下面通过一个简单的例子来介绍错切方法，设原图为$F = \begin{bmatrix} f_{11} & f_{12} & f_{13} \\ f_{21} & f_{22} & f_{23} \\ f_{31} & f_{32} & f_{33} \end{bmatrix}$，要进行逆时针30° 的旋转。

首先按照式（3.15）进行第一次i方向的错切，即$b = -\tan 15° \approx -0.268$，有

$\begin{bmatrix} i' \\ j' \end{bmatrix} = \begin{bmatrix} 1 & -0.268 \\ 0 & 1 \end{bmatrix} \begin{bmatrix} i \\ j \end{bmatrix}$，得到第一次错切结果 $G_1 = \begin{bmatrix} 0 & 0 & f_{13} \\ f_{11} & f_{12} & f_{23} \\ f_{21} & f_{22} & f_{33} \\ f_{31} & f_{32} & 0 \end{bmatrix}$。

接下来按照式（3.16）进行j方向的错切，即$d = \sin 30° = 0.5$，有$\begin{bmatrix} i' \\ j' \end{bmatrix} = \begin{bmatrix} 1 & 0 \\ 0.5 & 1 \end{bmatrix} \begin{bmatrix} i \\ j \end{bmatrix}$，得到第二次错切结果 $G_2 = \begin{bmatrix} 0 & 0 & f_{13} & 0 \\ f_{11} & f_{12} & f_{23} & 0 \\ 0 & f_{21} & f_{22} & f_{33} \\ 0 & f_{31} & f_{32} & 0 \end{bmatrix}$。

最后按照式（3.15）再进行一次i方向的错切，即$b = -\tan 15° \approx -0.268$，得到第三次错切结果 $G_3 = \begin{bmatrix} 0 & 0 & f_{13} & 0 \\ f_{11} & f_{12} & f_{23} & f_{33} \\ 0 & f_{21} & f_{22} & 0 \\ 0 & f_{31} & f_{32} & 0 \end{bmatrix}$。

与直接旋转的结果 $G = \begin{bmatrix} 0 & 0 & f_{13} & 0 \\ f_{11} & f_{12} & 0 & f_{23} \\ 0 & f_{21} & f_{22} & f_{33} \\ 0 & f_{31} & f_{32} & 0 \end{bmatrix}$ 相比，像素的排列基本相同（差异为坐标取整时的舍入误差），但由于每次错切总有一个坐标是顺序排列的，因此，最终的结果不存在空穴，无须后续的插值计算。

3.3 齐次坐标与图像的仿射变换

前面已经介绍了图像平移、旋转及错切，如果对坐标系进行一定修改，可以将前面这些处理转换成线性变换。换句话说，可以在新的坐标系中，用矩阵运算描述图像的几何变换。这样，对于同时包含几个操作的处理，可以直接通过矩阵相乘运算实现。

从前面的平移计算公式（3.1）可知，如果直接使用二维直角坐标系，则平移变换不是线性变换，为了将平移变换也用统一的线性变换来描述，引入原有坐标i，j和另外一个坐标轴w，称(wx, wy, w)为齐次坐标。这里，w为任意常数。定义齐次坐标之后，就可以进行图像的仿射变换。

设原图像坐标为(i, j)，变换后图像的坐标为(i', j')，则满足式（3.20）的变换称为仿射变换。

$$\begin{cases} i' = ai + bj + \Delta i \\ j' = ci + dj + \Delta j \end{cases} \quad (ad - bc \neq 0) \tag{3.20}$$

用矩阵形式表示仿射变换为

$$[i', j', 1] = [i, j, 1]\begin{bmatrix} a & b & 0 \\ c & d & 0 \\ \Delta i & \Delta j & 1 \end{bmatrix} \tag{3.21}$$

仿射变换能够保持线段的直线性、距离比、平行性不变。根据仿射变换的定义，可以得到

图像平移　$$[i', j', 1] = [i, j, 1]\begin{bmatrix} 1 & 0 & 0 \\ 0 & 1 & 0 \\ \Delta i & \Delta j & 1 \end{bmatrix} \tag{3.22}$$

图像旋转　$$[i', j', 1] = [i, j, 1]\begin{bmatrix} \cos\theta & \sin\theta & 0 \\ -\sin\theta & \cos\theta & 0 \\ 0 & 0 & 1 \end{bmatrix} \tag{3.23}$$

图像镜像　$$\begin{aligned} &[i', j', 1] = [i, j, 1]\begin{bmatrix} -1 & 0 & 0 \\ 0 & 1 & 0 \\ 0 & 0 & 1 \end{bmatrix} \quad (i\text{ 方向镜像}) \\ &[i', j', 1] = [i, j, 1]\begin{bmatrix} 1 & 0 & 0 \\ 0 & -1 & 0 \\ 0 & 0 & 1 \end{bmatrix} \quad (j\text{方向镜像}) \end{aligned} \tag{3.24}$$

图像错切　$$\begin{aligned} &[i', j', 1] = [i, j, 1]\begin{bmatrix} 1 & 0 & 0 \\ b & 1 & 0 \\ 0 & 0 & 1 \end{bmatrix} \quad (i\text{ 方向错切}) \\ &[i', j', 1] = [i, j, 1]\begin{bmatrix} 1 & d & 0 \\ 0 & 1 & 0 \\ 0 & 0 & 1 \end{bmatrix} \quad (j\text{方向错切}) \end{aligned} \tag{3.25}$$

3.4　图像几何畸变的校正

图像几何变换的一个重要应用是消除由摄像机带来的数字图像的几何畸变。当摄像系统的镜头或者摄像装置没有正对待拍摄的景物时，拍摄到的景物图像会产生一定的变形，这是几何畸变最常见的情况。另外，由于光学成像系统或电子扫描系统的限制而产生的枕形或桶形失真，也是几何畸变的典型情况。

任何一种几何失真都可以用原始图像坐标和畸变图像坐标之间的关系加以描述。设原始图像坐标是(x, y)，畸变图像坐标是(x', y')，两坐标之间的关系可以用下式描述：

$$\begin{cases} x' = h_1(x,y) \\ y' = h_2(x,y) \end{cases} \tag{3.26}$$

如果用$g(x, y)$表示原始图像在(x, y)点处的灰度，用$f(x', y')$表示畸变后图像在(x', y')点处的灰度，那么应该有

$$g(x,y) = f(x',y') \tag{3.27}$$

这样，消除几何畸变恢复原图像的问题就归结为如何通过畸变图像$f(x', y')$和两坐标之间的关系$h_1(\cdot)$、$h_2(\cdot)$求得$g(x', y')$。下面分两种情况进行介绍。

1. 变换关系$h_1(\cdot)$、$h_2(\cdot)$已知的情况

可按照如下步骤根据$f(x', y')$求出$g(x, y)$。

① 对于待复原图像中任意一个坐标点(x_i, y_i)，根据式（3.26）找出对应畸变图像中的相应点$(\alpha'_i, \beta'_i) = [h_1(x_i, y_i), h_2(x_i, y_i)]$。

② 一般情况下，(α'_i, β'_i)并不刚好是格网上（采样）的点。那么可以找出和(α'_i, β'_i)最接近的点(x'_i, y'_i)，并且令$g(x_i, y_i) = f(x'_i, y'_i)$，这样就完成了对图像几何畸变的修复。

如果不将最接近点的值赋给$g(x_i, y_i)$，也可以按照图像放大中介绍的插值方法计算。

2. 变换关系$h_1(\cdot)$、$h_2(\cdot)$未知的情况

变换关系$h_1(\cdot)$、$h_2(\cdot)$未知时，可以采用事先选取控制点的方法对畸变图像进行校正。

例如，设原来图像为标准正方网格，畸变后变成枕形或者桶形。可以用如下方法消除几何畸变。

在原图中选取三个已知坐标点(x_1, y_1)、(x_2, y_2)、(x_3, y_3)。图像畸变后，三个点的坐标分别变成(x'_1, y'_1)、(x'_2, y'_2)、(x'_3, y'_3)。假设这种几何畸变，新、旧坐标之间的关系可以用如下方程描述：

$$x'_1 = ax_1 + by_1 + c \qquad y'_1 = dx_1 + ey_1 + f \tag{3.28}$$

$$x'_2 = ax_2 + by_2 + c \qquad y'_2 = dx_2 + ey_2 + f \tag{3.29}$$

$$x'_3 = ax_3 + by_3 + c \qquad y'_3 = dx_3 + ey_3 + f \tag{3.30}$$

或写成矩阵形式

$$HA = B \tag{3.31}$$

$$H = \begin{bmatrix} x_1 & y_1 & 1 & & & \\ x_2 & y_2 & 1 & & 0 & \\ x_3 & y_3 & 1 & & & \\ & & & x_1 & y_1 & 1 \\ & 0 & & x_2 & y_2 & 1 \\ & & & x_3 & y_3 & 1 \end{bmatrix} \quad A = \begin{bmatrix} a \\ b \\ c \\ d \\ e \\ f \end{bmatrix} \quad B = \begin{bmatrix} x'_1 \\ x'_2 \\ x'_3 \\ y'_1 \\ y'_2 \\ y'_3 \end{bmatrix} \tag{3.32}$$

解此方程组可获得一组唯一的系数。

假设整幅图像各处畸变规律相同，那么可以逐点把对应(x, y)的解(x', y')的灰度$f(x', y')$赋给$g(x, y)$，即令$f(x', y') = g(x, y)$。这一点很重要，否则控制点的畸变规律便不能代表图像中的其他点，求出的系数a、b、c便不能用于其余各处。

图3.11所示是一幅对有几何畸变的二维条码图像进行校正的效果图，从图中可以看到，经过校正，完全纠正了原图因纸张不平展导致的畸变。

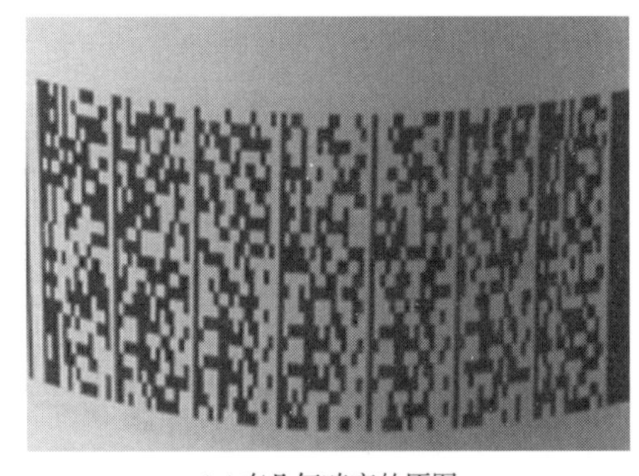

(a)有几何畸变的原图

(b)校正后的图像

图3.11　二维条码图像的几何畸变校正

习 题

1. 请计算一个旋转角度，可以使图像 $f_1 = \begin{bmatrix} 164 & 107 & 74 & 24 & 35 \\ 132 & 145 & 141 & 159 & 196 \\ 68 & 62 & 109 & 191 & 54 \\ 58 & 168 & 89 & 105 & 50 \\ 68 & 114 & 139 & 176 & 175 \end{bmatrix}$ 与图像

$f_2 = \begin{bmatrix} 0 & 0 & 0 & 124 & 35 & 0 & 0 \\ 0 & 0 & 74 & 124 & 196 & 0 & 0 \\ 164 & 107 & 145 & 159 & 191 & 54 & 0 \\ 0 & 132 & 62 & 109 & 105 & 50 & 175 \\ 0 & 68 & 58 & 168 & 139 & 176 & 0 \\ 0 & 0 & 58 & 114 & 139 & 0 & 0 \\ 0 & 0 & 68 & 0 & 0 & 0 & 0 \end{bmatrix}$ 配准，并给出其仿射变换表达式。

2. 设原图像为 $f = \begin{bmatrix} 59 & 60 & 58 & 57 \\ 61 & 59 & 59 & 57 \\ 62 & 59 & 60 & 58 \\ 59 & 61 & 60 & 56 \end{bmatrix}$，请用双线性插值方法将该图像放大为 16×16 的图像。

第4章
图像去噪

图像受到噪声干扰时，由于噪声的随机性及图像信号在空间、时间上的相关性，噪声对某一像素点的影响会使其灰度和邻点的灰度显著不同，从而影响图像的画质。本章将对数字图像的去噪方法进行讨论。

4.1　图像噪声

噪声表现在图像画面上大致可以分为图4.1所示的两种典型情况。图4.1(a)中噪声的幅值基本相同，但是噪声出现的位置是随机的，这类噪声称为椒盐噪声。图4.1(b)中每一点都存在噪声，但噪声的幅值是随机的。从噪声幅值的分布统计来看，其密度函数有高斯型、瑞利型，分别称为高斯噪声和瑞利白噪声，还有频谱均匀分布的白噪声等。

(a)椒盐噪声

(b)高斯噪声

图4.1　图像噪声

一般地，对噪声的描述采用统计意义上的均值与方差。设图像信号的二维灰度分布为$f(x, y)$，噪声可以看作对灰度值的干扰，用$n(x, y)$来表示。

噪声的均值表明图像中噪声的总体强度，计算公式如下：

$$\bar{n} = E\{|n(x,y)|\} = \frac{1}{M \times N}\sum_{x=1}^{M}\sum_{y=1}^{N}|n(x,y)| \tag{4.1}$$

噪声的方差表明图像中噪声分布的强弱差异，计算公式如下：

$$\sigma_n^{\ 2} = E\{[n(x,y)-\bar{n}]^2\} = \frac{1}{M \times N}\sum_{x=1}^{M}\sum_{y=1}^{N}[n(x,y)-\bar{n}]^2 \tag{4.2}$$

式中，M、N分别为图像的行数和列数。

噪声模型按照对信号的影响可分为加性噪声模型和乘性噪声模型两大类。设

$f(x, y)$为信号，$n(x, y)$为噪声，在噪声影响下信号的输出为$g(x, y)$，则加性噪声可表示为

$$g(x,y)=f(x,y)+n(x,y) \tag{4.3}$$

乘性噪声可表示为

$$g(x,y)=f(x,y)\left[1+n(x,y)\right]=f(x,y)+f(x,y)n(x,y) \tag{4.4}$$

乘性噪声作用下的输出是两部分的叠加，第二个噪声项信号受$f(x, y)$的影响，$f(x, y)$越大，第二项越大，即噪声项受信号的调制。乘性噪声模型和它的分析计算都比较复杂，通常信号变化很小时，第二项近似不变，此时可用加性噪声模型来处理。一般情况下，总是假定信号和噪声是相互独立的。

有很多图像噪声的去除方法，根据不同的处理空间可分为空间域去噪方法和变换域去噪方法。空间域去噪方法根据图像像素或块的相关性重新计算每个像素的灰度值，主要包括空域滤波（本书主要涉及此类代表性方法）和变分去噪方法两类。变换域去噪方法是根据噪声在变换域（如傅里叶变换、余弦变换和小波变换等）的集中特性去噪的[1~3]。

目前，深度学习去噪方法表现出更为有效的性能，在大规模数据的支持下能在噪声图像中构建深度网络自动学习模型，将带有噪声的图像映射到去噪图像[4]。

为了阐明图像噪声的特性，以及去噪方法的基本原理，本章将主要针对加性噪声的空间滤波方法进行讨论。

4.2 均值滤波

均值滤波实际上就是用当前像素邻域中的像素均值替代该像素值，通过求均值，使噪声在某一点的危害性因邻域内多个像素的均摊而得到抑制。

4.2.1 均值滤波的原理

设被噪声污染的图像像素值为$g(x, y)$，原始图像为$f(x, y)$，噪声为$n(x, y)$，则$g(x, y)=f(x, y)+n(x, y)$。

均值滤波公式如下：

$$\bar{g}(x,y)=\sum_{(\Delta x,\Delta y)\in\Omega(x,y)} p(x+\Delta x,y+\Delta y)g(x+\Delta x,y+\Delta y) \tag{4.5}$$

式中，$\Omega(x, y)$表示邻域；$p(x+\Delta x, y+\Delta y)$表示邻域像素的分布概率，有 $\sum_{(\Delta x,\Delta y)\in\Omega(x,y)} p(x+\Delta x, y+\Delta y)=1$。

因为$g(x, y)=f(x, y)+n(x, y)$，所以均值滤波后有

$$\bar{g}(x,y)=\bar{f}(x,y)+\bar{n}(x,y) \tag{4.6}$$

如果噪声为高斯白噪声，则$\bar{n}(x, y)=0$，这时$\bar{g}(x, y)=\bar{f}(x, y)$，即理想情况下，得到的结果中不含噪声。

如果噪声为椒盐噪声，按照椒盐噪声的定义，其幅值基本相同，则$\bar{n}(x, y)\neq 0$，但是在邻域中，不是所有像素点都有噪声出现，换句话说，可以将未出现噪声的像素点，等同地认为噪声幅值为0，这样就有$\bar{n}(x, y)<n(x, y)$，因此，经过均值滤波后，$\bar{g}(x, y)$中包含的噪声强度低于$g(x, y)$，噪声得到抑制。

4.2.2　均值滤波方法

根据均值滤波的原理，在实际处理时，图像噪声的均值滤波方法是对当前待处理像素选择一个操作模板，表示邻域及邻域内各个像素的概率分布[5]。操作模板由待处理像素近邻的若干像素构成，用操作模板内像素的概率加权平均值来替代原像素值，实现均值滤波。

1	2	3
8	0	4
7	6	5

图4.2　模板示意图

如图4.2所示，序号0代表待处理像素，序号1～8是模板中的近邻像素。求模板中所有像素的均值，再把该值赋给待处理像素(x, y)，作为处理后图像在该点的灰度$g(x, y)$，即

$$\bar{g}(x,y)=\frac{1}{M}\sum_{g\in s} g(x,y) \tag{4.7}$$

式中，S为模板；M为模板中包含待处理像素在内的像素总个数。

考虑到数据分布的平衡性，一般模板选择3×3、5×5，待处理像素放在模板的中心。为了使输出像素值保持在原来的灰度值范围内，模板的权值总和应维持为1，这样才能使处理前后平均灰度稳定。因此，模板与模板像素的乘积要除以一个系数（通常是模板系数之和），这个过程称为模板的归一化。

模板的描述还可以采用矩阵的形式，如3×3的均值滤波器可描述如下：

$$H=\frac{1}{9}\begin{bmatrix} 1 & 1 & 1 \\ 1 & 1 & 1 \\ 1 & 1 & 1 \end{bmatrix} \tag{4.8}$$

该模板的相应计算为

$$\overline{g}(x,y)=\frac{1}{9}\big[g(x-1,y-1)+g(x-1,y)+g(x-1,y+1)\\+g(x,y-1)+g(x,y)+g(x,y+1)+g(x+1,y-1)\\+g(x+1,y)+g(x+1,y+1)\big] \tag{4.9}$$

以式（4.8）给出的模板对图4.1进行均值滤波之后，得到的结果如图4.3所示。比较这两个图可知，均值滤波器对椒盐噪声的滤波效果[见图4.3(a)]不是很理想。因为椒盐噪声在统计意义下的噪声均值不为0，因此，只能做到一定程度的抑制。如果从模板的含义来理解，经过均值处理，噪声部分被弱化到周围像素点上，所以得到的结果是，噪声幅值减小但是噪声点的颗粒面积变大。

(a)椒盐噪声的滤波效果

(b)高斯噪声的滤波效果

图4.3 均值滤波效果

下面通过一个简单的例子来介绍均值滤波算法。

设输入的含噪图像为 $f=\begin{bmatrix}1&2&1&4&3\\1&10&2&3&4\\5&2&6&8&8\\5&5&7&0&8\\5&6&7&8&9\end{bmatrix}$，用$3\times3$的模板对其进行均值滤波。

图像画面边框的像素无法被模板覆盖，因此，一般不做处理。对图像中每一个非边框区域的像素以其为中心取3×3的邻域，计算9个像素的灰度值均值，并用此均值替代中心像素的灰度值。例如，原图中的像素$f(2,2)=10$，从数值上分析，该点的灰度值比周围像素的灰度值大，所以可初步判断其为噪声点。

覆盖该点的邻域为 $f_{\mathrm{m}}(2,2)=\begin{bmatrix}1&2&1\\1&10&2\\5&2&6\end{bmatrix}$，滤波后的结果为 $\overline{f}(2,2)=\mathrm{int}\big((1+2+$

$1+1+10+2+5+2+6)/9)=3$，其中int(·)表示取整函数，对像素值大于周围像素的噪声进行了很好的抑制。同理，原图中像素$f(4,4)=0$，其邻域像素为 $f_{\mathrm{m}}(4,4)=\begin{bmatrix}6&8&8\\7&0&8\\7&8&9\end{bmatrix}$，滤波后的结果为 $\bar{f}(4,4)=\mathrm{int}\left(\left(6+8+8+7+0+8+7+8+9\right)/9\right)=7$，对像素值小于周围像素的噪声进行了很好的抑制。

对原图像进行均值滤波后的结果图像为 $\bar{f}=\begin{bmatrix}1&2&1&4&3\\1&3&4&4&4\\5&5&5&5&8\\5&5&5&7&8\\5&6&7&8&9\end{bmatrix}$。

均值滤波有一个非常致命的缺点，在求均值的计算中，会同时对景物的边缘点也进行均值处理，这样会使得景物的清晰度降低，画面变得模糊。

为了改善上述问题，对均值滤波器加以修正，可以得到加权均值滤波器。常用的加权均值滤波器如下：

$$H_1=\frac{1}{10}\begin{bmatrix}1&1&1\\1&2&1\\1&1&1\end{bmatrix}\quad H_2=\frac{1}{16}\begin{bmatrix}1&2&1\\2&4&2\\1&2&1\end{bmatrix}\quad H_3=\frac{1}{8}\begin{bmatrix}1&1&1\\1&0&1\\1&1&1\end{bmatrix}$$

从上面简单的计算例可以看到，均值滤波抑制噪声算法简单，计算速度快。但从图4.4所示（分别采用7×7和11×11的模板）的处理结果可以看出，该方法的主要缺点是在降低噪声的同时会使图像变得模糊，特别是景物的边缘和细节处，模板越大，噪声抑制效果越好，但同时画面的模糊也越严重。

(a) 7×7均值滤波模板处理效果

(b) 11×11均值滤波模板处理效果

图4.4　不同大小模板的处理效果比较

4.3 中值滤波

从前一节的讨论可知，虽然均值滤波器对噪声有抑制作用，并且算法简单，但会导致图像变得模糊。加权均值滤波器对图像模糊有一定改善，但是由于思路相同，改善效果并不是十分明显。为了解决这一问题，必须设计新的噪声抑制滤波器。

分析画面中噪声出现时所表现出的形态可知，噪声点的像素通常比周围非噪声点的像素要亮或暗。因此，可以设想如果在噪声点像素周围寻找一个合理的值对它进行替代，在一定程度上可以获得较理想的滤波效果。基于以上考虑设计的中值滤波就是一种有效的方法。

4.3.1 中值滤波的原理

中值滤波（median filtering）[6]是基于排序统计理论的一种能有效抑制噪声的非线性信号处理方法，其原理是设置一个含有奇数个数据的滑动模板，对模板中的数据由小到大排序，取排在中间位置的数据作为最终的处理结果。

下面以一个简单的一维数据序列的滤波为例，说明中值滤波的原理。设模板长度为5，模板中的数据设为{10, 15, 45, 20, 25}，则Med{10, 15, 45, 20, 25} = 20，其中Med{·}表示取中值函数。如果该模板中的数据为某个图像的局部数据，从数据分布规律来看，原来模板中心位置的像素值为45，较其周围的像素值大，画面上一定会出现一个突变的噪声点。经过中值滤波处理后中心位置的像素值为20，与周围的像素值差异不大，由此就得到抑制噪声的效果。

中值滤波的核心运算是对模板中的数据进行排序，这样，亮点（暗点）的噪声就会在排序过程中被排在数据序列的最右侧或者最左侧，最终选择的数据序列中间位置的值一般不是噪声点的值，由此便可以达到抑制噪声的目的。

4.3.2 中值滤波方法

取某种结构的二维滑动模板，将模板内像素按照像素值的大小进行排序，生成单调上升（或下降）的二维数据序列。与一维类似，二维中值滤波输出为

$$\tilde{g}(x,y) = \underset{(\Delta x,\Delta y)\in\Omega(x,y)}{\mathrm{Med}}\left\{g(x+\Delta x, y+\Delta y)\right\} \tag{4.10}$$

同理，邻域$\Omega(x, y)$可以用一个二维模板来表示，通常选3×3、5×5区域，也可以有不同的形状，如线状、圆形、十字形、圆环形等。

图4.5所示是采用3×3模板对图4.1进行中值滤波的效果。从图4.5(a)可以看出，椒盐噪声只在画面的部分点随机出现，根据中值滤波原理，通过数据排序的方法，用图像中未被噪声污染的点替代噪声点的概率比较大，因此，噪声的抑制效果很好，同时画面的清晰度也能基本保持。从图4.5(b)可以看出，因为高斯噪声是以随机大小的幅值污染所有点，因此，无论怎样进行数据选择，得到的总是被污染的值，所以中值滤波对高斯噪声的抑制效果不是很好。

(a)椒盐噪声的中值滤波效果

(b)高斯噪声的中值滤波效果

图4.5　中值滤波效果

下面我们通过一个简单的例子来介绍中值滤波算法。

设输入的含噪图像为$f=\begin{bmatrix} 1 & 2 & 1 & 4 & 3 \\ 1 & 10 & 2 & 3 & 4 \\ 5 & 2 & 6 & 8 & 8 \\ 5 & 5 & 7 & 0 & 8 \\ 5 & 6 & 7 & 8 & 9 \end{bmatrix}$，用3×3的模板对其进行中值滤波。

与均值滤波器相同，图像画面边框的像素无法被模板覆盖，一般不做处理。对于每一个非边框区域的像素，以其为中心取3×3的邻域，对该领域中9个像素的灰度值进行递增排序，并用中值替代中心像素的灰度值。例如，原图中的像素$f(2,\ 2)=10$，其邻域像素为$f_{\mathrm{m}}(2,2)=\begin{bmatrix} 1 & 2 & 1 \\ 1 & 10 & 2 \\ 5 & 2 & 6 \end{bmatrix}$，对邻域中的9个像素值从小到大排序为1、1、1、2、2、2、5、6、10，中值滤波的结果为排在该数据序列中间位置（即第5个位置）的值，即$\tilde{f}(2,\ 2)=2$，对像素值大于周围像素的噪声进行了很好的抑制。

同理，原图中的像素$f(4,4)=0$，其邻域像素为 $f_m(4,4)=\begin{bmatrix}6 & 8 & 8\\7 & 0 & 8\\7 & 8 & 9\end{bmatrix}$，对9个像素值进行排序为0、6、7、7、8、8、8、8、9，中值滤波的结果为$\tilde{f}(4,4)=8$，对像素值小于周围像素的噪声进行了很好的抑制。

最终，对原图进行中值滤波的结果图像为 $\tilde{f}=\begin{bmatrix}1 & 2 & 1 & 4 & 3\\1 & 2 & 3 & 4 & 4\\5 & 5 & 5 & 6 & 8\\5 & 5 & 6 & 8 & 8\\5 & 6 & 7 & 8 & 9\end{bmatrix}$。

从上面的例子可以看出，中值滤波抑制噪声算法虽然比均值滤波算法略微复杂，但是在画面清晰度的保持方面比均值滤波好很多。同时，适当选择模板大小和结构形状也非常重要。图4.6所示是采用7×7模板的中值滤波结果。可以看出，因为模板取得太大，图像的清晰度遭到一定程度的破坏。

图4.6 7×7中值滤波模板处理效果

4.4 边界保持类平滑滤波

从上面的处理结果可知，虽然中值滤波在一定程度上改善了图像模糊的情况，但是平滑滤波处理使图像模糊的情况仍旧存在。分析原因，之所以可以辨认清楚图像中的景物，是因为目标物之间存在灰度变化显著的边界。而对边界上的像素进行平滑滤波时，简单地选取邻域像素的均值，会在一定程度上降低边界的灰度显著性，从而导致图像模糊[7]。因此，要保持图像清晰，就需要在进行平滑处理的同时，检测出景物的边界，在进行去噪处理时，保持边界不被平滑。这样的操作保持了边界原有的灰度特性，因此，称为边界保持类平滑滤波。

4.4.1　K近邻均值滤波

K近邻（KNN，K nearest neighbor）均值平滑滤波器的核心是，在一个与待处理像素邻近的范围内，寻找像素值与待处理像素最接近的K个邻点，用K个邻点的均值替代原像素值[8]。

如果待处理像素为非噪声点，通过选择像素值与之相近的邻点，可以保证在进行平滑处理时，基本上是同一个区域的像素值的计算，这样就可以保证图像的清晰度。而如果待处理像素是噪声点，噪声本身具有孤立点的特点，因此，与邻点进行平滑处理，可以对其进行抑制。

根据以上原理，K近邻均值滤波算法的步骤如下：

① 设$f(x, y)$为待处理像素，以其为中心，构造一个$N\times N$的模板（N为奇常数，一般取3、5或7）。

② 在模板的$N\times N$个像素中，选择K个与$f(x, y)$相近的像素值（一般当$N=3$时，取$K=5$；当$N=5$时，取$K=9$；当$N=7$时，取$K=25$）。

③ 用K个像素的均值$\tilde{f}(x, y)$替代原像素值$f(x, y)$。

④ 对图像中所有处于滤波范围内的像素点都进行相同的处理。

下面我们通过一个简单的例子来介绍K近邻均值滤波器的处理方法。设待检测图像数据（包含噪声干扰）为

$$f=\begin{bmatrix}1&3&2&3&2&1&2\\1&2&1&4&3&3&2\\1&10&2&3&4&4&2\\5&2&6&18&8&7&3\\5&5&7&0&8&8&5\\5&6&7&8&9&9&8\\4&5&6&8&8&6&7\end{bmatrix}。$$

以$f(3, 3)=2$为例，该点是一个非噪声点，取5×5的模板为

$$f_{\mathrm{m}}(3,3)=\begin{bmatrix}1&3&2&3&2\\1&2&1&4&3\\1&10&2&3&4\\5&2&6&18&8\\5&5&7&0&8\end{bmatrix}，$$

找到9个与$f(3, 3)=2$像素值相近的点，分别是

$f_m(1,3)=2$、$f_m(1,5)=2$、$f_m(2,2)=2$、$f_m(4,2)=2$、$f_m(1,1)=1$、$f_m(1,2)=3$、$f_m(2,1)=1$、$f_m(2,3)=1$、$f_m(2,5)=3$。用9个像素值的均值替代$\tilde{f}(3,3)=1.88\approx 2$（取整）。显然，该非噪声点得到了保持。

再以$f(4,4)=18$为例，该点是一个噪声点，取5×5的模板为

$$f_m(4,4)=\begin{bmatrix} 2 & 1 & 4 & 3 & 3 \\ 10 & 2 & 3 & 4 & 4 \\ 2 & 6 & 18 & 8 & 7 \\ 5 & 7 & 0 & 8 & 8 \\ 6 & 7 & 8 & 9 & 9 \end{bmatrix}$$

，找到9个与$f(4,4)=18$像素值相近的点，分别是$f_m(2,1)=10$、$f_m(5,4)=9$、$f_m(5,5)=9$、$f_m(3,4)=8$、$f_m(4,4)=8$、$f_m(4,5)=8$、$f_m(5,3)=8$、$f_m(4,2)=7$、$f_m(3,5)=7$。用9个像素值的均值替代$\tilde{f}(4,4)=8.2\approx 8$（取整）。可以看到对噪声点进行了抑制。

K近邻均值滤波后的图像为

$$g_{\mathrm{KNN}}=\begin{bmatrix} 1 & 3 & 2 & 3 & 2 & 1 & 2 \\ 1 & 2 & 1 & 4 & 3 & 3 & 2 \\ 1 & 10 & 2 & 3 & 3 & 4 & 2 \\ 5 & 2 & 5 & 8 & 8 & 7 & 3 \\ 5 & 5 & 7 & 4 & 8 & 8 & 5 \\ 5 & 6 & 7 & 8 & 9 & 9 & 8 \\ 4 & 5 & 6 & 8 & 8 & 6 & 7 \end{bmatrix}$$

。

4.4.2 对称近邻均值滤波

对称近邻（SNN，symmetric nearest neighbor）[9]滤波器的核心思想是，在局部范围内，通过比较几对对称点的像素值，获得对相同区域和不同区域的判别，然后在判定的同一个区域内进行均值计算，这样不仅可以更加灵活地保持边界，同时还能降低计算量。

如图4.7所示，以待处理像素$f(x,y)$为中心，构造一个$(2N+1)\times(2N+1)$的模板，共有$(2N+1)\times(2N+1)$个像素，除中心点之外，可以构成$2N\times(N+1)$对点，坐标为$(x-i, y-j)$、$(x+i, y+j)$、$(x-i, y+j)$及$(x+i, y-j)$$(i, j=0, 1, 2, \cdots, N, i+j\neq 0)$，例如图4.7中的$p_1$、$p_2$和$q_1$、$q_2$。

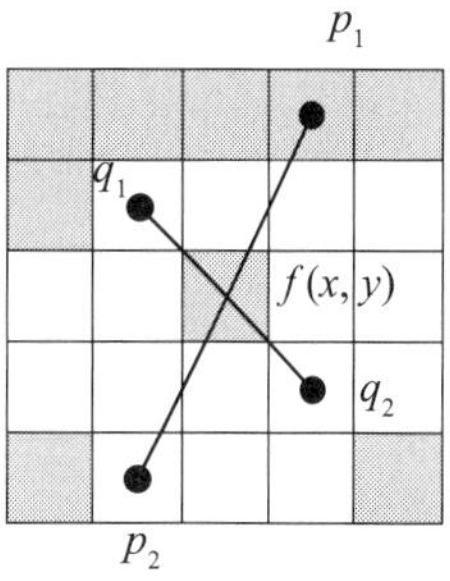

图4.7 SNN的模板

获得对称点对之后，在每一对对称点中，选择一个与$f(x,y)$灰度接近的像素点，用选择的$2N\times(N+1)$个点的灰度均值替代原像素值作为处理结果。

下面我们通过一个简单的例子来介绍SNN滤波器的处理方法。设待检测图像数据（包含噪声干扰）为 $f=\begin{bmatrix}1&3&2&3&2&1&2\\1&2&1&4&3&3&2\\1&10&2&3&4&4&2\\5&2&6&18&8&7&3\\5&5&7&0&8&8&5\\5&6&7&8&9&9&8\\4&5&6&8&8&6&7\end{bmatrix}$，以$f(3,3)=2$为例，该点是一个非噪声点，取5×5的模板为 $f_{\mathrm{m}}(3,3)=\begin{bmatrix}1&3&2&3&2\\1&2&1&4&3\\1&10&2&3&4\\5&2&6&18&8\\5&5&7&0&8\end{bmatrix}$，找到12对对称点为$[f_{\mathrm{m}}(1,1),f_{\mathrm{m}}(5,5)]=(1,8)$、$[f_{\mathrm{m}}(1,2),f_{\mathrm{m}}(5,4)]=(3,0)$、$[f_{\mathrm{m}}(1,3),f_{\mathrm{m}}(5,3)]=(2,7)$、$[f_{\mathrm{m}}(1,4),f_{\mathrm{m}}(5,2)]=(3,5)$、$[f_{\mathrm{m}}(1,5),f_{\mathrm{m}}(5,1)]=(2,5)$、$[f_{\mathrm{m}}(2,1),f_{\mathrm{m}}(4,5)]=(1,8)$、$[f_{\mathrm{m}}(2,2),f_{\mathrm{m}}(4,4)]=(2,18)$、$[f_{\mathrm{m}}(2,3),f_{\mathrm{m}}(4,3)]=(1,6)$、$[f_{\mathrm{m}}(2,4),f_{\mathrm{m}}(4,2)]=(4,2)$、$[f_{\mathrm{m}}(2,5),f_{\mathrm{m}}(4,1)]=(3,5)$、$[f_{\mathrm{m}}(3,1),f_{\mathrm{m}}(3,5)]=(1,4)$、$[f_{\mathrm{m}}(3,2),f_{\mathrm{m}}(3,4)]=(10,3)$。

在这12对点中，找出与$f(3,3)=2$灰度值相近的点为[1, 3, 2, 3, 2, 1, 2, 1, 2, 3, 1, 3]。求均值得$\tilde{f}(3,3)=24/12=2$。显然，该非噪声点得到了保持。

再以$f(4,4)=18$为例，该点是一个噪声点，取5×5的模板为 $f_{\mathrm{m}}(4,4)=\begin{bmatrix}2&1&4&3&3\\10&2&3&4&4\\2&6&18&8&7\\5&7&0&8&8\\6&7&8&9&9\end{bmatrix}$，找到12对对称点为(2, 9)、(1, 9)、(4, 8)、(3, 7)、(3, 6)、(10, 8)、(2, 8)、(3, 0)、(4, 7)、(4, 5)、(2, 7)、(6, 8)。在这12对点中，找出与$f(4,4)=18$灰度值相近的点为[9, 9, 8, 7, 6, 10, 8, 3, 7, 5, 7, 8]。求均值得$\tilde{f}(4,4)=7.25\approx 7$（取整）。可以看到对该噪声点进行了抑制。

SNN滤波后的图像为 $g_{\mathrm{SNN}}=\begin{bmatrix}1&3&2&3&2&1&2\\1&2&1&4&3&3&2\\1&10&2&3&3&4&2\\5&2&6&7&7&7&3\\5&5&7&5&7&8&5\\5&6&7&8&9&9&8\\4&5&6&8&8&6&7\end{bmatrix}$。

图4.8是一幅经过SNN滤波处理的效果图，可以看到，边界保持类滤波器可以在保持图像清晰度的同时，达到很好的噪声抑制效果。

(a)椒盐噪声污染

(b)图(a)的去噪

(c)高斯噪声污染

(d)图(c)的去噪

图4.8 SNN去噪效果

4.5 非局部均值滤波

非局部均值滤波[10]的基本思想是，当对图像进行去噪时，每一个像素点的估计值由图像中与它具有相似（如灰度相关性或几何结构相似性）邻域结构的像素值加权平均得到。相似邻域结构并不局限于某个局部区域，所以称为非局部均值。例如，自然图像中含有丰富的冗余信息，能够描述图像结构的图像块可能有多个相似块，因此，去噪时我们期望依照这些相似块最大程度地保持或复原图像特定图像块的细节特性。

非局部均值滤波处理噪声图像的方法有多种，其中较简单的方法如基于像素点的非局部均值和基于块的非局部均值。为了了解非局部均值滤波的细节，我们以基于像素点的非局部均值为例进行讲述。

设原图像（含噪声）的像素为$f(x, y)$，经过非局部均值处理后的图像像素为$\bar{f}(x, y)$，则

$$\bar{f}(x,y)=\frac{1}{C(x,y)}\sum_{(x_i,y_j)\in N(x,y)} w\left\{d\left[B(x,y),B(x_i,y_j)\right]\right\}f(x,y) \tag{4.11}$$

式中，$C(x, y)$为该像素点计算非局部均值的归一化系数；$N(x, y)$为该像素点较大的邻域，大小设为$n\times n$；$B(x, y)$为该像素点较小的邻域，大小设为$m\times m$。

用较小的邻域像素块$B(x, y)$滑动遍历较大的邻域像素块$N(x, y)$，依次求取与$B(x, y)$大小相同的$N(x, y)$中的子块$B(x_i, y_j)$间的距离$d[B(x, y), B(x_i, y_j)]$，计算公式如下：

$$d\left[B(x,y),B(x_i,y_j)\right]=\frac{1}{2k+1}\sqrt{\sum_{\substack{u(s)\in B(x,y)\\ v(s)\in B(x_i,y_j)}}\left[u(s)-v(s)\right]^2} \tag{4.12}$$

式中，k为$B(x, y)$邻域的半径；$u(s)$和$v(s)$为在局部像素块$B(x, y)$和$B(x_i, y_j)$中对应位置s处的像素值。

式（4.11）中$w\{d[B(x, y), B(x_i, y_j)]\}$定义为下式：

$$\begin{aligned}&w\left\{d\left[B(x,y),B(x_i,y_j)\right]\right\}\\&=\exp\left(-\frac{\max\left\{d\left[B(x,y),B(x_i,y_j)\right]^2-2\sigma^2,0\right\}}{h^2}\right)\end{aligned} \tag{4.13}$$

当距离$d[B(x, y), B(x_i, y_j)]$足够小时，这个块与当前块足够相似，权重值取1；当图像噪声方差σ比较大时，需要一个比较大的h平滑噪声；当图像噪声方差σ比较小时，需要一个比较小的h保留细节。

非局部均值方法具体步骤如下：

① 以待处理像素$f(x, y)$为中心，取一个邻域大小为$N\times N$的图像块。

② 以待处理像素$f(x, y)$为中心，取一个邻域大小为$M\times M$图像块，$M<N$。

③ 取$N\times N$图像块中每个像素的$M\times M$图像块，按照式（4.13）计算以像素$f(x, y)$为中心的$M\times M$图像块和$N\times N$图像块中每个像素的$M\times M$图像块之间的权值。

④ 按照式（4.11）计算$f(x, y)$的非局部加权平均像素$\bar{f}(x, y)$。

⑤ 循环步骤①～④处理图像的所有像素。

图4.9是一幅经过非局部均值滤波处理的效果图，可以看到，非局部均值滤波对高斯噪声有良好的抑制效果，同时也能够保持边界清晰。

(a)椒盐噪声污染

(b)图(a)去噪

(c)高斯噪声污染

(d)图(c)去噪

图4.9 非局部均值滤波去噪

习 题

1. 典型的图像噪声有哪几种？这些噪声的特点是什么？

2. 图像去噪方法有哪几种？这些方法去噪的主要思想是什么？

3. 均值滤波依据什么样的推断和假设来处理图像去噪问题？举个简单的例子说明均值滤波的计算过程。

4. 中值滤波和均值滤波有哪些不同之处？举个简单的例子说明中值滤波的计算过程。

5. 边界保持类平滑滤波有哪几种图像去噪典型方法？这几种方法的主要思想差异性在哪里？

6. 请说明均值滤波器对椒盐噪声以及高斯噪声的滤波原理，并进行效果分析。

7. 设原图像为 $f=\begin{bmatrix} 59 & 60 & 58 & 57 \\ 61 & 90 & 59 & 57 \\ 62 & 59 & 0 & 58 \\ 59 & 61 & 60 & 56 \end{bmatrix}$，请对其进行均值滤波和中值滤波，并分析滤波

结果的异同。

8. 设图像为 $f=\begin{bmatrix}1 & 5 & 255 & 100 & 200 & 200\\ 1 & 7 & 254 & 101 & 10 & 9\\ 3 & 7 & 10 & 100 & 2 & 6\\ 1 & 0 & 8 & 7 & 2 & 1\\ 1 & 1 & 6 & 50 & 2 & 2\\ 2 & 3 & 9 & 7 & 2 & 0\end{bmatrix}$，采用边界保持类均值滤波器和非局部均值滤波方法分别进行去噪处理，并根据结果判断图像中哪些是噪声点。

第5章

图像锐化

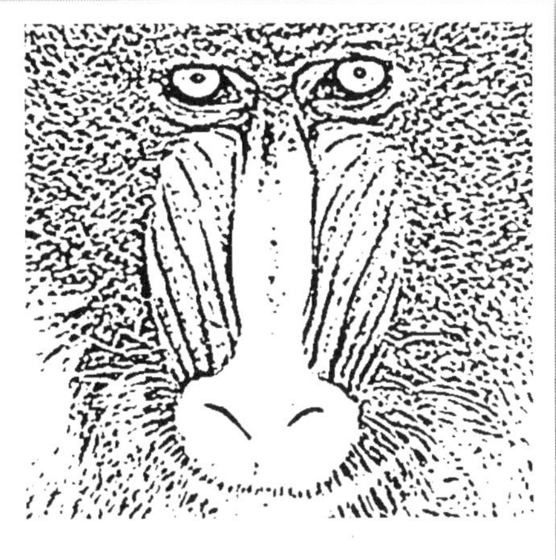

图像锐化的主要目的是突出图像的细节，由于细节表现为图像中相邻像素间的突变，因此，锐化处理可以用数字微分来完成。本章将讨论数字微分锐化的各种定义及其实现算子。

锐化处理强度与图像在该点的突变程度有关。数字微分增强了边缘和其他突变（如噪声）的信息，同时削弱了灰度变化缓慢的信息。一般情况下，图像锐化用于景物边界的检测与提取。

5.1 图像细节的基本特征

在讨论图像锐化方法之前，我们先来分析图像中几类典型细节的灰度值分布特性。图5.1所示是一幅包含典型细节的简单图像以及穿过画面的两条扫描线上的灰度值分布曲线。可以看到，当画面渐渐由亮变暗时，其灰度值的变化是斜坡变化的；当出现孤立点（大多数情况是噪声点），或者一条直线时，其灰度值的变化是一个突起的尖峰；进入平缓变化的区域时，其灰度变化是一个平坦段；当画面由黑突变到亮时，其灰度变化是一个阶跃。可以根据这些类型的灰度变化规律，对图像的噪声点、细线与边缘模型化。

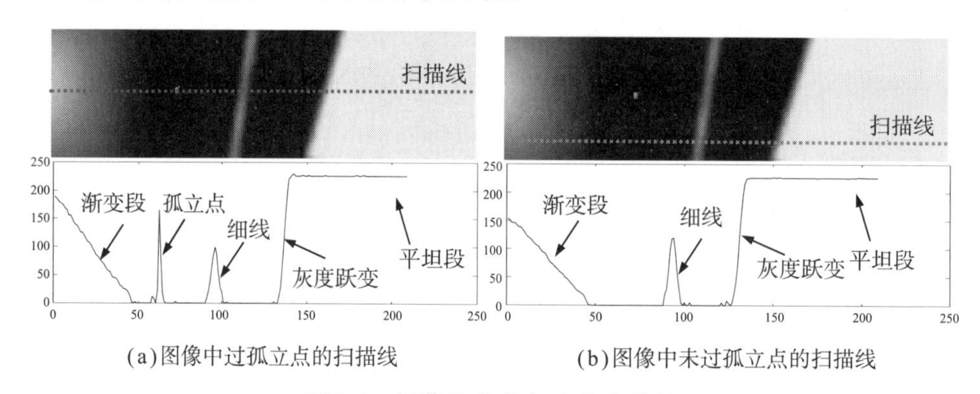

(a)图像中过孤立点的扫描线　　(b)图像中未过孤立点的扫描线

图5.1 图像细节的灰度分布特性

通过上面的分析可知，图像的细节是指画面中灰度变化的情况。可以采用数学手段微分算子来反映灰度的变化情况。

从数学微分的含义来看，“一阶微分”描述“数据的变化率”，“二阶微分”描述“数据变化率的变化率”。

为了便于观察，图5.2给出了几种典型的灰度变化模式及其相应的微分变化模式。对于图5.2(a)所示的渐变段、点、线、阶跃这几类细节变化，在一阶微分和二阶微分中呈现不同的分布特性。渐变部分（斜率相同），在一阶微分、二阶微分中均无法表现出定位特性；①号虚线和②号虚线代表的孤立点和直线点，在一阶微分中为过0点；③号虚线代表的阶跃点，在一阶微分中是最大值点，在二阶微分中是过0点。由此可知，通过微分计算可以突出细节部分。

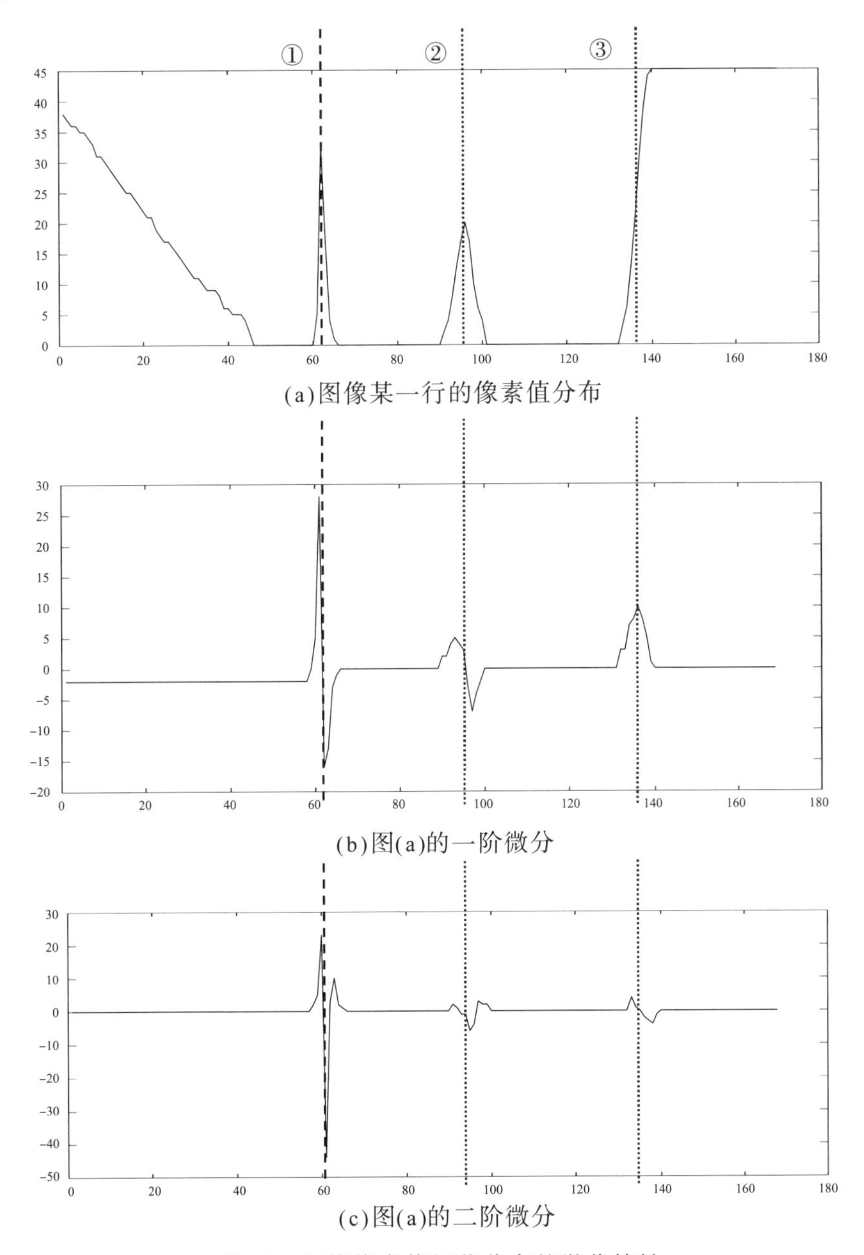

①
②
③
(a)图像某一行的像素值分布
(b)图(a)的一阶微分
(c)图(a)的二阶微分

图5.2　图像像素值细节分布的微分特性

5.2　一阶微分算子

数字图像是离散的，其最短距离是两相邻像素之间，因此，采用差分来定义微分算子。为了便于阐述，在这里没有区别差分和微分。对于一元函数$f(t)$，一阶微分算子可以定义如下：

$$\nabla f(t) = f(t+1) - f(t) \tag{5.1}$$

对于二元图像（函数）$f(x, y)$，一阶微分的定义是通过梯度实现的。图像$f(x, y)$在其坐标(x, y)上的梯度是通过一个二维列向量来定义的，如下所示：

$$\nabla f = \begin{bmatrix} G_{\mathrm{x}} \\ G_{\mathrm{y}} \end{bmatrix} = \begin{bmatrix} \dfrac{\partial f}{\partial x} \\ \dfrac{\partial f}{\partial y} \end{bmatrix} \tag{5.2}$$

一个向量不仅有大小度量，还有方向度量。为了度量图像灰度的变化，需要建立一种向量与数量之间的映射关系，不同的映射关系，对应不同的数字图像处理的一阶微分算子。在建立图像处理的一阶微分算子时，通常要考虑像素间的拓扑结构，这样在获得处理结果时，对其物理特性的分析会比较明确。

5.2.1　具有方向性的一阶微分算子

具有方向性的一阶微分算子最大的特点是可以获得图像中特定方向的灰度变化情况。这种方法在特定的纹理分析、特定物体的检测等方面应用非常有效。

1. 水平方向锐化算子

顾名思义，水平方向的锐化就是要获得图像在水平方向的灰度变化情况。水平微分算子定义如下：

$$\begin{aligned}\nabla f = &\left[f(x-1,y-1) - f(x+1,y-1)\right] + 2\left[f(x-1,y) - f(x+1,y)\right] \\ &+ \left[f(x-1,y+1) - f(x+1,y+1)\right]\end{aligned} \tag{5.3}$$

按照卷积模板的描述形式，式（5.3）可以表示为

$$D_{\text{level}} = \begin{bmatrix} 1 & 2 & 1 \\ 0 & 0 & 0 \\ -1 & -2 & -1 \end{bmatrix} \tag{5.4}$$

式中，待处理像素位于模板中心。

下面通过一个简单的例子来介绍水平方向的微分算子。

设原图像为 $f=\begin{bmatrix}3&3&3&3&3&3\\3&5&5&5&5&3\\3&5&9&9&5&3\\3&5&9&9&5&3\\3&5&5&5&5&3\\3&3&3&3&3&3\end{bmatrix}$，对$f$的边框，即模板无法覆盖的部分，在结果图像中直接置0，其他像素依次按式（5.4）进行计算。例如，对于$f(2,3)$，3×3模板的图像子块为 $f_{\mathrm{m}}(2,3)=\begin{bmatrix}3&3&3\\5&5&5\\5&9&9\end{bmatrix}$，计算结果为$g(2,3)=(3-5)+2(3-9)+(3-9)=-20$，最终可得处理结果为 $g=\begin{bmatrix}0&0&0&0&0&0\\0&-10&-20&-20&-10&0\\0&-4&-12&-12&-4&0\\0&4&12&12&4&0\\0&10&20&20&10&0\\0&0&0&0&0&0\end{bmatrix}$。为了显示结果图像，需要对图像数据进行标准化，即通过一个简单的线性映射将$[g_{\min},g_{\max}]$映射到[0，255]。这里，对g的所有元素都进行+20处理，有 $g=\begin{bmatrix}20&20&20&20&20&20\\20&10&0&0&10&20\\20&16&8&8&16&20\\20&24&32&32&24&20\\20&30&40&40&30&20\\20&20&20&20&20&20\end{bmatrix}$。

2. 垂直方向锐化算子

垂直方向的锐化就是要获得图像在垂直方向的灰度变化情况。垂直微分算子定义如下

$$\begin{aligned}\nabla f=&\left[f(x-1,y-1)-f(x-1,y+1)\right]+2\left[f(x,y-1)-f(x,y+1)\right]\\&+\left[f(x+1,y-1)-f(x+1,y+1)\right]\end{aligned}\tag{5.5}$$

按照卷积模板的描述形式，式（5.5）可以表示为

$$D_{\text{level}}=\begin{bmatrix}1 & 0 & -1\\ 2 & 0 & -2\\ 1 & 0 & -1\end{bmatrix} \tag{5.6}$$

式中，待处理像素位于模板的中心。

下面通过一个简单的例子来介绍垂直方向的微分算子。

设原图像为 $f=\begin{bmatrix}3&3&3&3&3&3\\3&5&5&5&5&3\\3&5&9&9&5&3\\3&5&9&9&5&3\\3&5&5&5&5&3\\3&3&3&3&3&3\end{bmatrix}$，对$f$的边框，即模板无法覆盖的部分，在结果图像中直接置0，其他像素依次按照式（5.5）进行计算。例如，对于$f(2,\ 3)$，3 × 3模板的图像子块为 $f_{\mathrm{m}}(2,3)=\begin{bmatrix}3&3&3\\5&5&5\\5&9&9\end{bmatrix}$，计算结果为$g(2,\ 3)=(3-3)+2(5-5)+(5-9)=-4$，最终可得处理结果为 $g=\begin{bmatrix}0&0&0&0&0&0\\0&-10&-4&4&10&0\\0&-20&-12&12&20&0\\0&-20&-12&12&20&0\\0&-10&-4&4&10&0\\0&0&0&0&0&0\end{bmatrix}$。

为了显示结果图像，需要对图像数据进行标准化，即通过一个简单的线性映射将$[g_{\min},\ g_{\max}]$映射到[0, 255]。这里，对g的所有元素都进行+20处理，有

$g=\begin{bmatrix}20&20&20&20&20&20\\20&10&16&24&30&20\\20&0&8&32&40&20\\20&0&8&32&40&20\\20&10&16&24&30&20\\20&20&20&20&20&20\end{bmatrix}$。

图5.3所示是一幅实拍图像的处理效果，可以看到，通过水平锐化和垂直锐化，可以将图像中建筑物水平方向的结构和垂直方向的结构清晰地表述出来。由于自然环境中景物的边缘往往呈不规则形状，因此，本方法适用于对人造物体细节结构的检测。

(a)原　图

(b)水平锐化

(c)垂直锐化

图5.3　具有方向性的一阶微分锐化的处理示例

5.2.2　Roberts交叉微分算子

前一节介绍的具有方向性的微分锐化，只能求出特定方向的细节信息。但是，对于大多数景物来说，求出其细节轮廓是非常重要的，而遇到的绝大部分景物的细节是不规则的，所以需要在二维图像的两个方向考虑锐化微分的计算。换句话说，需要设计各向同性的微分锐化。

Roberts交叉微分算子定义如下：

$$\nabla f = |f(x+1,y+1) - f(x,y)| + |f(x+1,y) - f(x,y+1)| \tag{5.7}$$

按照卷积模板的描述形式，式（5.7）可以表示为

$$\begin{aligned} &D_1 = \begin{bmatrix} -1 & 0 \\ 0 & 1 \end{bmatrix} \quad D_2 = \begin{bmatrix} 0 & -1 \\ 1 & 0 \end{bmatrix} \\ &\delta_1 = D_1(f(x,y)) \quad \delta_2 = D_2(f(x,y)) \\ &\nabla f(x,y) = |\delta_1| + |\delta_2| \end{aligned} \tag{5.8}$$

图5.4所示是对图5.3(a)用Roberts交叉微分算子处理后的结果。可以看到，同样的建筑物，与图5.3相比，Roberts交叉微分算子可以提取出建筑物的细节轮廓。

下面通过一个简单的例子来介绍Roberts交叉微分算子。

设原图像为 $f = \begin{bmatrix} 3 & 3 & 3 & 3 & 3 \\ 3 & 8 & 7 & 6 & 3 \\ 3 & 6 & 0 & 5 & 3 \\ 3 & 7 & 8 & 4 & 3 \\ 3 & 8 & 3 & 3 & 3 \end{bmatrix}$，对$f$的边框，即模板无法覆盖的部分，在结果图像中直接置0，其他像素依次按照式（5.7）或式（5.8）进行计算。例

如，对于$f(2,2)$，2×2模板的图像子块为 $f_{\mathrm{m}}(2,2)=\begin{bmatrix}8 & 7\\ 6 & 0\end{bmatrix}$，计算结果为$g(2,2)=|0-8|+|6-7|=9$。最终可得处理结果为 $g=\begin{bmatrix}0&0&0&0&0\\0&9&8&5&0\\0&9&7&3&0\\0&9&6&1&0\\0&0&0&0&0\end{bmatrix}$。

图5.4　交叉微分锐化示例

5.2.3　Sobel微分算子

前面介绍的交叉微分锐化可以获得景物的细节轮廓，但由于模板的尺寸是偶数，待处理像素不能放在模板的中心位置，导致处理结果会有半个像素的错位。Sobel微分算子是一种奇数（3×3）模板的全方向微分锐化算子。

Sobel微分算子定义如下：

$$\begin{aligned}D_{\mathrm{x}}&=\left[f(x+1,y-1)-f(x-1,y-1)\right]+2\left[f(x+1,y)-f(x-1,y)\right]\\&\quad+\left[f(x+1,y+1)-f(x-1,y+1)\right]\\D_{\mathrm{y}}&=\left[f(x-1,y+1)-f(x-1,y-1)\right]+2\left[f(x,y+1)-f(x,y-1)\right]\\&\quad+\left[f(x+1,y+1)-f(x+1,y-1)\right]\\\nabla f&=\sqrt{D_{\mathrm{x}}^{2}+D_{\mathrm{y}}^{2}}\end{aligned}\tag{5.9}$$

按照卷积模板的描述形式，有

$$D_{\mathrm{x}}=\begin{bmatrix}-1&-2&-1\\0&0&0\\1&2&1\end{bmatrix}\qquad D_{\mathrm{y}}=\begin{bmatrix}-1&0&1\\-2&0&2\\-1&0&1\end{bmatrix}\tag{5.10}$$

图5.5所示是对图5.3(a)用Sobel微分算子进行处理的结果，与图5.4相比，在视觉上能感觉到Sobel微分锐化提取的细节轮廓相对明显一些。

图5.5　Sobel微分算子的处理效果

下面通过一个简单的例子来介绍Sobel微分算子。

设原图像为 $f=\begin{bmatrix}3&3&3&3&3\\3&8&7&6&3\\3&6&0&5&3\\3&7&8&4&3\\3&8&3&3&3\end{bmatrix}$，对于$f$边框，即模板无法覆盖的部分，在结果图像中直接置0，其他像素依次按照式（5.9）进行计算。例如，对于$f(2,2)$，3×3模板的图像子块为 $f_{\mathrm{m}}(2,2)=\begin{bmatrix}3&3&3\\3&8&7\\3&6&0\end{bmatrix}$，计算结果为

$g(2,2)=\sqrt{[(3-3)+2(6-3)+(0-3)]^2+[(3-3)+2(7-3)+(0-3)]^2}=5.83\approx6$（取整）。

最终可得处理结果为 $g=\begin{bmatrix}0&0&0&0&0\\0&6&5&5&0\\0&3&7&4&0\\0&8&7&7&0\\0&0&0&0&0\end{bmatrix}$。

5.2.4　Priwitt微分算子

Priwitt微分算子的思路与Sobel微分算子类似，也是在一个奇数模板中定义其微分运算。

Priwitt微分算子定义如下：

$$
\begin{aligned}
D_{\mathrm{x}} &= [f(x+1,y-1)-f(x-1,y-1)]+[f(x+1,y)-f(x-1,y)] \\
&\quad +[f(x+1,y+1)-f(x-1,y+1)] \\
D_{\mathrm{y}} &= [f(x-1,y+1)-f(x-1,y-1)]+[f(x,y+1)-f(x,y-1)] \\
&\quad +[f(x+1,y+1)-f(x+1,y-1)] \\
\nabla f &= \sqrt{D_{\mathrm{x}}^{2}+D_{\mathrm{y}}^{2}}
\end{aligned}
\tag{5.11}
$$

按照卷积模板的描述形式，则有

$$
D_{\mathrm{x}}=\begin{bmatrix} -1 & -1 & -1 \\ 0 & 0 & 0 \\ 1 & 1 & 1 \end{bmatrix} \quad D_{\mathrm{y}}=\begin{bmatrix} -1 & 0 & 1 \\ -1 & 0 & 1 \\ -1 & 0 & 1 \end{bmatrix} \tag{5.12}
$$

图5.6所示是对图5.3(a)用Priwitt微分算子进行处理的结果，肉眼几乎无法区别其与Sobel微分算子的差异。但是从模板系数可以看到，Priwitt算子的运算较Sobel算子略简单。

图5.6　Priwitt微分算子的处理效果

下面通过一个简单的例子来介绍Priwitt微分算子。

设原图像为 $f=\begin{bmatrix} 3 & 3 & 3 & 3 & 3 \\ 3 & 8 & 7 & 6 & 3 \\ 3 & 6 & 0 & 5 & 3 \\ 3 & 7 & 8 & 4 & 3 \\ 3 & 8 & 3 & 3 & 3 \end{bmatrix}$，对于$f$边框，即模板无法覆盖的部分，在结果图像中直接置0，其他像素依次按照式（5.11）进行计算。例

如，对于$f(2,2)$，3×3模板的图像子块为 $f_{\mathrm{m}}(2,2)=\begin{bmatrix}3&3&3\\3&8&7\\3&6&0\end{bmatrix}$，计算结果为 $g(2,2)=\sqrt{\left[(3-3)+(6-3)+(0-3)\right]^2+\left[(3-3)+(7-3)+(0-3)\right]^2}=1$。最终可得处理结果为 $g=\begin{bmatrix}0&0&0&0&0\\0&1&4&1&0\\0&6&6&6&0\\0&5&9&2&0\\0&0&0&0&0\end{bmatrix}$。

5.3　二阶微分算子

5.1节对图像细节的一阶微分作用做了详细的分析，从图5.2可以看到，二阶微分有着比一阶微分更加敏感的特性，尤其是对于斜坡渐变的细节。本节将对各向同性的二阶微分算子进行讨论。

5.3.1　Laplacian微分算子

最简单的各向同性微分算子是拉普拉斯（Laplacian）微分算子，一个二维图像$f(x, y)$的拉普拉斯微分算子定义为

$$\nabla^2 f=\frac{\partial^2 f}{\partial x^2}+\frac{\partial^2 f}{\partial y^2} \tag{5.13}$$

$$\begin{aligned}\frac{\partial^2 f(x,y)}{\partial x^2}&=\frac{\partial f_{\mathrm{x}}(x,y)}{\partial x}-\frac{\partial f_{\mathrm{x}}(x+1,y)}{\partial x}\\&=\left[f(x,y)-f(x-1,y)\right]-\left[f(x+1,y)-f(x,y)\right]\\\frac{\partial^2 f(x,y)}{\partial y^2}&=\frac{\partial f_{\mathrm{y}}(x,y)}{\partial y}-\frac{\partial f_{\mathrm{y}}(x,y+1)}{\partial y}\\&=\left[f(x,y)-f(x,y-1)\right]-\left[f(x,y+1)-f(x,y)\right]\end{aligned} \tag{5.14}$$

将式（5.14）代入式（5.13）有

$$\nabla^2 f=4f(x,y)-f(x-1,y)-f(x+1,y)-f(x,y-1)-f(x,y+1) \tag{5.15}$$

将式（5.15）写成卷积模板的形式有

$$L_0=\begin{bmatrix}0&-1&0\\-1&4&-1\\0&-1&0\end{bmatrix} \tag{5.16}$$

图5.7所示是用式（5.16）给出的模板对图5.3(a)进行处理后的效果。可以看到，该二阶微分算子提取的细节较前一节一阶微分算子提取的细节多，体现了二阶微分算子对图像细节的敏感性。

图5.7　拉普拉斯算子的处理效果

下面通过一个简单的例子来介绍拉普拉斯算子。

设原图像为 $f=\begin{bmatrix}3&3&3&3&3\\3&8&7&6&3\\3&6&0&5&3\\3&7&8&4&3\\3&8&3&3&3\end{bmatrix}$，对于$f$边框，即模板无法覆盖的部分，在结果图像中直接置0，其他像素依次按照式（5.16）进行计算。例如，对于$f(2, 2)$，3 × 3模板的图像子块为 $f_{\mathrm{m}}(2,2)=\begin{bmatrix}3&3&3\\3&8&7\\3&6&0\end{bmatrix}$，计算结果为$g(2, 2) = 4 \times 8-3-6-3-7 = 13$。最终可得处理结果为 $g=\begin{bmatrix}0&0&0&0&0\\0&13&11&6&0\\0&6&-26&7&0\\0&3&18&-3&0\\0&0&0&0&0\end{bmatrix}$。要对结果进行显示，需要对$g$进行标准化处理，即$g(x, y) = g(x, y)+26$，得 $g=\begin{bmatrix}26&26&26&26&26\\26&39&37&32&26\\26&32&0&33&26\\26&29&44&23&26\\26&26&26&26&26\end{bmatrix}$。

式（5.16）给出的是在90°旋转意义下的各向同性。如果再考虑对角线方向，则有式（5.17）所示的变形拉普拉斯算子。

$$L_1=\begin{bmatrix}-1 & -1 & -1\\ -1 & 8 & -1\\ -1 & -1 & -1\end{bmatrix} \tag{5.17}$$

图5.8所示是用式（5.17）所示变形拉普拉斯算子对图5.3(a)的处理效果。从图5.8可知，肉眼基本上看不出与基本拉普拉斯算子处理效果的不同。

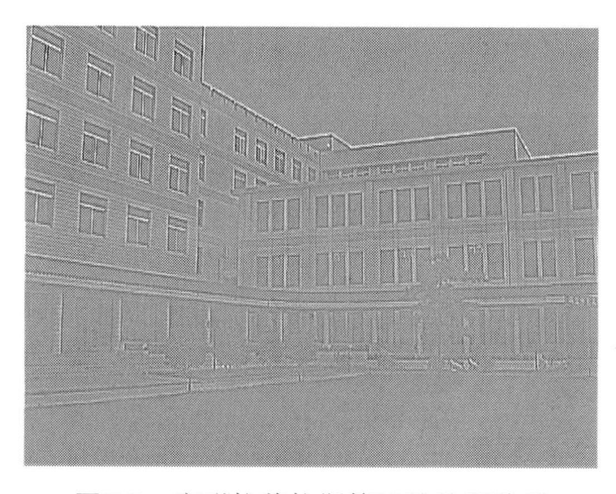

图5.8　变形拉普拉斯算子的处理效果

下面通过上面给出的简单例子的处理结果数据对基本拉普拉斯算子和变形拉普拉斯算子进行分析。

设原图像为 $f=\begin{bmatrix}3 & 3 & 3 & 3 & 3\\ 3 & 8 & 7 & 6 & 3\\ 3 & 6 & 0 & 5 & 3\\ 3 & 7 & 8 & 4 & 3\\ 3 & 8 & 3 & 3 & 3\end{bmatrix}$，$L_0$和$L_1$的计算结果如下：

$$g_0=\begin{bmatrix}0 & 0 & 0 & 0 & 0\\ 0 & 13 & 11 & 6 & 0\\ 0 & 6 & -26 & 7 & 0\\ 0 & 3 & 18 & -3 & 0\\ 0 & 0 & 0 & 0 & 0\end{bmatrix}\quad g_1=\begin{bmatrix}0 & 0 & 0 & 0 & 0\\ 0 & 36 & 22 & 21 & 0\\ 0 & 9 & -51 & 6 & 0\\ 0 & 22 & 28 & 4 & 0\\ 0 & 0 & 0 & 0 & 0\end{bmatrix}$$

计算除了边框为0元素以外的有效细节区域所得结果数据的方差分别为$\sigma_0=10.58$，$\sigma_1=18.93$。从方差结果可以看出，L_1的处理效果较强。

拉普拉斯是一种微分算子，它的作用是锐化图像细节，将原始图像和拉普拉斯图像叠加在一起的简单方法可以保护拉普拉斯锐化处理的效果，同时又能复原背景信息。

设原图像为$f(x, y)$，处理后的图像为$g(x, y)$，则有

$$g(x,y)=f(x,y)+\nabla f(x,y) \tag{5.18}$$

用卷积模板的形式表示，则有

$$L_2=\begin{bmatrix}0 & -1 & 0\\ -1 & 5 & -1\\ 0 & -1 & 0\end{bmatrix}\quad L_3=\begin{bmatrix}-1 & -1 & -1\\ -1 & 9 & -1\\ -1 & -1 & -1\end{bmatrix} \tag{5.19}$$

下面我们通过上面给出的简单例子的处理结果数据对上述两个算子进行分析。

原图像为 $f=\begin{bmatrix}3 & 3 & 3 & 3 & 3\\ 3 & 8 & 7 & 6 & 3\\ 3 & 6 & 0 & 5 & 3\\ 3 & 7 & 8 & 4 & 3\\ 3 & 8 & 3 & 3 & 3\end{bmatrix}$，$L_2$和$L_3$的计算结果如下：

$$g_2=\begin{bmatrix}3 & 3 & 3 & 3 & 3\\ 3 & 21 & 18 & 12 & 3\\ 3 & 12 & -26 & 12 & 3\\ 3 & 10 & 26 & 1 & 3\\ 3 & 8 & 3 & 3 & 3\end{bmatrix}\quad g_3=\begin{bmatrix}3 & 3 & 3 & 3 & 3\\ 3 & 42 & 29 & 27 & 3\\ 3 & 15 & -51 & 11 & 3\\ 3 & 29 & 36 & 8 & 3\\ 3 & 8 & 3 & 3 & 3\end{bmatrix}$$

图5.9(b)所示是采用该方法得到的锐化结果，与原图相比，建筑物表面的纹理比原图清晰。

(a)原　图

(b)L_3的处理效果

图5.9　景物保持锐化效果

5.3.2　Wallis微分算子

在第2章中曾经提到，因为人眼对画面信号的处理过程中，有一个近似的对数运算环节，因此，通过对数运算构成非线性动态范围调整，可以得到图像的增强。

根据这个思路，Wallis微分算子实际上就是结合拉普拉斯算子和对数算子构造出来的一种锐化算子，定义如下：

$$\nabla f(x,y)=4\log\left[f(x,y)\right]-\left\{\log\left[f(x-1,y)\right]-\log\left[f(x+1,y)\right]\right.$$
$$\left.-\log\left[f(x,y-1)\right]-\log\left[f(x,y+1)\right]\right\} \tag{5.20}$$

图5.10所示是用Wallis微分算子对图5.9(a)进行锐化处理后的结果。与图5.7拉普拉斯算子处理效果相比可以看出，拉普拉斯算子对画面下部比较暗的部分锐化比较弱，而Wallis算子则不存在这个问题，整个画面的锐化效果比较均衡。比较图5.7与图5.10画面下方灌木轮廓的提取效果，可知Wallis算子对弱信息比拉普拉斯算子更敏感。

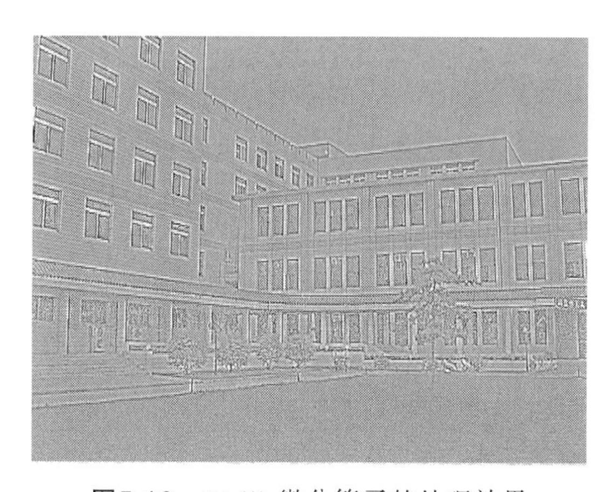

图5.10　Wallis微分算子的处理效果

5.4　微分算子在边缘检测中的应用

从前面的讨论可知，微分算子可以提取图像的细节信息，景物边缘是细节信息中最能描述景物特征的部分，也是图像分析中不可缺少的部分。

下面，以Sobel算子为例对微分算子在边缘检测中的应用进行说明。如图5.11所示，如果对用Sobel锐化算子处理过的图像[见图5.11(a)]进行判别，将图5.11(a)中为0的点（即原图中灰度没有变化的点）置为黑，将图中不为0的点置为白，得到的结果如图5.11(b)所示。可以看到画面中以白色的点为主，说明经过Sobel锐化处理，提取出许多细节，除了景物边缘之外，还包括画面中因光照变化，或者硬件设备带来的各种影响。显然，图5.11(b)没有带来任何有用的信息。

分析图5.11(a)，之所以可以从图5.11(a)中看到建筑物的轮廓，是因为建筑物轮廓部分的信息较强，因此，如果设定一个阈值Th，将图5.11(a)中小于Th的点（原图中灰度变化较弱的点）置为黑，大于Th的点置为白，则得到图5.11(c)所示的结果，将建筑物的边缘信息提取出来了。

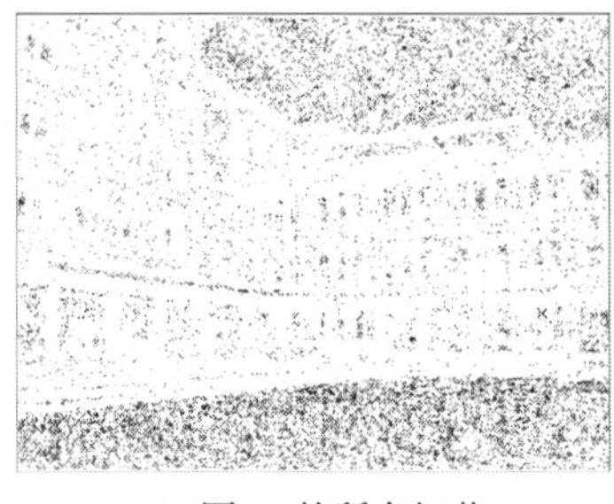
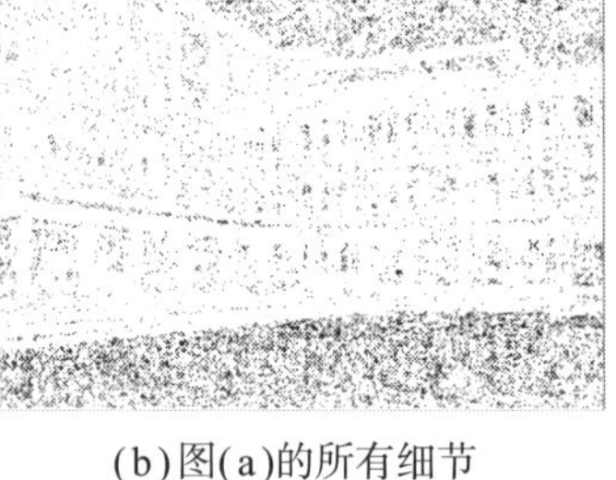

(a)Sobel锐化结果图　(b)图(a)的所有细节　(c)细节中的边界

图5.11　基于Sobel锐化的边缘检测

同理，对不同锐化算子处理后的图像进行相应的阈值处理，就可以获得景物的边界。图5.12所示是四种典型微分算子的边缘检测结果比较。图5.12(a)和图5.12(b)是一阶微分算子的检测结果，图5.12(c)和图5.12(d)是二阶微分算子的检测结果。可以看到，二阶微分算子检测出边界的细节信息比较多，特别是图5.12(d)，将画面下部的树木轮廓都检测出来，而一阶微分算子检测出的轮廓比较粗略，但是检测出的轮廓比较清晰。

(a)交叉微分算子的结果　(b)Sobel算子的结果　(c)Laplacian算子的结果　(d)Wallis算子的结果

图5.12　基于微分算子的边缘检测效果比较

5.5　Canny算子

基于微分算子的边缘提取关键点是选择合适的阈值提取边缘细节。选择不同的阈值，提取不同的边界信息。如图5.13所示，选择两个不同的阈值，采用Sobel锐化算子提取图5.9(a)建筑物的边缘，两者有比较大的区别。如何定义最优的边缘检测，并给出可行的方法是迫切需要解决的问题。

(a)较大阈值的边缘提取

(b)较小阈值的边缘提取

图5.13 不同阈值下基于Sobel算子的边缘提取效果比较

根据边缘检测的有效性和定位的可靠性，John F. Canny于1986年开发出一个多级边缘检测算法[1]，并给出了最优边缘检测的含义。

① 最优检测：算法能够尽可能多地标识出图像的实际边缘，漏检真实边缘的概率和误检非边缘的概率都尽可能小。

② 最优定位准则：检测到的边缘点的位置距离实际边缘点的位置最近，或者是由于噪声影响引起检测出的边缘偏离物体真实边缘的程度最小。

③ 检测点与边缘点一一对应：算子检测的边缘点与实际边缘点应该一一对应。

总之，就是在提高对景物边缘敏感性的同时，还可以抑制噪声的方法才是最优的边缘提取方法。

Canny算子是在基于微分算子的基础上寻求抑制噪声和边缘优化的检测算法。具体可以分为以下5个步骤：

① 图像平滑处理，滤除噪声。

② 计算图像中像素点的梯度强度和方向。

③ 非极大值抑制消除边缘误检。

④ 双阈值方法确定潜在的边缘。

⑤ 抑制孤立的弱边缘。

本节下面的内容对Canny算子在图像边缘检测中具体实现过程进行举例说明，设原图像为 $f=\begin{bmatrix}3&3&3&3&3&3\\3&8&7&6&5&3\\3&6&0&5&7&3\\3&7&8&4&2&3\\3&2&4&8&7&3\\3&3&3&3&3&3\end{bmatrix}$。

1. 平滑去噪

设原图像为f，自然的图像有各种各样噪声信息，为了尽可能减少噪声对边缘检测结果的影响，必须滤除噪声以防止由噪声引起的错误检测。为了平滑图像，使用高斯滤波器与图像进行卷积，减少边缘检测器上明显的噪声影响。式（5.21）给出了大小为$(2k+1)\times(2k+1)$的高斯滤波器核的生成方程式。

$$h(i,j)=\frac{1}{2\pi\sigma^2}\ \exp\left\{-\frac{\left[i-(k+1)\right]^2+\left[j-(k+1)\right]^2}{2\sigma^2}\right\} \tag{5.21}$$

式中，$1\leqslant i,j\leqslant 2k+1$。如果$\sigma=1.4$，尺寸为$3\times3$的高斯卷积核为

$$H=\begin{bmatrix}h(1,1)&h(1,2)&h(1,3)\\h(2,1)&h(2,2)&h(2,3)\\h(3,1)&h(3,2)&h(3,3)\end{bmatrix}=\begin{bmatrix}0.0924&0.1192&0.0924\\0.1192&0.1538&0.1192\\0.0924&0.1192&0.0924\end{bmatrix}$$

计算图像中$f(i,j)$像素点处滤波后的值$\tilde{f}(i,j)$，需要取该像素点的3×3邻域图像块 $A=\begin{bmatrix}f(i-1,j-1)&f(i-1,j)&f(i-1,j+1)\\f(i,j-1)&f(i,j)&f(i,j+1)\\f(i+1,j-1)&f(i+1,j)&f(i+1,j+1)\end{bmatrix}$，高斯滤波后的值$g(i,j)$为

$$\tilde{f}(i,j)=H*f(i,j)=\sum_{k_1=1}^{3}\sum_{k_2=1}^{3}h(k_1,k_2)f(i-k_1-2,j-k_2-2) \tag{5.22}$$

式中，$*$为卷积运算符。

高斯滤波平滑后，有 $\tilde{f}=\begin{bmatrix}3&3&3&3&3&3\\3&4.27&4.62&4.47&4.30&3\\3&5.01&5.37&4.77&4.32&3\\3&4.20&4.93&5.00&4.54&3\\3&3.87&4.62&4.80&4.16&3\\3&3&3&3&3&3\end{bmatrix}$。

2. 计算梯度强度和方向

图像的边缘可以指向各个方向，Canny算法用4个算子来检测图像的水平、垂直和对角边缘，边缘检测算子包括Roberts、Prewitt、Sobel等。本节用一阶有限差分近似求取灰度值的梯度值，即用$\nabla\tilde{f}(x, y)/\nabla x$近似$\partial\tilde{f}/\partial x$。

设$\tilde{f}(x, y)$像素点处x方向和y方向的梯度幅值分别为$G_x(x, y)$和$G_y(x, y)$，计算公式如下：

$$G_x(x,y)=\left\{\left[\tilde{f}(x+1,y)-\tilde{f}(x,y)\right]+\left[\tilde{f}(x+1,y+1)-\tilde{f}(x,y+1)\right]\right\}/2 \tag{5.23}$$

$$G_y(x,y)=\left\{\left[\tilde{f}(x,y)-\tilde{f}(x,y+1)\right]+\left[\tilde{f}(x+1,y)-\tilde{f}(x+1,y+1)\right]\right\}/2 \tag{5.24}$$

$\tilde{f}(x, y)$像素点处梯度幅值$|\nabla f(x, y)|$和梯度方向$\theta_{\nabla f}(x, y)$计算公式如下：

$$\left|\nabla f(x,y)\right|=\sqrt{G_x(x,y)^2+G_y(x,y)^2} \tag{5.25}$$

$$\theta_{\nabla f}(x,y)=\arctan\frac{G_x(x,y)}{G_y(x,y)} \tag{5.26}$$

计算得到的结果如下：

$$G_x=\begin{bmatrix}0&0&0&0&0&0\\0&0.74&0.52&0.16&0.01&0\\0&-0.63&-0.10&0.23&0.11&0\\0&-0.32&-0.25&-0.29&-0.19&0\\0&-1.25&-1.71&-1.48&-0.58&0\\0&0&0&0&0&0\end{bmatrix}\quad G_y=\begin{bmatrix}0&0&0&0&0&0\\0&-0.36&0.38&0.31&1.31&0\\0&-0.54&0.26&0.46&1.43&0\\0&-0.74&-0.13&0.55&1.35&0\\0&-0.38&-0.09&0.32&0.58&0\\0&0&0&0&0&0\end{bmatrix}$$

$$|\nabla f|=\begin{bmatrix}0&0&0&0&0&0\\0&0.82&0.65&0.35&1.31&0\\0&0.83&0.28&0.51&1.43&0\\0&0.80&0.28&0.62&1.36&0\\0&1.30&1.71&1.51&0.82&0\\0&0&0&0&0&0\end{bmatrix}\quad \theta_{\nabla f}=\begin{bmatrix}0&0&0&0&0&0\\0&64.3^\circ&54.2^\circ&27.4^\circ&0.3^\circ&0\\0&49.1^\circ&-21.9^\circ&26.5^\circ&4.5^\circ&0\\0&23.1^\circ&63.8^\circ&-28.2^\circ&-8.0^\circ&0\\0&73.2^\circ&87.1^\circ&-77.9^\circ&-45^\circ&0\\0&0&0&0&0&0\end{bmatrix}$$

3. 非极大值抑制

非极大值抑制是一种边缘稀疏技术，非极大值抑制的作用在于“瘦”边。对图像进行梯度计算后，仅仅基于梯度值提取的边缘仍然很模糊。对边缘有且应当只有一个准确的响应，而非极大值抑制则可以将局部最大值之外的所有梯度值抑制为0。对梯度图像中每个像素进行非极大值抑制的步骤是：

① 将当前像素的梯度强度与沿正负梯度方向的两个像素进行比较。

② 如果当前像素的梯度强度与另外两个像素相比最大，则该像素点保留为边缘点，否则该像素点将被抑制。

梯度方向的定义如图5.14所示，标识为1，2，3，4四个方向，将中心像素的梯度方向和最接近的四个方向之一的邻近像素进行比较，以决定局部极大值。例如，如果中心像素$\theta_{\nabla f}(x, y)$的梯度方向最接近标识为4的方向，则把$\theta_{\nabla f}(x, y)$的梯度值与标识为4方向的左上和右下相邻像素的梯度值进行比较，判断$|\nabla f(x, y)|$的梯度值是否是局部极大值。如果不是，则把像素$|\nabla f(x, y)|$的灰度设为0，这个过程称为“非极大抑制”。

4	3	2
1	$\theta_{\nabla f}(x, y)$	1
2	3	4

图5.14　邻近像素方向标识示意图

根据上一节计算得到的图像的梯度幅值$|\nabla f|=\begin{bmatrix} 0 & 0 & 0 & 0 & 0 & 0 \\ 0 & 0.82 & 0.65 & 0.35 & 1.31 & 0 \\ 0 & 0.83 & 0.28 & 0.51 & 1.43 & 0 \\ 0 & 0.80 & 0.28 & 0.62 & 1.36 & 0 \\ 0 & 1.30 & 1.71 & 1.51 & 0.82 & 0 \\ 0 & 0 & 0 & 0 & 0 & 0 \end{bmatrix}$

和梯度方向$\theta_{\nabla f}=\begin{bmatrix} 0 & 0 & 0 & 0 & 0 & 0 \\ 0 & 64.3° & 54.2° & 27.4° & 0.3° & 0 \\ 0 & 49.1° & -21.9° & 26.5° & 4.5° & 0 \\ 0 & 23.1° & 63.8° & -28.2° & -8.0° & 0 \\ 0 & 73.2° & 87.1° & -77.9° & -45° & 0 \\ 0 & 0 & 0 & 0 & 0 & 0 \end{bmatrix}$进行非极大值抑制，例如，点(2，2)的梯度值为0.82，梯度方向为64.3°，与之最接近的角度是方向1的54.2°，方向1的两个像素的梯度值分别为0和0.65，0.82大于0和0.65，为极大值，所以保留；点(2，3)的梯度值为0.65，梯度方向为54.2°，与之最接近的角度为方向2的49.1°，方向2的两个像素的梯度值分别是0.83和0，0.65小于0.83，不是极大值，所以抑制为0。因此，非极大值抑制之后，有

$$|\nabla g|=\begin{bmatrix} 0 & 0 & 0 & 0 & 0 & 0 \\ 0 & 0.82 & 0 & 0.35 & 0 & 0 \\ 0 & 0.83 & 0 & 0 & 1.43 & 0 \\ 0 & 0 & 0 & 0 & 1.36 & 0 \\ 0 & 1.30 & 1.71 & 0 & 0.82 & 0 \\ 0 & 0 & 0 & 0 & 0 & 0 \end{bmatrix}。$$

4. 双阈值检测

施加非极大值抑制之后，剩余像素可以更准确地表示图像的实际边缘。但是，仍然存在噪声和颜色变化引起的一些边缘像素。为了解决这些杂散响应，必须用弱梯度值过滤边缘像素，并保留具有高梯度值的边缘像素，可以通过双阈值检测来实现。选择高低阈值，如果边缘像素的梯度值高于高阈值，则将其标记为强边缘像素；如果边缘像素的梯度值小于高阈值同时大于低阈值，则将其标记为弱边缘像素；如果边缘像素的梯度值小于低阈值，则会被抑制。阈值的选择取决于给定输入图像的内容。

对梯度取双阈值，例如Th_1和Th_2，设两者关系为$Th_1 = 0.4Th_2$。如果像素点$f(x, y)$的梯度值小于Th_1，像素点的灰度值设为0；如果像素点$f(x, y)$的梯度值小于Th_2且大于Th_1，像素点标记为弱边缘像素；如果像素点$f(x, y)$梯度值大于Th_2，像素点标记为强边缘像素。

例如，对$|\nabla g| = \begin{bmatrix} 0 & 0 & 0 & 0 & 0 & 0 \\ 0 & 0.82 & 0 & 0.35 & 0 & 0 \\ 0 & 0.83 & 0 & 0 & 1.43 & 0 \\ 0 & 0 & 0 & 0 & 1.36 & 0 \\ 0 & 1.30 & 1.71 & 0 & 0.82 & 0 \\ 0 & 0 & 0 & 0 & 0 & 0 \end{bmatrix}$，设$Th_1 = 1$，则$Th_2 = 0.4$，$|\nabla g|$中点（2,4）的值被抑制为0，即$|\nabla g| = \begin{bmatrix} 0 & 0 & 0 & 0 & 0 & 0 \\ 0 & 0.82 & 0 & 0 & 0 & 0 \\ 0 & 0.83 & 0 & 0 & 1.43 & 0 \\ 0 & 0 & 0 & 0 & 1.36 & 0 \\ 0 & 1.30 & 1.71 & 0 & 0.82 & 0 \\ 0 & 0 & 0 & 0 & 0 & 0 \end{bmatrix}$，这时，有4个点为强边界点，3个点为弱边界点。

5. 抑制孤立弱边缘像素

图像中被划分为强边缘的像素点已经被确定为边缘，因为它们大概率是从图像的真实边缘提取出来的。然而，对于弱边缘像素会有一些争议，因为这些像素可能从真实边缘提取也可能是由噪声或颜色变化引起的。为了获得准确的结果，应该抑制由噪声或颜色变化引起的弱边缘。通常，由真实边缘引起的弱边缘像素会连接到强边缘像素，而噪声像素形成的弱边缘像素则孤立未连接。为了跟踪边缘连接，可以查看弱边缘像素及其8个邻域像素，只要其中一个为强边缘像素，则该弱边缘点就可以保留为真实的边缘。

经过抑制孤立弱边缘像素，最终边缘检测结果为$\text{Edge}=\begin{bmatrix} 0 & 0 & 0 & 0 & 0 & 0 \\ 0 & 0 & 0 & 0 & 0 & 0 \\ 0 & 0 & 0 & 0 & 1 & 0 \\ 0 & 0 & 0 & 0 & 1 & 0 \\ 0 & 1 & 1 & 0 & 1 & 0 \\ 0 & 0 & 0 & 0 & 0 & 0 \end{bmatrix}$。

图5.15所示是对两幅国际标准测试图像用Canny算子进行边缘提取的效果。

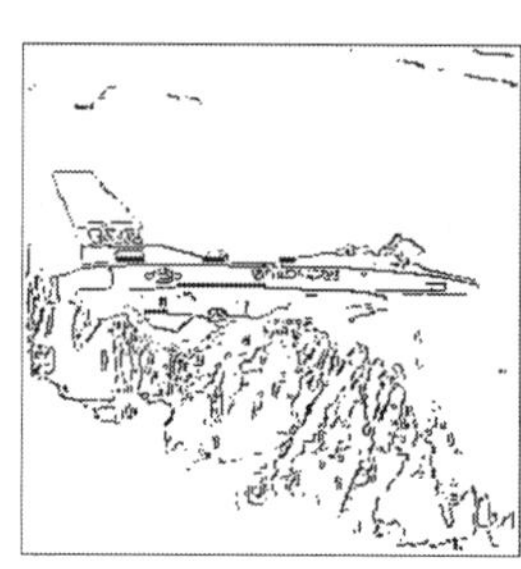

(a)原　图　(b)图(a)的边缘提取　(c)原　图　(d)图(c)的边缘提取

图5.15 Canny算子的边缘提取效果

5.6 LOG滤波算法

LOG（laplacian of gaussian）算子[2]是根据图像的信噪比来检测边缘的最优滤波器。换句话说，该算法也是从对噪声的抑制和对边缘的检测两个方面综合考虑而设计的。

该算法首先采用高斯函数对图像进行平滑处理，之后采用拉普拉斯算子，根据二阶导数的过零点来检测图像的边缘。LOG算子与视觉生理中的数学模型相似，因此，在图像处理领域得到广泛应用。

用高斯函数$G(x,y,\sigma)=\dfrac{1}{2\pi\sigma^2}\exp\left[-\dfrac{1}{2\sigma^2}(x^2+y^2)\right]$与图像函数$f(x, y)$进行卷积，可以得到一个平滑的图像$f_s(x, y)$，其平滑作用可通过$\sigma$来控制。

从数学上可以证明，下面两种方法在数学意义上是等价的：

① 求图像与高斯函数的卷积，然后再求卷积的拉普拉斯微分。

② 求高斯函数的拉普拉斯微分，再求其与图像的卷积。

即

$$f(x,y)*\nabla^2 G(x,y,\sigma)=\nabla^2\left[f(x,y)*G(x,y,\sigma)\right] \tag{5.27}$$

如果采用

$$g(x,y)=f(x,y)*\nabla^2 G(x,y,\sigma) \tag{5.28}$$

来进行LOG滤波，则式中$\nabla^2 G$称为LOG滤波器。

$$\nabla^2 G(x,y,\sigma)=\frac{\partial^2 G}{\partial x^2}+\frac{\partial^2 G}{\partial y^2}=\frac{1}{\pi\sigma^4}\left(\frac{x^2+y^2}{2\sigma^2}-1\right)\exp\left[-\frac{1}{2\sigma^2}(x^2+y^2)\right] \tag{5.29}$$

上式就是马尔和希尔德雷斯提出的最佳边缘检测算子（简称M-H算子）。

图像中强度缓变形成的边缘在一阶导数中产生一个峰，二阶导数中则等价于产生的一个零交叉（二阶导数值符号变化穿过零值的位置），并且强度的变化是以不同尺度出现的。因此，用来检测强度变化的滤波器应该具有以下两个特点：

① 它应当是一个能对图像做一阶或二阶空间导数运算的微分算子。

② 它应当是可调的，能在任何需要的尺度上工作。这样，大尺度滤波器可用来检测图像的模糊边缘，小尺度滤波器可用来检测聚焦良好的图像细节。

由式（5.29）可以看出，LOG滤波器由正、负两个分量组成，类似于神经生理学解释的激励和抑制效应，具有以下两个显著的特点：

① 该滤波器的高斯函数部分G能把图像变模糊，有效消除一切尺度远小于高斯分布常数σ的图像强度变化。之所以选择高斯函数来模糊图像是因为它在空域和频域内都是平滑、定域的，因此，引入任何在原始图像中未曾出现过的变化的可能性最小。

② 该滤波器采用拉普拉斯算子∇^2可以减少计算量。

所以，找出图像中以任一给定尺度发生的强度变化的最恰当的方法是，先用算子$\nabla^2 G$对图像进行滤波，然后确定滤波处理后图像零交叉点的位置。

$\nabla^2 G$有无限长拖尾，在具体实现卷积时，应取一个$N\times N$的窗口，在窗内进行卷积。为了避免过多地截去$\nabla^2 G$的拖尾，N应该取得较大。通常，$N\approx 3\sigma$时，检测效果最好。

图5.16给出对两幅国际标准测试图像应用LOG滤波算法进行边缘检测的实验结果，从图中可以看出，该方法能很好地检测出边缘，抗干扰能力强，边界定位精度较高，边缘连续性好，并且能提取对比度弱的边界。

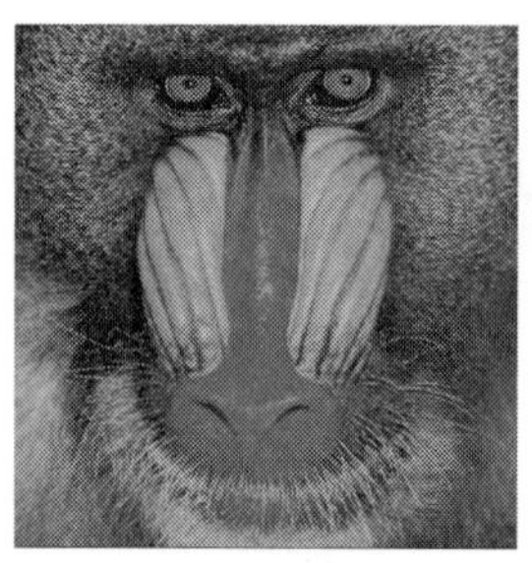
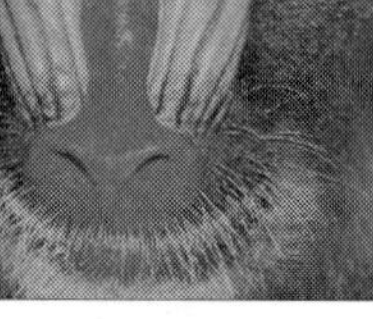

(a)原　图

(b)图(a)的边缘提取

(c)原　图

(d)图(c)的边缘提取

图5.16　LOG滤波算法的边缘检测效果

习　题

1. 图像细节的基本特征有哪些？采用怎样的方法能观测到这些细节的变化，并表征这些细节特征？

2. 一阶微分算子和二阶微分算子之间感知信息的区别在哪里？举简单的例子说明这两种微分算子在图像处理中是如何计算的？

3. Canny边缘检测算法的主要思想是什么？主要过程包括哪几个步骤？

4. LOG滤波算法考虑的主要问题是什么？正对图像是如何计算处理的？

5. 如果一幅图像经过均值滤波后变得模糊，采用锐化算法对该模糊图像进行处理，是否可以使图像变得清晰一些？为什么？请说明你的观点。

6. 设图像为 $f=\begin{bmatrix} 1 & 5 & 255 & 100 & 200 & 200 \\ 1 & 7 & 254 & 101 & 10 & 9 \\ 3 & 7 & 10 & 100 & 2 & 6 \\ 1 & 0 & 8 & 7 & 2 & 1 \\ 1 & 1 & 6 & 50 & 2 & 2 \\ 2 & 3 & 9 & 7 & 2 & 0 \end{bmatrix}$。

① 分别采用Roberts算子和Sobel算子对其进行锐化，并分析结果。

② 分别采用Laplacian算子和Wallis算子对其进行锐化，并分析结果。

第6章

图像的分割

在图像分析过程中，通常需要将关心的目标从图像中提取出来，这种将图像中某个特定区域与其他部分进行分离并提取出来的处理就是图像分割。图像分割处理实际上就是区分图像中的“前景目标”和“背景”，所以通常又称之为图像的二值化处理。图像分割在图像分析、图像识别、图像检测等方面有非常重要的应用。

传统图像分割方法根据图像特性可以分为三类，第一类是阈值分割方法，这类方法是根据图像灰度值的分布特性确定某个阈值来进行图像分割的；第二类是边界分割方法，这类方法是通过检测封闭某个区域的边界来进行图像分割的，通俗地讲，这类方法实际上是沿着闭合的边缘线将其包围的区域剪切出来；第三类方法是区域提取方法，这类方法是根据特定区域与背景区域在特性上的不同来进行图像分割的。

一般来说，基于阈值的分割方法原理简单、运算效率高，在图像分割的初级阶段广泛使用。基于边界的分割方法经常受到图像中边缘断裂的影响，分割结果不太稳定。基于区域的分割方法是以直接获取不同区域为目标的分割方法，具有更广泛的实用性。本章将重点介绍基于阈值及区域的图像分割方法。

6.1　阈值分割方法

所谓阈值分割方法就是确定某个阈值Th，根据图像中每个像素的灰度值大于或小于该阈值Th来进行图像分割。阈值分割方法的数学模型如下。

设原图像为$f(x, y)$，经过分割处理后的图像为$g(x, y)$，$g(x, y)$为二值图像，则有

$$g(x,y)=\begin{cases}1 & f(x,y)\geqslant Th \\ 0 & f(x,y)<Th\end{cases} \tag{6.1}$$

根据式（6.1）可知，阈值分割方法的核心是阈值Th的确定。

6.1.1　p-参数法

p-参数法是针对预先已知图像中目标所占比例的情况所采用的一种简单且有效的方法。p-参数法的基本思路是，选择一个阈值Th，一定可以使前景目标所占比例为p，背景所占比例为$1-p$。

根据上述原理，p-参数法的具体步骤如下：

① 首先获得理想状态下目标占画面的比例p。

$$p = \frac{N_{\text{object}}}{N_{\text{image}}} \tag{6.2}$$

式中，N_{object}为目标的像素个数；N_{image}为图像的总像素个数。

② 计算待分割图像的灰度分布p_i（$i = 0, 1, 2, \cdots, 255$）。

$$p_i = \frac{N_i}{N_{\text{image}}} \tag{6.3}$$

式中，N_i为待分割图像中灰度值为i的像素个数。

③ 计算累计分布P_k（$k = 0, 1, 2, \cdots, 255$）。

$$P_k = \sum_{i=0}^{k} p_i \tag{6.4}$$

④ 计算阈值Th。

$$Th = \left\{ k \middle| \min_k \left| P_k = p \right| \right\} \tag{6.5}$$

图6.1所示是一个采用p-参数法对两幅印章图像进行图像分割的例子。在进行印章的自动真伪鉴别时，一个最关键的步骤就是对印章的提取。因为盖印条件

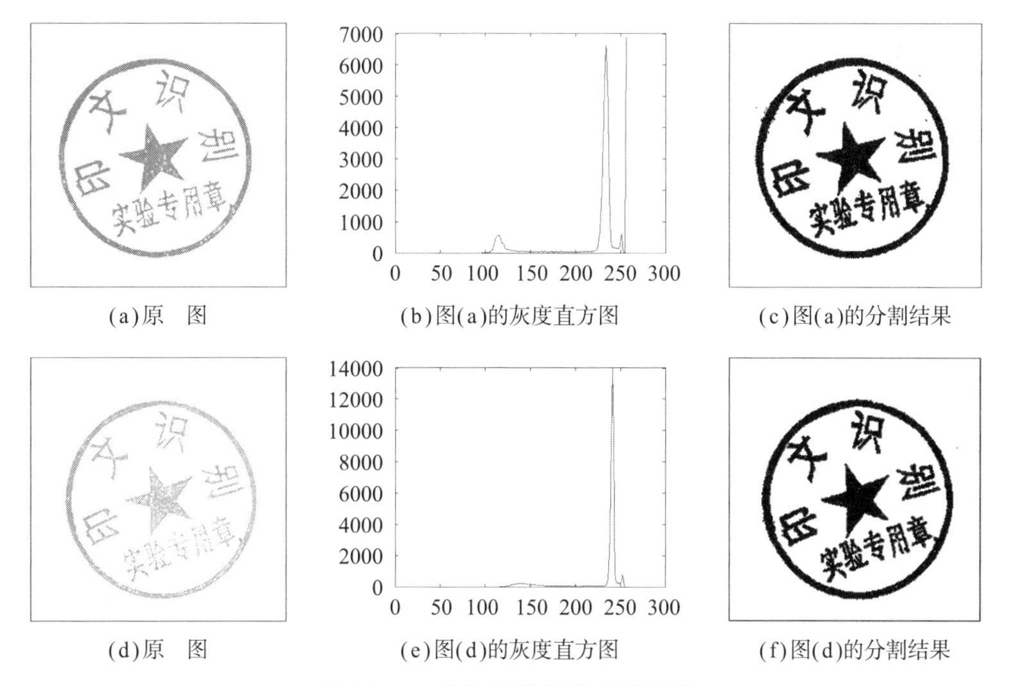

(a)原　图　(b)图(a)的灰度直方图　(c)图(a)的分割结果

(d)原　图　(e)图(d)的灰度直方图　(f)图(d)的分割结果

图6.1　p-参数法的图像分割效果

的差异，即使是相同的印章，也不能用固定的阈值来进行图像分割。如图6.1(b)、图6.1(e)所示，灰度分布的两峰之间的谷底是一个很宽的平坦段，要采用峰谷法很难确定适当的阈值。在这个例子中，可以事先通过理想的印章获得印章在图像中所占的像素比为p = 15.07%，按照式（6.2）~式（6.5）计算得到两幅印章图像的阈值分别为Th(a) = 212[见图6.1(a)]，$Th(d)$ = 230[见图6.1(d)]。从图6.1(c)、图6.1(f)可以看出，采用该方法可以获得好的图像分割效果。

6.1.2　最大熵方法

熵是信息论中对不确定性的度量，是对数据包含信息量的度量。熵取最大值时，表明获得的信息量最大。

在介绍最大熵方法之前，先简单介绍熵的数学定义。

假设一些事件以概率p_1, p_2, …, p_s发生，则这些事件发生的信息量，即熵定义为

$$E_i = -p_i \ln p_i \qquad (i = 1, 2, \cdots, s) \tag{6.6}$$

由于$p_1+p_2+\cdots+p_s = 1$，所以可以证明当$p_1 = p_2 = \cdots = p_s$时，熵取最大值，也就是说，得到的信息量最大。

最大熵方法的设计思想是，选择适当的阈值，将图像分为两类，两类的平均熵之和为最大时，可以从图像中获得最大信息量，以此来确定最佳阈值。

根据上述原理，最大熵方法的具体步骤如下：

① 求出图像中所有像素的灰度值分布概率p_0, p_1, …, p_{255}（图像的灰度分布范围为[0, 255]）。

$$p_i = \frac{N_i}{N_{\text{image}}} \qquad (i = 0, 1, \cdots, 255) \tag{6.7}$$

式中，N_i为灰度值为i的像素个数；N_{image}为图像的总像素个数。

② 给定一个初始阈值$Th = Th_0$，将图像分为C_1和C_2两类。

③ 分别计算两个类的平均相对熵。

$$\begin{aligned} E_1 &= -\sum_{i=0}^{Th} (p_i / p_{\text{Th}}) \ln(p_i / p_{\text{Th}}), \\ E_2 &= -\sum_{i=Th+1}^{255} \left[p_i / (1 - p_{\text{Th}})\right] \ln\left[p_i / (1 - p_{\text{Th}})\right] \end{aligned} \tag{6.8}$$

式中，$p_{\mathrm{Th}}=\sum_{i=0}^{Th} p_i$。

④ 选择最佳的阈值$Th=Th^*$，使得图像按照该阈值分为C_1和C_2两类后，满足

$$[E_1+E_2]|_{Th=Th^*}=\max\{E_1+E_2\} \tag{6.9}$$

图6.2(b)所示是采用最大熵方法对一幅国际标准测试图像进行处理的结果，经过计算得到该图例的分割阈值为$Th^*=125$。

(a)原图（见彩插6）

(b)最大熵法处理效果

(c)最大类间、类内方差比法处理效果

图6.2 阈值分割方法处理示例

6.1.3 最大类间、类内方差比法

从统计意义上讲，方差是表征数据分布不均衡性的统计量。要通过阈值对两类问题进行分割，适当的阈值可以使得两类数据间的方差变大，说明该阈值的确将两类不同的问题区分开了，同时属于同一类问题的数据之间方差越小越好，表明同一类问题具有一定的相似性。因此，可以采用类内、类间方差比作为选择阈值的评价参数。

根据上述思想，最大类间、类内方差比方法的具体步骤如下：

① 求出图像中所有像素的灰度值分布概率$p_0, p_1, \cdots, p_{255}$。

② 给定一个初始阈值$Th=Th_0$，将图像分为C_1和C_2两类。

③ 计算两类的灰度均值μ_1、μ_2，方差σ_1^2、σ_2^2，以及图像的总体灰度均值μ。

$$\mu_1=\frac{1}{N_{C_1}}\sum_{f(i,j)\in C_1} f(i,j) \quad \mu_2=\frac{1}{N_{C_2}}\sum_{f(i,j)\in C_2} f(i,j) \tag{6.10}$$

$$\sigma_1{}^2=\frac{1}{N_{C_1}}\sum_{f(i,j)\in C_1}\left[f(i,j)-\mu_1\right]^2 \quad \sigma_2{}^2=\frac{1}{N_{C_2}}\sum_{f(i,j)\in C_2}\left[f(i,j)-\mu_2\right]^2 \tag{6.11}$$

$$\mu = \frac{1}{N_{\text{image}}} \sum_{i=1}^{m} \sum_{j=1}^{n} f(i,j) \tag{6.12}$$

式中，N_{C_k}（$k=1, 2$）为两个类的像素个数；N_{image}为图像的总像素个数。

④ 计算两类问题的发生概率P_1和P_2。

$$P_1 = \sum_{i=0}^{Th} p_i \quad P_2 = 1 - P_1 \tag{6.13}$$

⑤ 计算类间方差σ_b^2，类内方差σ_{in}^2。

$$\sigma_b^2 = P_1(\mu_1 - \mu)^2 + P_2(\mu_2 - \mu)^2 \tag{6.14}$$

$$\sigma_{in}^2 = P_1\sigma_1^2 + P_2\sigma_2^2 \tag{6.15}$$

⑥ 选择最佳阈值$Th = Th^*$，使得图像按照该阈值分为C_1和C_2两类后，满足

$$\eta |_{Th^*} = \max\left\{\frac{\sigma_b^2}{\sigma_{in}^2}\right\} \tag{6.16}$$

图6.2(c)所示是采用最大类间、类内方差比法对一幅国际标准测试图像进行处理的结果，经过计算得到该图例的分割阈值为$Th^* = 84$。

6.2　区域生长分割方法

前一节介绍的阈值分割方法，实质上是对整个图像采用一个被确定为最佳的单一阈值进行分割处理，只对比较简单的图像有效。

图像之所以可以给大家呈现景物的概念，是因为像素与像素之间存在一定的相关性。在确定阈值时，如果除当前像素本身的灰度值之外，还考虑其与邻近像素之间的关系，就可以获得更加科学的判别分割方法。

区域提取方法是根据特定区域的特性，将该区域从图像中分割出来。显然，这类方法的核心是如何对区域的特性进行恰当的描述，以及如何根据该特性进行区域分割。这里介绍一种典型的区域生长分割法。

区域生长是以某个或者某些像素点作为种子点，找到与种子点相邻且特性相似的点，获得局部区域，进而实现目标提取。

首先，给每个要分割的区域找一个种子点，然后将种子像素周围邻域中与种子像素有相同或相似性质的像素合并到种子像素所在的区域。将这些新像素当作

新的种子点继续进行上面的过程，直到没有满足条件的像素点时区域停止生长。其中，相似性准则可以是灰度级、彩色、组织、梯度或其他特性。相似性的测度可以由确定的阈值来决定。

图6.3所示是区域生长方法的原理示意图。假设原图的（3,3）为种子点[图6.3(a)中标记为灰色]，生长准则为相邻点的灰度级与种子点的灰度级之差小于3。根据这一准则获得的区域生长结果如图6.3(b)所示。

1	0	4	6	5	1
1	0	4	6	6	2
0	1	5	5	5	1
0	0	5	6	5	0
0	0	1	6	0	1
1	0	1	2	1	1

(a)原　图

1	0	5	5	5	1
1	0	5	5	5	2
0	1	5	5	5	1
0	0	5	5	5	0
0	0	1	5	0	1
1	0	1	2	1	1

(b)区域生长后的区域

图6.3　区域生长原理示意图

通过上面的简单例子可以知道，区域生长方法的实现有三个关键点：

① 种子点的选取。

② 生长准则的确定。

③ 区域生长停止的条件。

选取的种子点可以是单个像素，也可以是包含若干像素的子区域，原则上是待提取区域中具有代表性的点。

生长准则原则上是评价与种子点相似程度的相似性度量。生长准则大多采用与种子点的距离度量。种子点可以随着区域的生长而变化，也可以设定为一个固定的数值。

区域生长的停止条件，对于渐变区域进行生长时的停止判断非常重要。一般是结合生长准则来进行合理的设定。判定生长停止的阈值可以是确定的值，也可以是随生长而变化的值。

下面通过印章识别中的印文区域分割示例来具体介绍区域生长方法。如图6.4(a)所示，由于盖印时油墨、下垫物，以及人手用力不均匀等原因，盖出的印章深浅不同。如果用单一阈值进行分割，则会出现对盖印条件过于敏感等问题。如果采用区域生长法，首先选择红色的点为种子点（假设采用红色的印章油墨盖印），之后是确定生长准则。如果采用灰度差准则，则判断当前点与种子点之间的灰度差，小于设定的阈值，就确认为印章点，否则认为是背景点。这样，如图6.4(b)所示，盖印较浅的部分，就会产生严重的缺损。

(a)原　图　　(b)基于灰度差准则的结果　　(c)基于一致性准则的结果

图6.4　基于区域生长方法的图像分割示例

如果采用一致性准则，首先选择若干红色点为种子点，计算这些点组成的点集合的灰度均值和方差，在判断某个点是否为同一区域时，判断其灰度值与该均值的差，以及该点与种子点之间的方差，如果小于设定阈值，则表明该点与种子点具有一致性，将其判定为印章区域的点。之后，计算增加一个点后的点集合的灰度均值和方差，再进行下一个点的判断。这种方式可以一定程度上降低盖印不均带来的影响，如图6.4(c)所示。

习　题

1. 设图像为 $f=\begin{bmatrix} 1 & 5 & 25 & 10 & 20 & 20 \\ 1 & 7 & 25 & 10 & 10 & 9 \\ 3 & 7 & 10 & 10 & 2 & 6 \\ 1 & 0 & 8 & 7 & 2 & 1 \\ 1 & 1 & 6 & 50 & 2 & 2 \\ 2 & 3 & 9 & 7 & 2 & 0 \end{bmatrix}$。

① 采用类间、类内最大方差比法和最大熵方法求出二值化的阈值。

② 选图像中像素值为3的像素为种子点，用区域生长法进行二值化分割。

第7章

二值图像处理

第6章介绍了图像分割方法，图像分割获得的通常是二值图像，检测到的“目标”也只是“候补目标”，换句话说，为了保证没有丢失目标，在图像分割时，允许有若干个“假目标”出现。还有一种情况，图像分割提取的是多个目标，这时，就需要对获得的二值图像进行处理，实现对目标的分析。本章围绕二值图像处理的方法展开讨论。

7.1　二值图像中的基本概念

为了便于后面的论述，先给出二值图像中一些基本概念的定义。为了方便讨论，不妨假设在二值图像中，目标像素点的值为1，背景像素点的值为0。

7.1.1　连接与点特性

1. 四连接与八连接

如图7.1(a)所示，标记为0的位置为当前像素点，其周围的8个像素点分别标记为1～8，这8个像素称为当前像素点的八近邻，而其中标记为1、3、5、7的4个像素称为当前像素点的四近邻。

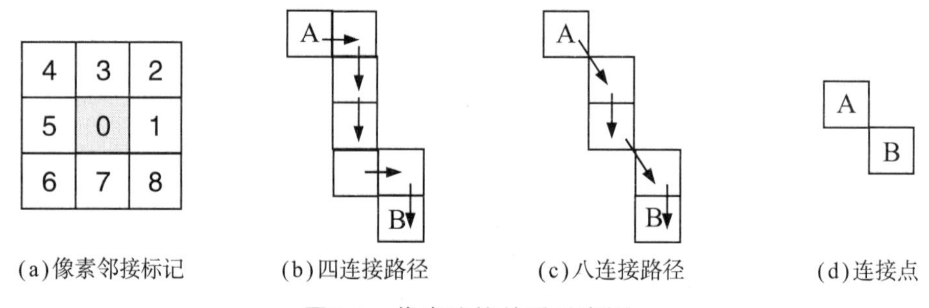

(a)像素邻接标记　(b)四连接路径　(c)八连接路径　(d)连接点

图7.1　像素连接关系示意图

如果当前像素点值为1，其四近邻像素中至少有一个像素点值为1，则认为存在两点间的通路，称为四连接。同样，如果其八近邻像素中至少有一个像素点值为1，称为八连接。在搜索边界轮廓时，四连接的路径[见图7.1(b)]与八连接的路径[见图7.1(c)]各不相同。换句话说，图7.1(d)两点之间的关系在八连接意义下是连通的，而在四连接意义下是不连通的。

将相互连接在一起的像素值全部为1的像素点的集合称为一个连通域。图7.1(c)在四连接意义下是3个连通域，在八连接意义下是一个连通域。

2. 内部点与边界点

在每个连通域中，与背景相邻接的点称为边界点，与背景不相邻接的点称为内部点。图7.2是在四连接与八连接定义下的内部点与边界点示意图。

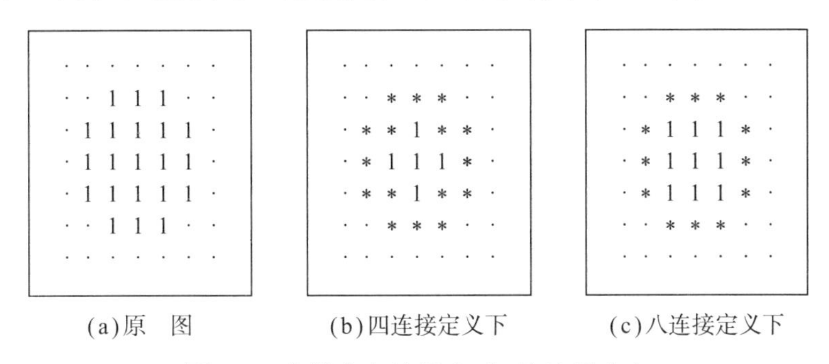

(a)原　图　　(b)四连接定义下　　(c)八连接定义下

图7.2　内部点与边界点（*为边界点）

从图7.2(b)可以看出，在四连接定义下，内部点是“在当前点的八近邻像素点中，没有值为0的点”；从图7.2(c)可以看出，八连接定义下，内部点是“在当前点的四近邻像素点中，没有值为0的点”。

7.1.2 几何特征

在图像检测技术中，许多场合都是对拍摄的图像进行二值化处理，然后对分割出的目标区域进行几何特征的测量。本节介绍最基本的二值图像几何特征的计算方法。

1. 面　积

二值图像的面积概念，是对二值化处理之后的连通域的大小进行度量的几何特征量。

面积定义为连通域中像素的总数。因为我们已经假设二值图像中目标物的像素值为1，因此，面积的计算公式如下：

$$A_{\mathrm{S}} = \sum_{(x,y)\in S} f(x,y) \tag{7.1}$$

式中，S表示某个需要度量的连通域；$f(x, y)$为像素值。

例如，图7.2(a)所示的连通域的面积为$A_{\mathrm{S}} = 3+5+5+5+3 = 21$。

2. 周　长

周长是指包围某个连通域的边界轮廓线的长度。因为在轮廓线上移动不仅有垂直方向、水平方向的移动，还有斜对角方向上的移动。如果只是简单地对轮廓线上的像素值进行累计计算，则会使垂直方向、水平方向的长度夸大，因此，对这两个方向上的像素分类进行计算，可以得到一个合理的周长定义。

周长的计算公式如下：

$$L_S = N_e + \sqrt{2} N_o \tag{7.2}$$

式中，N_e为边界线上八连接和四连接都判断为连接关系（水平或者垂直连接）的像素个数；N_o为边界线上倾斜方向连接的像素个数。

例如，图7.2(a)沿着连通域顺时针方向一圈，得到的连通域周长为 $L_S = (1+1+1+1+1+1+1+1) + \sqrt{2}(1+1+1+1) = 8 + 4\sqrt{2} \approx 13.66$。

3. 质　心

质心原本定义为物体的质量中心。在二值图像中采用质心的概念，可以对连通域的几何中心进行描述。为了借用质心的概念，假设二值图像每个像素的“质量”完全相同。在此前提下，质心的计算公式如下：

$$x_m = \frac{1}{N_S} \sum_{(x,y) \in S} x \qquad y_m = \frac{1}{N_S} \sum_{(x,y) \in S} y \tag{7.3}$$

式中，S表示连通域；N_S为连通域中像素的个数；质心点的坐标为(x_m, y_m)。

例如，图7.2(a)所示连通域的质心 $x_m = \frac{1}{21}(3\times2+5\times3+5\times4+5\times6+3\times7) \approx 4.4 \approx 4$（取整），$y_m = \frac{1}{21}(3\times2+5\times3+5\times4+5\times6+3\times7) \approx 4.4 \approx 4$（取整），即该连通域的质心坐标点为$(x_m, y_m) = (4, 4)$。

4. 圆形度

图像描述的目标各种各样，在二值图像中各个连通域的形状通常也是不规则的。为了进行图像分析，经常采用该连通域与标准形状的近似度来描述其形状。

圆形度是定义连通域与圆形相似程度的量。根据圆形周长与面积的计算公式，定义圆形度的计算公式如下：

$$\rho_c = \frac{4\pi A_S}{L_S^2} \tag{7.4}$$

式中，A_S为连通域S的面积；L_S为连通域S的周长。

对于圆形目标，圆形度ρ_c取最大值，目标形状越复杂，ρ_c值越小。因此，圆形度可作为目标形状复杂度或者粗糙程度的一种度量。

例如，前面已经计算得到图7.2(a)所示圆形连通域的面积为$A_S = 21$，周长为$L_S = 13.66$，则其圆形度为$\rho_c = 4\pi A_S/L_S^2 = 4\pi \times 21/13.66^2 \approx 1.41$。

图7.3(a)所示矩形连通域的圆形度为$\rho_c(a) = 4\pi A_S/L_S^2 = 4\pi \times 25/16^2 \approx 1.227$，图7.3(b)所示菱形连通域的圆形度为$\rho_c(b) = 4\pi A_s / L_s^2 = 4\pi \times 13 / \left(8\sqrt{2}\right)^2 \approx 1.276$。

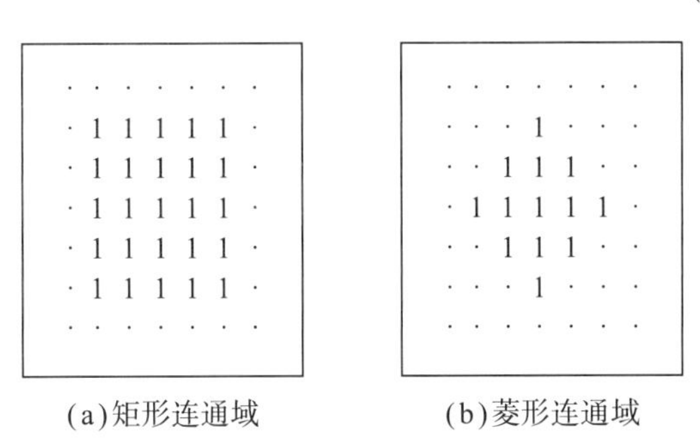

(a)矩形连通域　　(b)菱形连通域

图7.3　不同形状的连通域

值得注意的是，图7.2(a)所示圆形连通域的圆形度值大于1，从理论上讲是不存在的。分析原因是因为该图像的分辨率太低，换句话说，连通域的面积太小，导致在计算面积与周长时都存在一定量化偏差。但是比较前述三个不同形状连通域的圆形度，还是图7.2(a)给出的圆形连通域的圆形度最大。所以，在这里提醒读者注意，在进行图像分析或图像测量时，遇到类似情况，可以以相同分辨率圆形连通域的圆形度为标准，对所分析或测量的连通域的圆形度进行标准化处理。

以图7.2(a)的圆形度对图7.3进行标准化处理，$\rho_c(a) = 1.227/1.41 \approx 0.87$，$\rho_c(b) = 1.276/1.41 \approx 0.90$。

5. 矩形度

与圆形度类似，矩形度是描述连通域与矩形相似程度的量。矩形度的计算公式如下：

$$\rho_R = \frac{A_S}{A_R} \tag{7.5}$$

式中，A_S为连通域S的面积；A_R是包围该连通域的最小矩形的面积。

对于矩形目标，矩形度ρ_R取最大值1，对于细长而弯曲的目标，矩形度变得很小。

例如，前面已经计算得到图7.2(a)所示连通域的面积为$A_S = 21$，包围该连通域的最小矩形面积为$A_R = 5 \times 5 = 25$，则矩形度为$\rho_R = 21/25 = 0.84$。对于图7.3(b)所示的菱形区域，前面已经计算得到其面积为$A_S = 13$，包围该连通域的最小矩形面积为$A_R = 5 \times 5 = 25$，则矩形度为$\rho_R = 13/25 = 0.52$。

6. 长宽比

长宽比是将细长目标与近似矩形或圆形目标进行区分时采用的形状度量。长宽比的计算公式如下：

$$\rho_{WL} = \frac{W_R}{L_R} \tag{7.6}$$

式中，W_R是包围连通域的最小矩形的宽度；L_R是包围连通域的最小矩形的长度。

例如，图7.2(a)所示连通域的长宽比为$\rho_{WL} = 5/5 = 1$。

7.2 腐蚀与膨胀

二值图像的一种主要处理是对提取的目标图形进行形态分析，而形态处理中最基本的是腐蚀与膨胀。

腐蚀与膨胀是两个互为对偶的运算。腐蚀处理的作用是将目标图形收缩，而膨胀处理的作用是将目标图形扩大。为了实现腐蚀与膨胀，数学形态学提出了结构元素的概念。

所谓结构元素是指具有某种确定形状的基本结构元素，例如，一定大小的矩形、圆形或者菱形等。腐蚀处理可以表示成用结构元素对图像进行探测，找出图像中可以放下该结构元素的区域。膨胀处理可以理解成对图像的补集进行腐蚀处理。

7.2.1 腐　蚀

腐蚀是一种消除边界点，使边界向内部收缩的过程。可以用来消除小且无意义的目标物。如果两个目标物之间有细小的连通，可以选取足够大的结构元素，将细小连通腐蚀掉。

设二值图像为F，其连通域为X，结构元素为S，当一个结构元素S的原点移到点(x, y)处时，将其记作S_{xy}。则图像X被结构元素S腐蚀的运算可表示如下：

$$E = F \ominus S = \{x, y \mid S_{xy} \subseteq X\} \tag{7.7}$$

其含义是，当结构元素S的原点移到(x, y)位置，如果S完全包含在X中，则在腐蚀后的图像上该点为1，否则为0。

如图7.4所示，一个圆形的结构元素，其圆心（设为结构元素的原点）在虚线围成的矩形连通域移动。按照式（7.7）进行计算，如果这个圆形的结构元素覆盖范围内的原图像像素值全部为1，则腐蚀后图像圆心位置的像素值置1，否则置0。最终结果为图7.4中心部分实线所框的矩形。

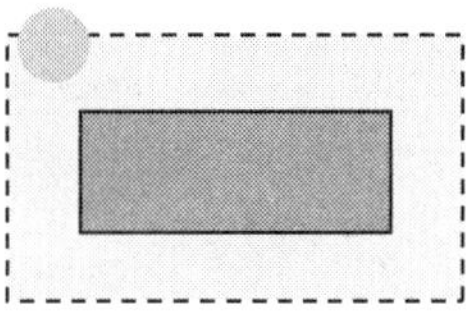

图7.4 腐蚀示意图

根据上述原理，腐蚀运算的具体步骤如下：

① 扫描原图，找到第一个像素值为1的点。

② 将预先设定好形状以及原点位置的结构元素的原点移动到该点。

③ 判断该结构元素覆盖范围内的像素值是否全部为1，如果是，则腐蚀后图像相同位置上的像素值置1，如果至少有一个像素的值为0，则腐蚀后图像相同位置上的像素值置0。

④ 对原图中所有像素值为1的点重复进行步骤②和③。

下面通过一个简单的例子来介绍腐蚀处理方法。

设原图像为$F = \begin{bmatrix} 0 & 1 & 0 & 1 & 0 & 0 \\ 0 & 1 & 1 & 0 & 1 & 0 \\ 0 & 0 & 1 & 0 & 0 & 0 \\ 0 & 0 & 1 & 1 & 0 & 0 \\ 0 & 0 & 0 & 0 & 0 & 0 \end{bmatrix}$，选择一个三角形的结构元素$S = \begin{bmatrix} 1 & 0 \\ 1 & 1 \end{bmatrix}$，原点设为$S_{1,1}$的位置，则对于扫描到的第一个为1的点$F_{12} = \begin{bmatrix} 1 & 0 \\ 1 & 1 \end{bmatrix}$，与结构元素作用可知，$S$覆盖范围内（即$S$为1的元素位置上）的值全部为1，因此，$e_{12} = 1$。同理，因为$F_{14} = \begin{bmatrix} 1 & 0 \\ 0 & 1 \end{bmatrix}$，$S$覆盖范围内有一个像素值为0，因此，$e_{14} = 0$。最终得到的腐蚀图像为$E = \begin{bmatrix} 0 & 1 & 0 & 0 & 0 & 0 \\ 0 & 0 & 0 & 0 & 0 & 0 \\ 0 & 0 & 1 & 0 & 0 & 0 \\ 0 & 0 & 0 & 0 & 0 & 0 \\ 0 & 0 & 0 & 0 & 0 & 0 \end{bmatrix}$。

如图7.5所示，采用3 × 3的矩形结构元素，设定其原点为该矩形的中心进行腐蚀处理（黑色像素的像素值为1）。可以看到，腐蚀一次，原卡通图像脸部的眼睛框线还在，腐蚀两次之后，眼睛框线也被腐蚀掉了。

(a)原　图

(b)腐蚀一次

(c)腐蚀两次

图7.5　图像的腐蚀效果示例

腐蚀通常在去除小颗粒噪声，消除目标物之间的粘连方面非常有效。如图7.5所示，对原图进行两次腐蚀处理之后，不仅将原图中的小颗粒噪声去除了，原图中的几处（原图左上角、右上角）目标物之间的粘连也消除了。

7.2.2 膨　胀

膨胀是将与目标区域接触的背景点合并到目标物中，使目标边界向外部扩张的处理。膨胀可以用来填补目标区域存在的某些空洞，也可能用来消除包含在目标区域中的小颗粒噪声。膨胀处理是腐蚀处理的对偶，定义如下。

设二值图像为F，结构元素为S，当一个结构元素S的原点移到图像的点(x, y)处时，将其记作S_{xy}。图像X被结构元素S膨胀的运算表示如下：

$$D = F \oplus S = \{x, y \mid S_{xy} \cap X \neq \varnothing\} \tag{7.8}$$

其含义是，当结构元素S的原点移到(x, y)位置，如果S中包含至少一个像素值为1的点，则在膨胀之后的图像上该点置1，否则置0。

如图7.6所示，一个圆形的结构元素，其圆心（设为结构元素的原点）在虚线围成的矩形连通域中移动，按照式（7.8）进行计算，如果这个圆形结构元素

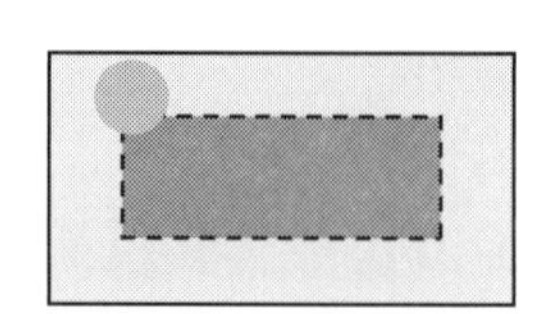

图7.6　膨胀示意图

覆盖范围内的原图像像素值至少有一个不为0，则膨胀后图像圆心位置的像素值置1，否则置0。最终结果为图7.6中外围实线所框的矩形。

根据上述原理，膨胀运算的具体步骤如下：

① 将预先设定好形状以及原点位置的结构元素的原点移到图像中可包容的所有像素点。

② 判断该结构元素覆盖范围内的像素值是否存在至少一个为1的点，如果存在，则膨胀后图像中与结构元素原点相同位置的像素值置1，如果该覆盖范围内所有像素值为0，则膨胀后图像相同位置上的像素值置0。

③ 对原图中所有像素值为1的点重复进行步骤①和②。

下面通过一个简单的例子来介绍膨胀处理方法。

设原图像为$F=\begin{bmatrix}0&1&0&1&0&0\\0&1&1&0&1&0\\0&0&1&0&0&0\\0&0&1&1&0&0\\0&0&0&0&0&0\end{bmatrix}$，选择一个三角形的结构元素$S=\begin{bmatrix}1&0\\1&1\end{bmatrix}$，原点设为$S_{1,1}$的位置，对于扫描到的第一个为1的点$F_{11}=\begin{bmatrix}0&1\\0&1\end{bmatrix}$，与结构元素作用可知，$S$覆盖范围内（即$S$为1的元素位置上）的值有一个为1，因此，$d_{11}=1$。同理，因为$F_{21}=\begin{bmatrix}0&1\\0&0\end{bmatrix}$，$S$覆盖范围内所有像素值为0，因此，$d_{21}=0$。最终得到的膨胀图像为$D=\begin{bmatrix}1&1&1&1&1&0\\0&1&1&0&1&0\\0&1&1&1&0&0\\0&0&1&1&0&0\\0&0&0&0&0&0\end{bmatrix}$。

图7.7(a)所示的原图来源于图7.5(b)，采用3×3的矩形结构元素，设定其原点为该矩形的中心。对原图进行膨胀处理后的结果如图7.7(b)所示（黑色像素的像素值为1）。可以看到，虽然腐蚀与膨胀是互为对偶的处理，但是图7.7(b)与图7.5(a)是不相同的（比较卡通图像脸上左上角的标记），原因是在膨胀和腐蚀处理时，对于细小的目标往往会因结构元素的形状及大小的设定而改变原有形状。

(a)原　图

(b)膨胀一次

图7.7　图像的膨胀效果

膨胀通常用来连接间断的线，或者是在因二值化处理使得原本应该连在一起的区域被间断开，重新连接时采用。

7.3　开运算与闭运算

虽然腐蚀处理可以将粘连的目标物分离，膨胀处理可以将断开的目标物接续，但都存在一个问题，就是经过腐蚀处理后，目标物的面积小于原有面积，而经过膨胀处理后，目标物的面积大于原有面积。开运算、闭运算就是为了解决这个问题而提出来的。

7.3.1　开运算

使用同一个结构元素对图像先腐蚀再膨胀的运算称为开运算。使用结构元素S的开运算定义如下：

$$F \circ S = (F \ominus S) \oplus S \tag{7.9}$$

开运算通常用来消除小对象物，在纤细点处分离物体，平滑较大物体的边界的同时不会明显改变其面积。下面通过一个简单的例子来介绍开运算。

设原图像为$F = \begin{bmatrix} 0 & 1 & 0 & 1 & 0 & 0 \\ 0 & 1 & 1 & 0 & 1 & 0 \\ 0 & 0 & 1 & 0 & 0 & 0 \\ 0 & 0 & 1 & 1 & 0 & 0 \\ 0 & 0 & 0 & 0 & 0 & 0 \end{bmatrix}$，选择一个三角形的结构元素$S = \begin{bmatrix} 1 & 0 \\ 1 & 1 \end{bmatrix}$，

原点设在$S_{1,1}$的位置上，$F \circ S = \begin{bmatrix} 0 & 1 & 0 & 0 & 0 & 0 \\ 0 & 0 & 0 & 0 & 0 & 0 \\ 0 & 0 & 1 & 0 & 0 & 0 \\ 0 & 0 & 0 & 0 & 0 & 0 \\ 0 & 0 & 0 & 0 & 0 & 0 \end{bmatrix} \oplus S = \begin{bmatrix} 0 & 1 & 0 & 0 & 0 & 0 \\ 0 & 1 & 1 & 0 & 0 & 0 \\ 0 & 0 & 1 & 0 & 0 & 0 \\ 0 & 0 & 0 & 0 & 0 & 0 \\ 0 & 0 & 0 & 0 & 0 & 0 \end{bmatrix}$。

如图7.8所示，通过开运算，将原图中原有目标粘连（“○”标识的部分）断开的同时，基本保持了目标原有大小。开运算通常是在需要去除小颗粒噪声，以及断开目标物之间粘连时使用。开运算的主要作用与腐蚀相似，与腐蚀操作相比，具有可基本保持目标原有大小不变的优点。

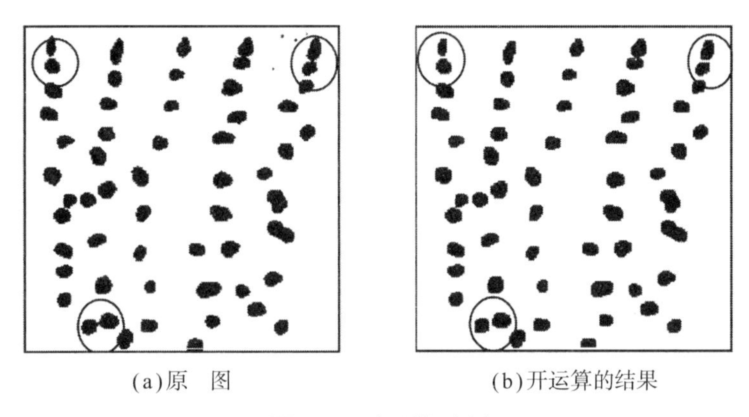

(a)原　图　　　(b)开运算的结果

图7.8　开运算示例

7.3.2　闭运算

使用同一个结构元素对图像先膨胀再腐蚀的运算称为闭运算。使用结构元素S的闭运算定义如下：

$$F \bullet S = (F \oplus S) \ominus S \tag{7.10}$$

闭运算通常用来填充目标内细小空洞，连接断开的邻近目标，平滑其边界的同时不会明显改变其面积。

下面通过一个简单的例子来介绍闭运算。

设原图像为$F = \begin{bmatrix} 0 & 1 & 0 & 1 & 0 & 0 \\ 0 & 1 & 1 & 0 & 1 & 0 \\ 0 & 0 & 1 & 0 & 0 & 0 \\ 0 & 0 & 1 & 1 & 0 & 0 \\ 0 & 0 & 0 & 0 & 0 & 0 \end{bmatrix}$，选择一个三角形的结构元素$S = \begin{bmatrix} 1 & 0 \\ 1 & 1 \end{bmatrix}$，

原点设在$S_{1,1}$的位置上，$F \bullet S = \begin{bmatrix} 1 & 1 & 1 & 1 & 1 & 0 \\ 0 & 1 & 1 & 0 & 1 & 0 \\ 0 & 1 & 1 & 1 & 0 & 0 \\ 0 & 0 & 1 & 1 & 0 & 0 \\ 0 & 0 & 0 & 0 & 0 & 0 \end{bmatrix} \ominus S = \begin{bmatrix} 0 & 1 & 0 & 0 & 0 & 0 \\ 0 & 1 & 1 & 0 & 0 & 0 \\ 0 & 0 & 1 & 0 & 0 & 0 \\ 0 & 0 & 0 & 0 & 0 & 0 \\ 0 & 0 & 0 & 0 & 0 & 0 \end{bmatrix}$。

如图7.9所示，通过闭运算，将原图中原有的目标间断（印章下侧边缘轮廓）以及目标内部的孔洞（印章中心的五角星）在基本保持原目标大小与形态的同时进行了连接与填充。

闭运算的主要作用与膨胀相似，与膨胀操作相比，具有可基本保持目标原有大小不变的优点。

(a)原　图

(b)闭运算的效果

图7.9　闭运算的作用

7.4　贴标签

虽然经过图像分割，以二值图像的形式提取出了目标物，但是在二值图像中所有目标的像素值均为1，如果需要分析二值图像中各个连通域的大小、形状等属性，就需要对其进行区分。

贴标签处理是对二值图像中不同的连通域进行不同的编号，以此来区分不同的连通域。对二值图像中不同的对象用不同的整数值来标记，形象地说，每一个对象都被贴上不同的“标签”以便于辨识。通常，设置一个与原图像大小相同的标签矩阵，也称标签图像，用来描述对二值图像不同连通域的划分结果。

7.4.1　连通域标签法

四连接与八连接意义下的连通域是不相同的，在这里，以八连通为例对贴标签方法进行说明，读者可以根据相同的原理，自行推导四连接的贴标签方法。

贴标签方法实际上包含两个关键步骤，首先是按照从上到下、从左到右的顺序扫描所有像素值为1的像素，并判断其与已经贴过标签的像素是否属于同一个连通域，如果是，则贴相同的标签，否则暂时判定为不同的连通域，贴新的标签；另一个关键步骤是，对已贴好的标签进行校正，将其下方属于同一个连通域、已经贴了不同标签的像素归并为同一个标签，并对整体的标签号进行调整。

先通过一个简单的例子来看贴标签方法的这两个关键步骤。为了便于读者阅读，这里用“*”表示二值图像中像素值为1的目标像素点，用“·”表示像素值为0的背景像素点。

设二值图像为 $f=\begin{bmatrix} * & * & \cdot & \cdot & \cdot & * \\ \cdot & * & \cdot & * & \cdot & * \\ \cdot & \cdot & * & \cdot & * & \cdot \end{bmatrix}$，如果用肉眼观察，所有目标像素点属于同一个连通域，贴标签时，设标签图像为g，$f(1,\ 1)$是扫描到的第一个目标点，贴标签为$g(1,\ 1)=1$；$f(1,\ 2)$与$f(1,\ 1)$连通，因此，$g(1,\ 2)=1$；$f(1,\ 6)$与前面贴过标签的像素不连通，因此，贴新的标签，即$g(1,\ 6)=2$；同理，可得$g(2,\ 2)=1$，$g(2,\ 4)=3$，$g(2,\ 6)=2$，即 $g=\begin{bmatrix} 1 & 1 & \cdot & \cdot & \cdot & 2 \\ \cdot & 1 & \cdot & 3 & \cdot & 2 \\ \cdot & \cdot & * & \cdot & * & \cdot \end{bmatrix}$（“*”表示尚未贴标签的目标像素点）。但是到了第三行，$f(3,\ 3)$与$f(2,\ 2)$和$f(2,\ 4)$都连通，但是，$g(2,\ 2)=1$，$g(2,\ 4)=3$，出现了同一个连通域贴有不同标签的现象。这时，令$g(3,\ 3)=\min\{g(2,\ 2),\ g(2,\ 4)\}=1$，并且将所有已经编码为3的像素点修改为1，有 $g=\begin{bmatrix} 1 & 1 & \cdot & \cdot & \cdot & 2 \\ \cdot & 1 & \cdot & 1 & \cdot & 2 \\ \cdot & \cdot & 1 & \cdot & * & \cdot \end{bmatrix}$；同样$g(3,\ 5)=\min\{g(2,\ 4),\ g(2,\ 6)\}=\min\{1,\ 2\}=1$，将所有已经编码为2的像素点修改为1，得 $g=\begin{bmatrix} 1 & 1 & \cdot & \cdot & \cdot & 1 \\ \cdot & 1 & \cdot & 1 & \cdot & 1 \\ \cdot & \cdot & 1 & \cdot & 1 & \cdot \end{bmatrix}$，至此完成了对所有不同连通域贴不同标签的操作。但是在标签号归并过程中，可能出现最终结果的标签号不连续，例如，有三个连通域，但是编码为{1，3，6}，还需要对最终结果进行调整，使标签号从小到大顺序排列为{1，2，3}。

整理上面的思路，给出一种求标签图像的递推算法。设二值图像为f，标签图像为g，贴标签算法的具体步骤如下：

① 设标签$\lambda=0$，已贴标签数$N=0$，按照从左到右、从上到下的顺序扫描图像，寻找像素值为1的目标点像素。

② 如图7.10所示，对尚未贴标签的目标点像素$f(i, j)$，根据已扫描的四个邻接像素（“*”表示当前点像素，“⊗”表示已经扫描的像素，“⊖”表示尚未扫描的像素），进行如下判断。

· 如果所有标签值为0（背景），$\lambda=\lambda+1$，$g(i, j)=\lambda$，已贴标签数$N=N+1$。

· 如果所有标签值相同，即全部为$\lambda(0<\lambda)$，则$g(i, j)=\lambda$。

· 如果标签值有两种（不可能有三种以上），即四个邻接像素的标签值为λ、$\lambda'(0<\lambda<\lambda')$时，称为标签冲突，令$g(i, j)=\lambda$，将所有已经贴标签为$\lambda'$的像素，改贴标签$\lambda$，同时对已贴标签数进行修正，$N=N-1$。

$$\begin{array}{|ccc|}\hline \otimes & \otimes & \otimes \\ \otimes & * & \ominus \\ \ominus & \ominus & \ominus \\ \hline\end{array}$$

图7.10　像素邻接关系示意图

③ 对全部像素都进行第②步的处理，直到所有像素全部处理完。

④ 判断是否满足$\lambda=N$，如果是，则完成贴标签操作，算法结束；如果不是，表明已贴标签是不连续编号，这时应进行一次映射编码，将原有不连续编号的标签校正为连续编号，完成贴标签处理。

按照上面的算法，对 $f=\begin{bmatrix} \cdot & * & * & * & \cdot & * & * & * \\ * & \cdot & \cdot & \cdot & \cdot & \cdot & * & * \\ * & \cdot & * & \cdot & \cdot & \cdot & \cdot & \cdot \\ \cdot & * & * & \cdot & \cdot & \cdot & \cdot & * \\ \cdot & \cdot & \cdot & \cdot & \cdot & * & * & * \end{bmatrix}$ 进行贴标签处理，这里给出几个关键步骤的中间结果 $g=\begin{bmatrix} \cdot & 1 & 1 & 1 & \cdot & 2 & 2 & 2 \\ 1 & \cdot & \cdot & \cdot & \cdot & \cdot & 2 & 2 \\ 1 & \cdot & 3 & \cdot & \cdot & \cdot & \cdot & \cdot \\ \cdot & * & * & \cdot & \cdot & \cdot & \cdot & * \\ \cdot & \cdot & \cdot & \cdot & \cdot & * & * & * \end{bmatrix} \to g=\begin{bmatrix} \cdot & 1 & 1 & 1 & \cdot & 2 & 2 & 2 \\ 1 & \cdot & \cdot & \cdot & \cdot & \cdot & 2 & 2 \\ 1 & \cdot & 1 & \cdot & \cdot & \cdot & \cdot & \cdot \\ \cdot & 1 & 1 & \cdot & \cdot & \cdot & \cdot & 4 \\ \cdot & \cdot & \cdot & \cdot & \cdot & 4 & 4 & 4 \end{bmatrix}$

$\to g=\begin{bmatrix} \cdot & 1 & 1 & 1 & \cdot & 2 & 2 & 2 \\ 1 & \cdot & \cdot & \cdot & \cdot & \cdot & 2 & 2 \\ 1 & \cdot & 1 & \cdot & \cdot & \cdot & \cdot & \cdot \\ \cdot & 1 & 1 & \cdot & \cdot & \cdot & \cdot & 3 \\ \cdot & \cdot & \cdot & \cdot & \cdot & 3 & 3 & 3 \end{bmatrix}$。

7.4.2 轮廓标签法

上一节介绍的贴标签算法，是针对整个连通域进行的，算法的运行速度可能较慢。由于二值图像中任何一个连通域都具有单独且互不重叠的轮廓，因此，可以通过标记轮廓的方法对连通域进行标记，轮廓的像素点个数远远少于连通域的像素个数，可以大大提高算法速度。轮廓标签法在OpenCV中被广泛使用，接下来对该算法进行详细介绍。

这里以八连接定义为例介绍轮廓标签法的具体方法，四连接定义的情况与八连接类似，读者可以自行推导。

算法总体思路是，逐行逐列扫描图像中的像素点，发现轮廓点时，就以此点作为起始点，在其八连接邻域内寻找下一个轮廓点，再以新找到的轮廓点为中心，在其八连接邻域内寻找下一个轮廓点，以此类推，当找到的新轮廓点与第一个点重合，说明该轮廓被完整标记出来了。接下来继续扫描图像中的像素，重复上述工作，直到扫描完整个图像。

具体实现过程中，需要使用动态数组（vector）。数组中的每个元素表示一个完整轮廓线，每个轮廓线也是由一个动态数组构成，数组中的每个元素为该轮廓上的一个坐标点（point），存放的顺序是连续的。

已知待标记二值图像f，大小为$M \times N$，其中，目标点像素值为1，背景点像素值为0，算法步骤如下：

① 初始化数据，定义标签图像为g，大小为$M \times N$，且初始化为全0。定义空数组（contours）用于存放结果，定义标签编号DBN = 0。

② 从上到下、从左至右逐行逐列扫描f中每个像素点，若$f(i, j) = 1$且$f(i, j-1) = 0$且$g(i, j) = 0$，则$f(i, j)$为起始轮廓点；或者$f(i, j) = 1$且$f(i, j+1) = 0$且$g(i, j) = 0$，则$f(i, j)$为起始轮廓点。此时定义空数组（Points），将坐标(i, j)存入数组Points[0]，DBN = DBN+1，$g(i, j) = \text{DBN}$。

③ 以Points[0]为中心，在其八连接邻域内，按照顺时针方向查找新轮廓点。新轮廓点的判定条件是$f(i, j) = 1$且$g(i, j) = 0$，且其八连接邻域内至少有一个点为0。如果未找到新轮廓点，则进入步骤⑤；如果找到新轮廓点，则将其坐标(i, j)赋给P_0，且$P_s = P_0$。

④ 将Points数组最末尾的元素坐标赋值给P，以P点为中心，以P_0为起始位置，在其八连接邻域内，逆时针方向查找新轮廓点。如果找到新轮廓点(i, j)，进行下列判断。

· 若$P_s=(i, j)$，则搜索结束，进入步骤⑤。

· 若$P_s \neq (i, j)$，将其坐标(i, j)存入Points数组末尾，P赋给P_0，$g(i, j)=$ DBN。

重复步骤④，直到轮廓搜索结束。

⑤ Points数组完整地记录轮廓坐标。将Points数组存入contours数组，并继续步骤②。

7.5　细线化方法

二值图像的“骨架”，是指图像中所有目标区域的轴线。换句话说，是所有连通域的轴线。骨架是描述原图的几何形状特征及拓扑性质的重要特征之一，有助于突出形状特点，减少冗余信息量。“骨架”在文字识别、地质构造识别、工业零件形状识别及图像理解中都有重要应用。

用一个形象的比喻来说明骨架的含义。假如草原失火，火在某种形状的边界处发生。如果火是各向同性传播的，则火最终相遇的轨迹便构成了该形状的“骨架”。

求一个图像“骨架”的过程通常称为图像细线化。经过细线化，图像中所有线条的幅宽均为一个像素。

本节介绍一种细线化方法，这是一种类似于剥洋葱的办法，将所有位于连通域边界的点一层一层剥掉，最后剩下的中间部分的点构成中轴。在去层时，需要保持不改变原有区域的连通性。为此，在逐步消去边界点的过程中，需要考虑在何种情况下当前点不能被删除（注意，这里所谓的删除是指将该点从连通域中删除，即将像素值从原来的1变为0）。显然，内部点、端点、孤立点不能删除，此外，如果删除该点会改变连接状况则也不能删除。如果当前点为连通域的边界点，并且删除它后不改变连通性，则可以删除。

图7.11给出了几种当前点与近邻点的不同连接方式，当前待处理像素为中心点。如果以八连接来定义像素间的连接关系，则图7.11(a)为内部点，不能删除；图7.11(b)为内部点，不能删除；图7.11(c)为非骨架点，可删除；图7.11(d)为连接点，不能删除；图7.11(e)为非“骨架”点，可删除；图7.11(f)为端点，不能删除；图7.11(g)为孤立点，不能删除。

下面给出八连接定义下的细线化算法的具体步骤。

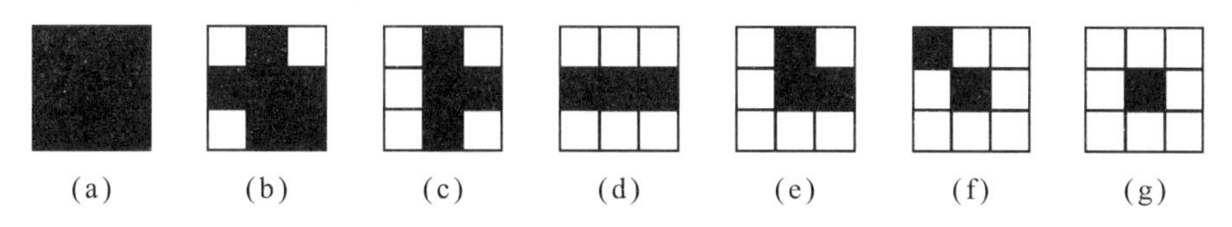

图7.11 当前点与近邻点的连接方式

① 首先对当前待处理像素及其近邻像素点进行图7.12所示的位置标记，p_0为当前待处理像素。

p_4	p_3	p_2
p_5	p_0	p_1
p_6	p_7	p_8

图7.12 近邻像素的位置标记

② 如果$p_0=1$，并且同时满足以下四个条件，则可删除（即令$p_0=0$）。

· $p_1+p_3+p_5+p_7=4$且$p_2+p_4+p_5+p_8>0$（避免p_0是内部点），或者$\sum_{i=1}^{8}p_i\leqslant 1$（避免$p_0$是端点）。

· $p_i+p_{i+4}=2$，$i=1, 2, 3, 4$且$\sum_{i=1}^{8}p_i>2$（避免p_0是幅宽为一个像素的细线连接点）。

· $p_1p_3p_7=0$（避免p_0是左或上端点、左上角点）。

· $p_1p_3p_5=0$（避免p_0是右或下端点、右下角点）。

图7.13所示是采用以上算法得到的图像细线效果示例。从图7.13(b)可以看出，经过细线化处理，虽然线幅为单个像素，但是仍然保持了原有文字的字体形状。

(a)原 图

(b)细线化结果

图7.13 细线化效果示例

习　题

1. 写出膨胀算法的程序流程图。

2. 写出腐蚀算法的程序流程图。

3. 写出开、闭算法的程序流程图。

4. 写出细线化方法的程序流程图。

5. 设一个二值图像为 $f=\begin{bmatrix}1&1&1&0&0&0\\1&0&0&1&0&1\\1&0&0&0&0&1\\0&0&1&0&1&1\\0&1&0&0&1&0\\0&0&0&1&0&0\end{bmatrix}$。

① 分别在八连通和四连通的意义下，对该图用两种方法贴标签。

② 分别计算每个连通域的面积、质心、圆形度以及矩形度。

③ 在八连通意义下，对图像进行细线化处理。

第8章

彩色图像处理

日常生活中，人们看到的大多是彩色图像，例如，用红绿灯来引导交通，利用染色技术，在显微镜下对人体组织、病菌等进行观察。在彩色世界，有许多有趣的问题呈现在我们面前，例如，如何校正色偏使计算机生成的特技画面可以巧妙地融入实际拍摄的场景中，增加电影的渲染性等。

本章就彩色图像的基本概念，以及彩色图像的处理等内容进行讨论。

8.1　彩色的形成原理与基本概念

最早系统研究和发现颜色本质的人是牛顿，早在17世纪，牛顿通过研究三棱镜对白光的折射发现白光可被分解成一系列从紫到红的连续光谱，如图8.1所示。从而证明白光是由不同颜色的光线混合而成的。这些不同颜色的光线实际上是不同频率的电磁波，人眼对不同频率的电磁波感知为不同的颜色。

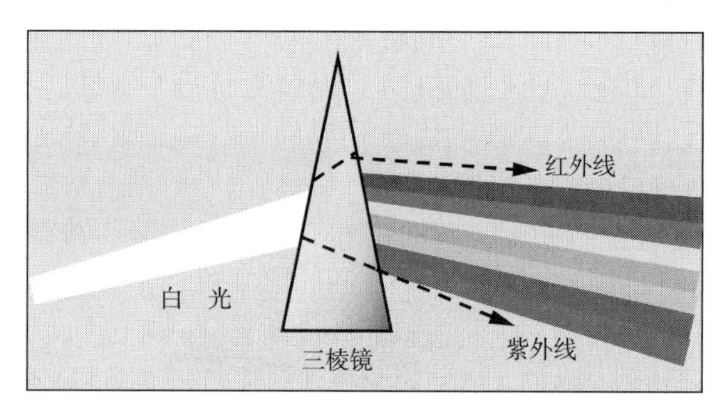

图8.1　光学原理下的色彩形成（见彩插4）

从严格意义上说，颜色和彩色并不等同。颜色分为无彩色和有彩色两大类，无彩色是指白色、黑色和深浅程度不同的灰色，有彩色是指除去上述黑白系列以外的各种颜色。一般情况下，通常所说的颜色指彩色。

人类色觉的产生过程中需要一个发光光源。光源发出的光通过反射或投射传递到眼睛，被视网膜细胞接收，产生神经信号，人脑对神经信号加以解释，由此产生色觉。人感受到的物体颜色主要取决于反射光的特性，如果物体能够比较均衡地反射各种光谱，则表现为白色；如果物体对某些光谱反射较多，则人眼看到的物体就呈现相应的颜色。

如图8.2所示，人眼能感知的光谱波长在400～700nm。光信号进入人眼的视网膜后，视网膜各个位置的锥体细胞及杆体细胞对光信号进行吸收，而锥体细胞又大致分为三种，即L锥体（L-cone）、M锥体（M-cone）和S锥体（S-cone）。这三类细胞分别对红、绿、蓝三色敏感。人眼对光的吸收率分布模型如图8.3所示，可以看到除了对红、绿、蓝三色敏感之外，人眼可观察到所有覆盖可视光区波长的信号。

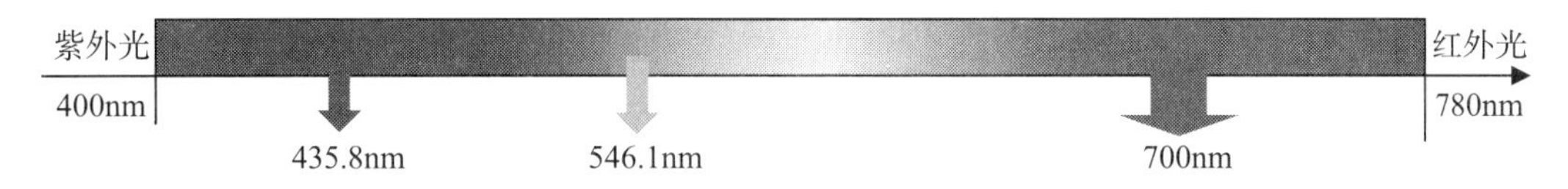

图8.2 可见光区的色光分布示意图（见彩插5）

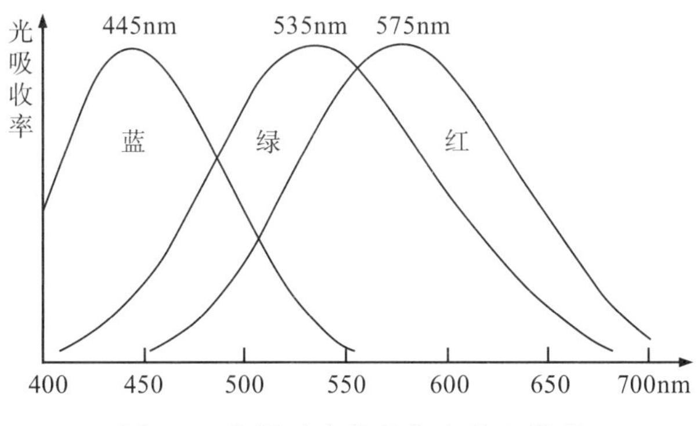

图8.3 人眼对光的吸收率分布模型

人眼产生色觉的机理是一个非常复杂的过程，长期的心理物理学方法研究发现，当光谱采样限制到三个人类视觉系统敏感的红、绿、蓝波段时，对这三个光谱带的光能量进行采样，就可以得到一幅彩色图像。绝大部分颜色都可以看作三种基本颜色[红（R）、绿（G）和蓝（B）]的不同组合。为了建立标准，国际照明委员会（CIE）早在1931年就规定三种基本色的波长分别为红色700nm、绿色546.1nm、蓝色435.8nm，并称这三种颜色为三原色或者三基色，如图8.4所示。

经过大量研究发现，彩色模型的建立可以依据颜色的三属性。三属性的选择不同，形成的表色系统则不同，而不同的表色系统，适用于不同的研究目的。

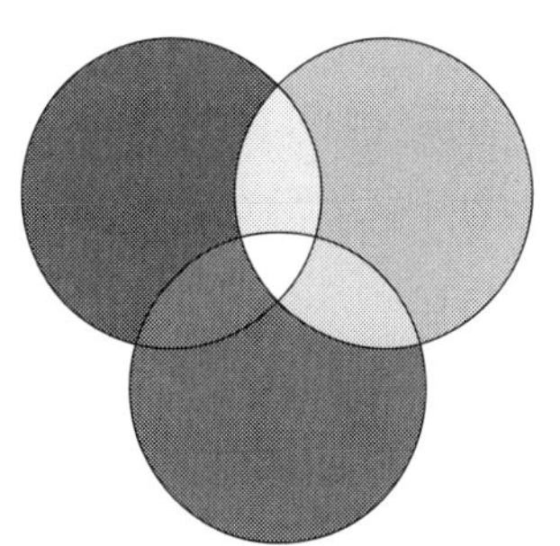

图8.4 三原色（见彩插6）

8.2 表色系

定量地表示颜色称为表色，用来表示颜色的数值称为表色值，为了表色而采用的一系列规定和定义所形成的体系称为表色系，表色系顾名思义就是描述颜色模型的体系。

有关人眼感受颜色的机理，自古以来一直是一个很有趣的研究课题，至今已经出现多种假设学说。最有说服力的是三原色学说和对立色学说，本节就是基于三原色学说来展开讨论的。

目前，广泛采用的表色系大致可以分为三类，即计算颜色模型系统、工业颜色模型系统和视觉颜色模型系统。在三原色学说的基础上，颜色的形成具有三属性。本节将对不同的三属性构造的三类颜色模型系统进行讨论。

8.2.1　计算颜色模型系统

所谓计算颜色模型系统，又称色度学颜色模型系统，是用来进行有关色彩的纯理论研究和计算推导的颜色模型系统。

1. RGB表色系

所谓RGB表色系是指根据CIE的规定，以700nm（红）、546.1nm（绿）、435.8nm（蓝）三个色光为三基色所构成的表色系。该表色系是通过将三基色按不同比例混合而形成的色度系统。

因为RGB表色系是将三原色同时加入后产生新颜色，所有又称这种混色方式为加色方式。RGB表色系可以用一个正方体来示意，如图8.5所示，原点对应黑色，离原点最远的顶点对应白色。在这个模型中，从黑到白的灰度值分布在从原点到离原点最远顶点间的连线上，而正方体其余各点对应不同的颜色，可用从原点到该点的矢量表示。

图8.5是将数据进行标准化后的示意。目前常用的数据量化精度是把R，G，B三原色分别量化为0～255共256个等级。这样，RGB表色系可以表示的颜色数为$2^8 \times 2^8 \times 2^8 = 2^{24} = 256 \times 256 \times 256$，1600万余种颜色。目前的图像显示设备、图像打印设备等大多采用该模式，所以通常又称为24位真彩色。

经过对RGB三个分量的量化，一幅图像的每一个像素点都被赋予不同的RGB值，就能形成彩色图像了。在RGB表色系中，一种颜色可以表示如下：

$$C = k_{\mathrm{R}} R + k_{\mathrm{G}} G + k_{\mathrm{B}} B \tag{8.1}$$

式中，C表示某种颜色；k_{R}、k_{G}、k_{B}表示在三原色R、G、B的比例系数，称之为三刺激值。

因此，可以用（$k_{\mathrm{R}}, k_{\mathrm{G}}, k_{\mathrm{B}}$）表示某个像素点的颜色。例如，某个像素点的颜色值为（0, 255, 0），表示该颜色只含绿色，并且绿色的分量达到饱和。如果颜色值为（255, 255, 0），则表示红色分量与绿色分量达到饱和，而蓝色分量为0，这个像素点的颜色为黄色。

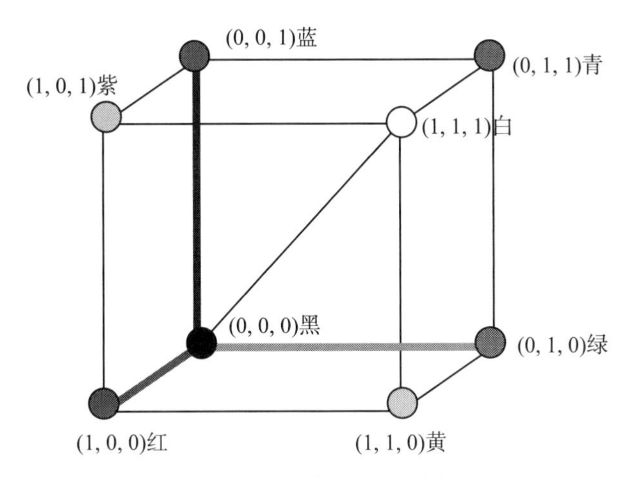

图8.5 RGB表色系（见彩插7）

2. CIE XYZ表色系

采用RGB表色系表示各种不同的色彩时，存在负的三刺激值，而具有负的刺激值的颜色不能物理实现，导致再现颜色的色彩范围缩小，并且，在色度图上表示的颜色是右偏分布的。为此，提出了XYZ表色系。

将组成某种颜色所需的红、绿、蓝三个分量称为三刺激值，分别用X，Y，Z表示。进一步，一种颜色可用它的三个色系数表示为

$$x=\frac{X}{X+Y+Z} \quad y=\frac{Y}{X+Y+Z} \quad z=\frac{Z}{X+Y+Z} \tag{8.2}$$

由式（8.2）可以看出

$$x+y+z=1 \tag{8.3}$$

XYZ表色系与RGB表色系可相互转换，RGB表色系转换到XYZ表色系的计算公式为

$$\begin{cases} X=2.7689R+1.7517G+1.1302B \\ Y=1.0R+4.5907G+0.0601B \\ Z=0.0R+0.565G+5.5943B \end{cases} \tag{8.4}$$

XYZ表色系转换到RGB表色系的计算公式为

$$\begin{cases} R=0.4146X-0.1481Y-0.0822Z \\ G=-0.0904X+0.2504Y+0.0156Z \\ B=0.0095X-0.0253Y+0.1772Z \end{cases} \tag{8.5}$$

1931年CIE制定了一个色度图，用组成某种颜色的三原色的比例来规定这种颜色。如图8.6所示，图中横轴代表红色分量的色系数x，纵轴代表绿色分量的色系数y，蓝色分量的色系数可由$z = 1-(x+y)$求得。

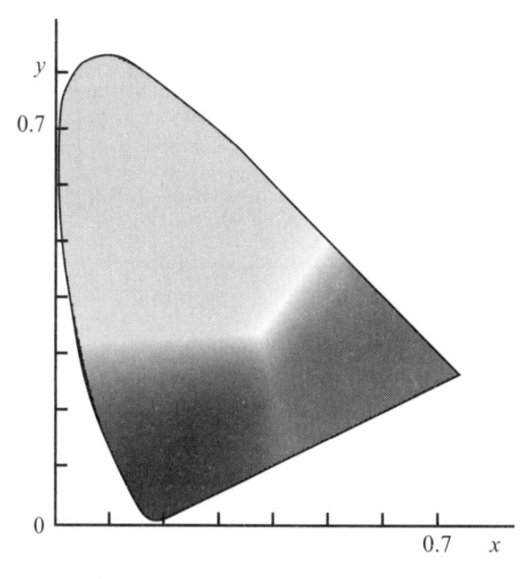

图8.6　色度图（见彩插8）

可以看到，CIE XYZ是非匀色空间，也就是说，在色度上相等的距离并不相当于视觉感觉到的相等色差。这样，在进行色差度量时就会产生一定的困难，为此，CIE又定义了等色空间。

3. CIE Lab表色系

Lab表色系是在1976年制定的等色空间，等色空间的提出，克服了在x，y色度图上相等的距离与视觉感觉到的相等色差不一致的问题。

Lab表色系的值可以通过实验获得的XYZ表色系的值来计算。换句话说，Lab空间可以通过XYZ空间进行转换得到，具体的计算公式如下：

$$\begin{cases} L^* = 166 f(Y/Y_n) - 16 \\ a^* = 500\left[f(X/X_n) - f(Y/Y_n)\right] \\ b^* = 200\left[f(Y/Y_n) - f(Z/Z_n)\right] \end{cases} \tag{8.6}$$

式中，

$$f(x) = \begin{cases} x^{1/3} & 0.008\,856 \leqslant x \leqslant 1 \\ 7.787\,x + 16/116 & 0 \leqslant x < 0.008\,856 \end{cases} \tag{8.7}$$

X_n，Y_n，Z_n由所使用的光源决定。

等色空间上颜色的“距离”与色差是成正比的，该空间中色差定义为

$$\Delta E_{ab} = \left(\Delta L^{*2} + \Delta a^{*2} + \Delta b^{*2}\right)^{1/2} \tag{8.8}$$

ΔE_{ab}的大小决定了色差的大小，当色差大于1时，人眼能够感知其变化，具体色差指标见表8.1。例如，$\Delta E_{ab} = 6.0 \sim 12.0$，在视觉上可以感知到颜色的色差很大，人眼看到的是完全不同的颜色。

表 8.1 色差指标

色　差	ΔE_{ab}
微　量	0 ~ 0.5
轻　量	0.5 ~ 1.5
能感觉到	1.5 ~ 3.0
明　显	3.0 ~ 6.0
很　大	6.0 ~ 12.0
截然不同	12.0 以上

8.2.2 视觉颜色模型系统

同样是颜色的三属性，人在区分颜色时常用的三种基本特征量是亮度、色调和饱和度。亮度与物体的反射率成正比，通常将亮度值转化为灰度值来描述，对于无色彩图像只有亮度一个量的变化。对于彩色图像，颜色中掺入白色越多亮度越大，越明亮，掺入黑色越多亮度越小。

色调是与混合光谱中主要光波长有联系的，表示感官上感受到的不同颜色，例如，暖色调、冷色调分别表示一定范围内的颜色系列。当然，色调也可以用来表示一种颜色系列，例如，红色调等。

饱和度与一定色调的纯度有关，纯光谱色是完全饱和的，随着白光的加入饱和度逐渐减少。饱和度越大的颜色看起来越鲜艳。

视觉颜色模型系统和人眼对颜色感知的视觉模型相似，其三属性包括亮度、色调以及饱和度。下面介绍一种典型的视觉颜色模型，HSI表色系。

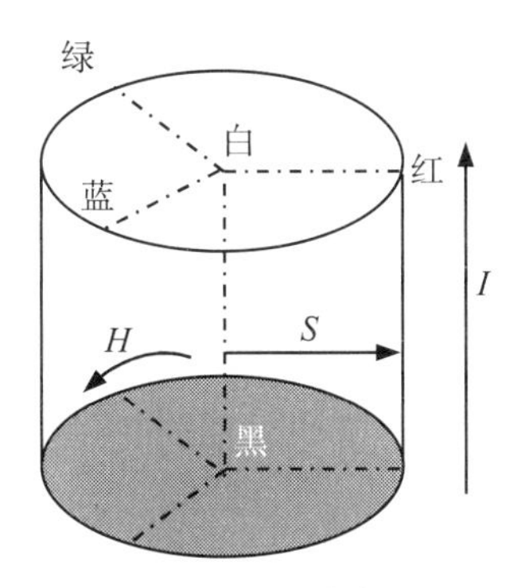

图8.7 HSI表色系

HSI表色系由色度（hue）、饱和度（saturation）、亮度（intensity）三属性组成。与前述两种表色系相同，HSI表色系也是用一个描述亮度属性的值和两个描述颜色属性的值来表示彩色图像的，如图8.7所示。

① I表示光照强度也称亮度，它确定了像素的整体亮度。如图8.7所示，圆柱体底面的亮度值为0，整个底面为黑色，圆柱体顶面的亮度值为1，整个顶面为白色。圆柱体的圆心轴表示从黑到白不同深浅的灰色。

② H表示色度，用角度表示。反映了颜色最接近的光谱波长。如图8.8所示，定义0° 为红色，120° 为绿色，240° 为蓝色。色度从0° 变化到240° 覆盖所有可见光谱的彩色，240° 到300° 的范围，是人眼可见的非光谱色（紫色）。

③ S表示饱和度，如图8.8所示，色环的原点（圆心）到彩色点的半径长度代表饱和度。在环的外围圆周上，颜色是纯的，或者称为饱和的颜色，其饱和度为1。在中心点处，称为中性色的灰色，其饱和度为0。

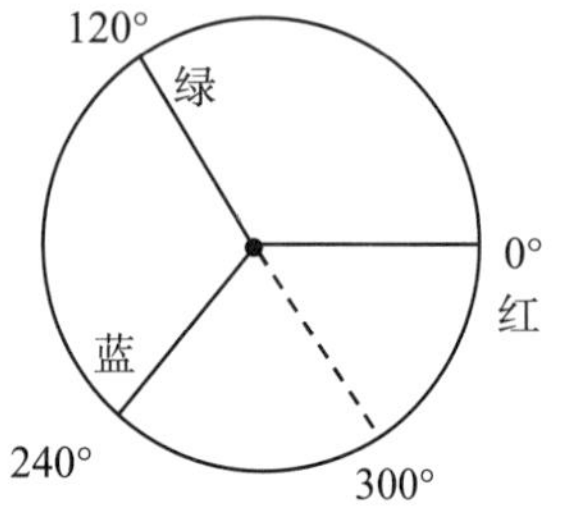

120°
绿
0°
红
蓝
240°
300°

图8.8　色度与饱和度

HSI表色系可以与RGB表色系互相转换，RGB表色系转换到HSI表色系的计算公式为

$$I=\frac{1}{\sqrt{3}}(R+G+B) \tag{8.9}$$

$$S=1-\frac{\sqrt{3}}{I}\min\{R,G,B\} \tag{8.10}$$

$$H=\begin{cases}\theta & G\geqslant B\\ 2\pi-\theta & G<B\end{cases} \tag{8.11}$$

式中，

$$\theta=\arccos\left\{\frac{\frac{1}{2}[(R-G)+(R-B)]}{\sqrt{(R-G)^2+(R-B)(G-B)}}\right\} \tag{8.12}$$

HSI表色系转换到RGB表色系的计算公式为

$$\begin{cases}R=\frac{I}{\sqrt{3}}\left[1+\frac{S\cos H}{\cos(60°-H)}\right]\\ B=\frac{I}{\sqrt{3}}(1-S)\\ G=\sqrt{3}I-R-B\end{cases}\qquad 0°\leqslant H<120° \tag{8.13}$$

$$\begin{cases}G=\frac{I}{\sqrt{3}}\left[1+\frac{S\cos(H-120°)}{\cos(180°-H)}\right]\\ R=\frac{I}{\sqrt{3}}(1-S)\\ B=\sqrt{3}I-R-G\end{cases}\qquad 120°\leqslant H<240° \tag{8.14}$$

$$\begin{cases} B = \dfrac{I}{\sqrt{3}}\left[1 + \dfrac{S\cos(H - 240°)}{\cos(300° - H)}\right] \\ G = \dfrac{I}{\sqrt{3}}(1 - S) \\ R = \sqrt{3}I - B - G \end{cases} \qquad 240° \leqslant H < 360° \tag{8.15}$$

8.2.3 工业颜色模型系统

工业颜色模型系统侧重于实际应用，各种表色系的定义是为了方便不同的应用目的。下面介绍两种典型的表色系。

1. CMYK表色系

CMYK表色系是一种减色系统，通常用于彩色印刷。所谓减色系统，是指利用滤色片或者是色素等光吸收媒体，从白色光中滤除三种原色后，对所得到的三种颜色（这三种颜色称为减色系统的三基色）进行混合从而获得颜色。例如，从白色光中滤除红色（R）即为青色（C），从白色光中滤除绿色（G）即为品红色（M），从白色光中滤除蓝色（B）即为黄色（Y）。C、M、Y就成为CMYK表色系的三基色。

减色系统的颜色形成，是根据光吸收的多少来实现的。如果同样大小的C与M重叠在一起，同时吸收了R和G，因此得到颜色为B，即$C \times M = B$，同理有$M \times Y = R$，$C \times Y = B$。这种由两种颜色叠加所得到的颜色称为二次色。同样，如果将等量的三种基色进行混合，相当于吸收了波长带中的所有光，所以$C \times M \times Y = K$（黑），称为三次色。

通过上面分析可知，CMYK表色系中，只要有三基色C、M、Y就可以混合形成包括黑色在内的多种颜色。由于该色系多用于印刷，为了使印刷中经常出现的黑色直接用黑色墨来印刷，通常在这个色系中加入K（黑）这个基色。

CMYK表色系与RGB表色系可相互转换，RGB表色系转换到CMYK表色系的计算公式为

$$\begin{cases} C = W - R = G + B \\ M = W - G = R + B \\ Y = W - B = R + G \\ K = \min\{C, M, Y\} \end{cases} \tag{8.16}$$

式中，W表示白色。

CMYK表色系转换到RGB表色系的计算公式为

$$\begin{cases} R = W - C = 0.5(M + Y - C) \\ G = W - M = 0.5(Y + C - M) \\ B = W - Y = 0.5(M + C - Y) \end{cases} \tag{8.17}$$

2. YCbCr表色系

YCbCr模型充分考虑人眼的视觉特性，减少数字彩色图像存储所需的空间，是一种适合彩色图像压缩的表色系。人眼对彩色细节的分辨能力远比对亮度细节的分辨能力低。如果把人眼刚刚可以分辨的黑白相间的条纹换成彩色条纹，人眼就分辨不出来了。根据这个特点，把彩色分量的分辨率降低不会明显影响图像的质量，由此可以减少彩色图像存储所需的空间。

根据上面的分析，YCbCr表色系中显然需要体现可以将亮度信息与色彩信息分开的特点，是由亮度Y，色差Cb、Cr三个属性构成的表色系。

RGB表色系转换到YCbCr表色系的计算公式为

$$\begin{cases} Y = 0.299R + 0.587G + 0.114B \\ C_{\mathrm{b}} = 2(1 - 0.114)(B - Y) \\ C_{\mathrm{r}} = 2(1 - 0.299)(R - Y) \end{cases} \tag{8.18}$$

YCbCr表色系转换到RGB表色系的计算公式为

$$\begin{cases} R = Y + k_{\mathrm{r}} C_{\mathrm{r}} \\ B = Y + k_{\mathrm{b}} C_{\mathrm{b}} \\ G = (Y - 0.299R - 0.114B) / 0.587 \end{cases} \tag{8.19}$$

式中，$k_{\mathrm{r}} = \dfrac{1}{2(1 - 0.299)}$；$k_{\mathrm{b}} = \dfrac{1}{2(1 - 0.114)}$。

8.3 色彩平衡

彩色图像处理涉及范围比较广，例如，彩色图像的增强、彩色图像噪声的去除、彩色图像的锐化等。这些在灰度图像中也可以进行的处理，在这里称为彩色图像的常规处理。对于这些处理可以将前几章介绍的，对应灰度图的方法直接推广到彩色图像中即可。也就是说，同样的处理在R、G、B三个通道上同时进行。值得注意的是，为了保证处理后的图像不会发生颜色畸变（色偏），这三个颜色通道的处理必须是相同的。例如，利用式（2.6）进行线性对比度展宽时，如果$\beta_R > \beta_G$，处理后的图像与原图相比会偏红。只要注意在处理时保持三个颜色通道处理的平衡性，就可以很方便地将灰度图的处理方法用在彩色图像处理中。

与上面所述的常规处理不同，彩色图像的处理中，还包含对色彩的特殊处理。彩色平衡处理的目的是对有色偏的图像进行颜色校正，获得正常颜色的图像。

一幅彩色图像数字化后，在显示时颜色看起来会有些不正常。这是因为颜色通道中不同的敏感度、增光因子、偏移量（黑级）等，导致数字化过程中三个图像分量出现不同的变换，使结果图像的三原色“不平衡”，景物中所有物体的颜色都偏离其原有的真实色彩。下面介绍两种基本的彩色平衡处理方法。

8.3.1 白平衡法

原始场景中某些像素点是白色的（即$R_k^* = G_k^* = B_k^* = 255$），数字化之后获得图像中相应像素点存在色偏，这些点R、G、B三个分量的值没有保持相同。白平衡法通过调整这三个颜色分量的值，使之达到平衡，由此获得对整幅图像的彩色平衡映射关系，通过该映射关系对整幅图像进行处理，达到彩色平衡的目的。

根据上述白平衡法的原理，实现白平衡的方法有很多，这里给出一种基本的白平衡方法。

对拍摄到的有色偏的图像，按照式（8.20）计算该图像的亮度分量。

$$Y = 0.299R + 0.587G + 0.114B \tag{8.20}$$

获得图像的亮度信息之后，因为环境光照等影响，现实场景中白色的点，在图像中可能不是理想状态的白色，即$Y \neq 255$。但是可以知道，白色的亮度是图像中的最大亮度。所以需要求出图像中的最大亮度Y_{max}。

考虑到对环境光照的适应性，找出图像中所有亮度$\leqslant 0.95Y_{max}$的像素点，将这些点假设为原始场景中的白色点，即设这些点构成的像素点集为白色点集$\{f(i,j) \in \Omega_{white}\}$。

计算白色点集Ω_{white}中所有像素的R、G、B三个颜色分量的均值和亮度分量均值，记作$\bar{R}_{white}$、$\bar{G}_{white}$、$\bar{B}_{white}$、$\bar{Y}_{white}$，计算公式如下：

$$\bar{f}_{white} = \frac{1}{n_{white}} \sum_{(i,j)\in\Omega_{white}} f(i,j) \quad (f = R,G,B,Y) \tag{8.21}$$

式中，n_{white}为Ω_{white}中像素点的个数。

按照下式计算颜色均衡调整参数：

$$k_{\mathrm{R}}=\frac{\bar{Y}_{\text{white}}}{\bar{R}_{\text{white}}} \quad k_G=\frac{\bar{Y}_{\text{white}}}{\bar{G}_{\text{white}}} \quad k_B=\frac{\bar{Y}_{\text{white}}}{\bar{B}_{\text{white}}} \tag{8.22}$$

对整幅图像的R、G、B三个颜色分量，进行彩色平衡调整如下：

$$R^*=k_{\mathrm{R}}R \quad G^*=k_{\mathrm{G}}G \quad B^*=k_{\mathrm{B}}B \tag{8.23}$$

8.3.2　灰色世界法

白平衡方法对画面中存在白色像素点的图像有很好的彩色平衡效果，但是如果图像中不存在白色的点，白平衡方法就不是很有效。为此，这里给出另一种称为灰色世界法的彩色平衡方法。

灰色世界法是基于自然界景物的颜色均值趋于灰色的前提提出的，所以，只需要将原图的均值调整到灰色，即可达到彩色平衡的目的。灰色世界法的具体步骤如下：

① 对拍摄到的原图，按照式（8.20）计算其亮度分量Y。

② 对原图的R、G、B三个颜色通道，以及亮度分量分别计算其均值，记作$\bar{R}$、$\bar{G}$、$\bar{B}$、$\bar{Y}$，计算公式如下：

$$\bar{f}=\frac{1}{mn}\sum_{i=1}^{m}\sum_{j=1}^{n}f(i,j) \qquad (f=R,G,B,Y) \tag{8.24}$$

式中，m、n分别为图像的行数和列数。

③ 计算颜色均衡调整参数：

$$a_{\mathrm{R}}=\frac{\bar{Y}}{\bar{R}} \quad a_{\mathrm{G}}=\frac{\bar{Y}}{\bar{G}} \quad a_{\mathrm{B}}=\frac{\bar{Y}}{\bar{B}} \tag{8.25}$$

④ 对整幅图像的R、G、B三个颜色分量，进行彩色平衡调整：

$$R^*=a_{\mathrm{R}}R \quad G^*=a_{\mathrm{G}}G \quad B^*=a_{\mathrm{B}}B \tag{8.26}$$

图8.9所示是两种不同的彩色平衡方法处理的效果图。

(a)原　图

(b)灰色世界法

(c)白平衡法

图8.9　彩色平衡效果示例（见彩插9）

8.4 彩色补偿

因为人眼对不同颜色的识别能力比对不同亮度的识别能力强，换句话说，两个亮度相同的目标物放在一起，人眼很难分辨和判别，但如果两个目标物一个是红色，另一个是绿色，则一目了然，这也是第3章介绍的伪彩色图像增强方法的原理。利用这个视觉特性，在某些应用中，目标分离主要或完全依据各种类型的物体颜色的不同。例如，在荧光显微术中，一个生物样本的不同成分（如细胞的不同成分）被不同的彩色荧光染料着色。在分析过程中常常需要分别显示这些物体，且保持它们之间正确的空间关系。

由于常用彩色图像数字化设备具有较宽且相互覆盖的光谱敏感区域，此外，现有荧光染料荧光点有可变的发射光谱，我们很难在三个分量图像中将三类物体完全分离开。一般来说，其中两个分量图像的对比度相对弱些，称这种现象为颜色扩散。

颜色扩散导致原本可以通过颜色特征进行提取的目标物特征弱化。这时就需要对颜色扩散进行校正，校正行为称为彩色补偿。

如果用一个线性变换表示颜色扩散的模型，定义颜色扩散矩阵C为颜色在三个通道中扩散的情况，每个元素$c_{i,j}$表示数字图像彩色通道i中，三原色中j所占的亮度的比例（$i, j = \{R, G, B\}$）。令x为一个3×1的向量，代表特定像素处实际像素点的颜色在理想数字化仪（没有颜色扩散和黑白偏移）上产生的灰度向量。那么，数字化仪记录的实际RGB图像灰度级向量见式（8.27）。

$$y = Cx + b \tag{8.27}$$

式中，C表示颜色扩散，当$C = E$（单位矩阵）时，表示无颜色扩散。向量b代表数字化仪的黑度偏移。也就是说，b_i是通道i中对应黑色（亮度为零）的测量灰度值（$i = \{R, G, B\}$）。

根据式（8.27），可容易地解出真实色彩如下：

$$x = C^{-1}(y - b) \tag{8.28}$$

即从每个通道的RGB像素值向量中减去黑色灰度向量之后，左乘颜色扩散矩阵的逆，就可对颜色扩散进行补偿。

可以根据式（8.28）进行彩色补偿的前提是，求出颜色扩散矩阵C和黑度偏移向量b。具体求解C和b的方法很多，在这里我们介绍一种基于三通道最强颜色值的彩色补偿方法。方法的具体步骤如下：

① 读入拍摄的具有颜色扩散的图像，设其三个颜色分量分别为R、G、B。

② 分别求出某个颜色通道与其他两个颜色通道的强度差：

$$\begin{cases} e_{\mathrm{R}} = (R-B)+(R-G) \\ e_{\mathrm{G}} = (G-B)+(G-R) \\ e_{\mathrm{B}} = (B-R)+(B-G) \end{cases} \tag{8.29}$$

③ 分别求出强度差的最大值：

$$e_{\mathrm{R}}^{\max} = \max\{e_{\mathrm{R}}\} \quad e_{\mathrm{G}}^{\max} = \max\{e_{\mathrm{G}}\} \quad e_{\mathrm{B}}^{\max} = \max\{e_{\mathrm{B}}\} \tag{8.30}$$

④ 在e_{R}、e_{G}、e_{B}三个强度差分量中，分别找出值等于$e_{\mathrm{R}}^{\max}$、$e_{\mathrm{G}}^{\max}$、$e_{\mathrm{B}}^{\max}$的所有像素，并分别求出其像素的均值向量：

$$\begin{cases} \bar{r}_1 = \{\bar{r} \mid e_{\mathrm{R}} = e_{\mathrm{R}}^{\max}\} \\ \bar{g}_1 = \{\bar{g} \mid e_{\mathrm{R}} = e_{\mathrm{R}}^{\max}\} \\ \bar{b}_1 = \{\bar{b} \mid e_{\mathrm{R}} = e_{\mathrm{R}}^{\max}\} \end{cases} \quad \begin{cases} \bar{r}_2 = \{\bar{r} \mid e_{\mathrm{G}} = e_{\mathrm{G}}^{\max}\} \\ \bar{g}_2 = \{\bar{g} \mid e_{\mathrm{G}} = e_{\mathrm{G}}^{\max}\} \\ \bar{b}_2 = \{\bar{b} \mid e_{\mathrm{G}} = e_{\mathrm{G}}^{\max}\} \end{cases} \quad \begin{cases} \bar{r}_3 = \{\bar{r} \mid e_{\mathrm{B}} = e_{\mathrm{B}}^{\max}\} \\ \bar{g}_3 = \{\bar{g} \mid e_{\mathrm{B}} = e_{\mathrm{B}}^{\max}\} \\ \bar{b}_3 = \{\bar{b} \mid e_{\mathrm{B}} = e_{\mathrm{B}}^{\max}\} \end{cases} \tag{8.31}$$

⑤ 设上面计算得到的三组点$(\bar{r}_1, \bar{g}_1, \bar{b}_1)$、$(\bar{r}_2, \bar{g}_2, \bar{b}_2)$、$(\bar{r}_3, \bar{g}_3, \bar{b}_3)$在没有颜色扩散的情况下，应该是纯红、纯绿、纯蓝，即应该是$(r_1^*, 0, 0)$、$(0, g_2^*, 0)$、$(0, 0, b_3^*)$，所以有

$$A_1 = \begin{bmatrix} \bar{r}_1 & \bar{r}_2 & \bar{r}_3 \\ \bar{g}_1 & \bar{g}_2 & \bar{g}_3 \\ \bar{b}_1 & \bar{b}_2 & \bar{b}_3 \end{bmatrix} \quad A_2 = \begin{bmatrix} r_1^* & 0 & 0 \\ 0 & g_2^* & 0 \\ 0 & 0 & b_3^* \end{bmatrix} \tag{8.32}$$

根据式（8.27），忽略b有

$$A_1 = C \cdot A_2 \tag{8.33}$$

令

$$C = A_1 A_2^{-1} \tag{8.34}$$

则彩色补偿公式为

$$x = C^{-1}(y-b) = A_2 A_1^{-1} y \tag{8.35}$$

⑥ 对步骤⑤中因忽略b的影响进行补偿。

考虑到b对颜色通道的补偿不起作用，只是调整彩色补偿后的图像亮度，为此，对式（8.35）的计算结果进行标准化处理即可（将图像的量化值线性映射到[0,255]）。

图8.10所示是根据上述方法对肾脏组织切片图像进行处理的示例。肾脏组织切片图像的成像原理是，人体组织样本经过染色处理，不同组织对染料吸收效果的不同，可以在显微镜下进行观察。图8.10(a)是未进行彩色补偿的R通道原图，图8.10(e)是进行颜色补偿之后的R通道图像，图8.10(b)、图8.10(f)分别为其二值化图像。比较图8.10(b)与图8.10(f)，可以看到虽然两幅图像均通过二值化处理提取出了肾小球，但是很明显图8.10(b)中还存在许多其他非肾小球组织的区域被同时提取出来，这对后续处理和分析有非常大的影响。相比之下，图8.10(f)中其他非肾小球边界的影响就比较少。再比较图8.10(d)和图8.10(h)，因为在原图的B分量[见图8.10(c)]中，细胞核的信息很弱，因此，二值化处理之后，达不到提取细胞核的效果[见图8.10(d)]。但是经过彩色补偿，在B通道图像[见图8.10(g)]中可以看到细胞核的信息很强，经过二值化处理可以提取出肾脏组织的细胞核信息[见图8.10(h)]。

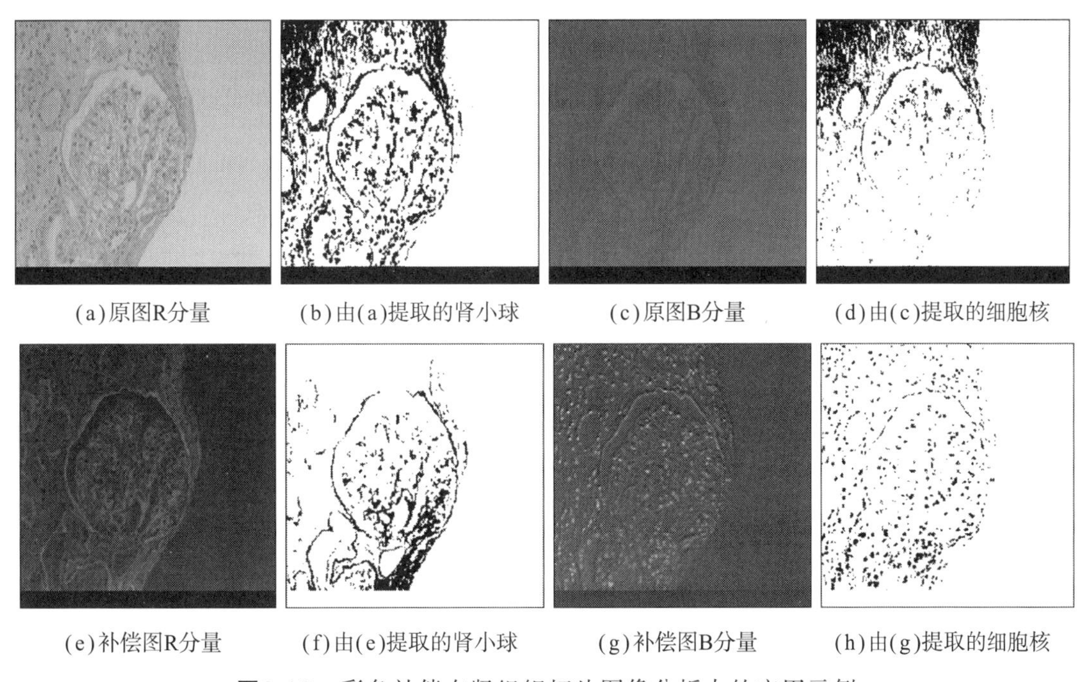

(a)原图R分量　(b)由(a)提取的肾小球　(c)原图B分量　(d)由(c)提取的细胞核

(e)补偿图R分量　(f)由(e)提取的肾小球　(g)补偿图B分量　(h)由(g)提取的细胞核

图8.10　彩色补偿在肾组织切片图像分析中的应用示例

从这个实际应用的例子可以看到，通过彩色补偿处理，可以使基于颜色信息的图像分析变得更加方便和清晰。

习　题

1．设一幅彩色图像 $R=\begin{bmatrix} 95 & 60 & 95 & 57 \\ 61 & 90 & 59 & 57 \\ 62 & 59 & 0 & 85 \\ 95 & 61 & 60 & 92 \end{bmatrix}$，$G=\begin{bmatrix} 120 & 36 & 128 & 41 \\ 34 & 120 & 28 & 32 \\ 36 & 34 & 100 & 32 \\ 125 & 61 & 60 & 122 \end{bmatrix}$，$B=\begin{bmatrix} 20 & 160 & 20 & 157 \\ 160 & 20 & 159 & 157 \\ 162 & 159 & 20 & 185 \\ 20 & 161 & 160 & 20 \end{bmatrix}$，对其进行如下运算：

① $R(i,j)+\Delta R(i,j)$，$\Delta R(i,j)=100$。

② $kR(i,j)$，$k=2$。

G、B不变，通过求出的饱和度，以及色调的变化情况来分析这两种运算对图像效果的改变有什么不同。

2．对一幅彩色图像 $R=\begin{bmatrix} 95 & 60 & 95 & 57 \\ 61 & 90 & 59 & 57 \\ 62 & 59 & 0 & 85 \\ 95 & 61 & 60 & 92 \end{bmatrix}$，$G=\begin{bmatrix} 120 & 36 & 128 & 41 \\ 34 & 120 & 28 & 32 \\ 36 & 34 & 100 & 32 \\ 125 & 61 & 60 & 122 \end{bmatrix}$，$B=\begin{bmatrix} 20 & 160 & 20 & 157 \\ 160 & 20 & 159 & 157 \\ 162 & 159 & 20 & 185 \\ 20 & 161 & 160 & 20 \end{bmatrix}$，如果判断其存在色偏，对其进行色偏校正。

3. 对习题2的彩色图像进行彩色补偿处理。

4. 假设一台数码摄像设备在出厂前进行颜色性能检验，给定三个靶图为不同亮度的灰度色块，测得三个靶图的[H, S, I]值分别为[0, 0.25, 117]、[110, 0.16, 225]、[225, 0.08, 332]。请问，这台摄像设备获得的三个靶图的颜色分别是什么颜色？这台设备是否达到了彩色平衡？如果没有，请问R、G、B三个颜色通道中，哪个颜色通道最敏感？哪个颜色通道最不敏感？

第9章

图像变换

所谓图像变换是指通过某种数学映射，将图像信号从空间域变换到其他域进行分析的手段。常用的图像变换包括图像的频域变换（傅里叶变换）、图像的时频域变换（小波变换），以及其他各种正交变换等。本章就其中两种基本的图像变换进行讨论。

9.1　图像的频域变换（傅里叶变换）

傅里叶变换可以将时域信号变换到频域进行处理，因此，傅里叶变换在信号处理中有着特殊的重要地位。在许多关于信号处理的著作中都可以看到对傅里叶变换非常明晰的阐述，为方便读者对后续内容的理解，本文只对相关内容进行简单介绍。

9.1.1　一维傅里叶变换

傅里叶变换是函数的正交变换，正交变换的含义是将一个函数分解成一组正交函数的线性组合。可以用函数来描述信号，因此，在介绍傅里叶变换之前，先简单了解一下函数（信号）的正交变换。

1. 函数的正交变换

设$f(t)$为任一时间域的函数，有n个函数$\varphi_1(t)$, $\varphi_2(t)$, ⋯, $\varphi_n(t)$在区间(t_1, t_2)构成一个正交函数空间，用这n个正交函数的线性组合近似$f(t)$得

$$f(t) \approx C_1\varphi_1(t) + C_2\varphi_2(t) + \cdots + C_n\varphi_n(t) = \sum_{j=1}^{n} C_j\varphi_j(t) \tag{9.1}$$

可以证明，当$n \to \infty$时，近似均方误差$\varepsilon^2 \to 0$。

其中，

$$\varepsilon^2 = \frac{1}{t_2 - t_1}\int_{t_1}^{t_2}\left[f(t) - \sum_{j=1}^{n} C_j\varphi(t)\right]^2 \mathrm{d}t \tag{9.2}$$

这种将一个函数分解成正交函数的线性组合称为函数的正交分解，将一个函数通过正交分解映射到正交函数空间的数学变换称为正交变换。

2. 傅里叶级数

对于周期为T的周期信号$f(t)$[$f(t) = f(t+mT)$，m为任意整数]，其角频率

为$\Omega=\dfrac{2\pi}{T}$，则这个周期函数可以分解为在$\left(-\dfrac{T}{2},\dfrac{T}{2}\right)$上的正交函数$\sin(n\Omega t)$和$\cos(n\Omega t)$（$n$为任意整数）的线性组合，即

$$f(t)=\frac{a_0}{2}+\sum_{n=1}^{\infty}a_n\cos(n\Omega t)+\sum_{n=1}^{\infty}b_n\sin(n\Omega t) \tag{9.3}$$

式中，

$$a_n=\frac{2}{T}\int_{-\frac{T}{2}}^{\frac{T}{2}}f(t)\cos(n\Omega t)\mathrm{d}t \qquad (n=0,1,2,\cdots) \tag{9.4}$$

$$b_n=\frac{2}{T}\int_{-\frac{T}{2}}^{\frac{T}{2}}f(t)\sin(n\Omega t)\mathrm{d}t \qquad (n=1,2,3,\cdots) \tag{9.5}$$

按照上述方式分解的级数称为傅里叶级数。

为了方便问题的解决，周期函数的傅里叶级数还可以写成如下形式：

$$f(t)=\frac{A_0}{2}+\sum_{n=1}^{\infty}A_n\cos(n\Omega t+\varphi_n) \tag{9.6}$$

式中，

$$A_0=a_0 \quad A_n=\sqrt{a_n^2+b_n^2} \quad \varphi_n=-\arctan\left(\frac{b_n}{a_n}\right) \tag{9.7}$$

或者还可以写成复指数形式

$$f(t)=\sum_{n=-\infty}^{\infty}F_n e^{jn\Omega t} \tag{9.8}$$

式中，

$$F_n=\frac{1}{2}A_n e^{j\varphi_n}=\frac{1}{2}\left(A_n\cos\varphi_n+jA_n\sin\varphi_n\right)=\frac{1}{2}\left(a_n-jb_n\right) \tag{9.9}$$

3. 周期信号的频谱

当一个周期信号分解成傅里叶级数之后，由式（9.6）可知，周期函数可以分解为各次谐波（角频率为$n\Omega$，即角频率为周期信号角频率Ω的整数倍）在不同相位φ_n的线性组合。

如果以频率（或角频率）为横轴，各次谐波的振幅A_n或者$|F_n|$为纵轴，所得曲线图称为幅度谱，而以各谐波的初相角φ_n为纵轴所得曲线图称为相位谱。幅度

谱与相位谱统称为周期信号的频谱。周期信号的频谱只在其谐波分量上不为0，因此，周期信号的频谱是离散谱，各谱线之间的间隔为Ω。

4. 一般函数的傅里叶变换

一个非周期信号，可以理解成一个周期无限长（$T\to\infty$）的周期信号。这时，相邻谱线之间的间隔$\Omega=\dfrac{2\pi}{T}\to 0$。同时，各频率分量的幅值也趋于无穷小。为了描述非周期信号的频谱特性，引入频谱密度的概念。令

$$F(j\omega)=\lim_{T\to\infty}\frac{F_n}{1/T}=\lim_{T\to\infty}F_nT \tag{9.10}$$

称$F(j\omega)$为信号$f(t)$的频谱密度函数，或简称为频谱函数。

频谱密度函数即信号$f(t)$的傅里叶变换的象函数，而$f(t)$称为$F(j\omega)$的原函数。

因为$\Omega\to 0$是一个无穷小量，所以取其为$\mathrm{d}\omega$，ω是一个连续变化的量。这样，得到傅里叶正、逆变换的计算公式如下：

$$F(j\omega)=\int_{-\infty}^{\infty}f(t)e^{-j\omega t}\mathrm{d}t \tag{9.11}$$

$$f(t)=\frac{1}{2\pi}\int_{-\infty}^{\infty}F(j\omega)\,e^{j\omega t}\mathrm{d}\omega \tag{9.12}$$

显然，对于一个非周期信号，其频谱为连续谱。

5. 离散信号的傅里叶变换

离散信号可以理解为对连续信号按采样频率ω_s进行采样后得到的信号，则离散信号可以表示为

$$f_{\mathrm{s}}(t)=f(t)s(t) \tag{9.13}$$

式中，$f(t)$为原连续信号；$s(t)$为采样开关函数。

当$s(t)$是周期为$T_{\mathrm{s}}=1/\omega_{\mathrm{s}}$的冲激函数序列$\delta_{T_{\mathrm{s}}}(t)$时，

$$F_{\mathrm{s}}(j\omega)=F(j\omega)*S(j\omega)=\frac{1}{T_{\mathrm{s}}}\sum_{n=-\infty}^{\infty}F\left[j\left(\omega-n\omega_{\mathrm{s}}\right)\right] \tag{9.14}$$

换句话说，根据式（9.14），冲激采样得到的离散信号$f_{\mathrm{s}}(t)$的频谱$F_{\mathrm{s}}(j\omega)$是原连续信号$f(t)$的频谱$F(j\omega)$在相隔采样频率ω_{s}的复制。因此，为了防止离散信号

的频率混叠，要求$\omega_s > 2\omega_c$。ω_c为信号$f(t)$的截止频率[1)]。

9.1.2　二维傅里叶变换

傅里叶变换是线性系统分析的有力工具，它使我们能够定量地分析诸如数字化系统、采样点、电子放大器卷积滤波器等的作用。把傅里叶变换的理论同其物理解释相结合，将大大有助于解决许多图像处理问题。

从某种意义上来说，傅里叶变换就好比描述信号的第二种语言。当学习一门新语言时，人们常常用自己的母语思考，讲话之前会在脑子中进行翻译。但是在新语言学得比较流利时，人们就能用两种语言中的任一种语言思考。日常生活中，能用两种语言的人常常会发现，在表达某些观点时，一种语言会比另一种语言更优越。

类似地，图像处理的分析者在解决某一问题时，如果可以很自如地在空域和频域进行变换，则很方便对问题进行分析。研究者一旦熟悉傅里叶变换，就可以同时在空域和频域思考问题，这种能力是非常有用的。

考虑到图像是二维信号，因此需要讨论二维傅里叶变换。有了一维傅里叶变换的基础，可以很容易地将其推广到二维。

二维傅里叶正、逆变换公式如下：

$$F(u,v) \quad \int_{-\infty}^{\infty}\int_{-\infty}^{\infty} f(x,y)\, e^{-j2\pi(ux+vy)}\mathrm{d}x\mathrm{d}y \tag{9.15}$$

$$f(x,y) = \int_{-\infty}^{\infty}\int_{-\infty}^{\infty} F(u,v)\, e^{j2\pi(ux+vy)}\mathrm{d}u\mathrm{d}v \tag{9.16}$$

在数字图像处理领域，$f(x, y)$可以用来表示一幅图像，而$F(u, v)$表示该图像的频谱。下面，讨论二维离散傅里叶变换。

由二维采样定理可知，如果二维信号$f(x, y)$（一幅连续的图像）的傅里叶变换满足下式：

$$F(u,v) = \begin{cases} F(u,v) & |u| \leqslant u_c, |v| \leqslant v_c \\ 0 & |u| > u_c, |v| > v_c \end{cases} \tag{9.17}$$

式中，u_c、v_c为对应空间位移变量x和y的最高截止频率。

则当采样周期Δx，Δy满足

1) 所谓截止频率，是指当信号的频率超过某个频率时，其频谱的幅值急剧下降的频率点。

$$u_s = 1/\Delta x > 2u_c \qquad v_s = 1/\Delta y > 2v_c \tag{9.18}$$

时，用采样信号$f(m\Delta x, n\Delta y)(m, n=-\infty,\cdots,-1,0,0,\cdots,+\infty)$能唯一恢复原信号$f(x, y)$，且有

$$f(x,y)=\sum_{-\infty}^{+\infty}\sum_{-\infty}^{+\infty} f(m\Delta x,n\Delta y)\frac{\sin\frac{\pi}{\Delta x}(x-m\Delta x)}{\frac{\pi}{\Delta x}(x-m\Delta x)}\ \frac{\sin\frac{\pi}{\Delta y}(y-n\Delta y)}{\frac{\pi}{\Delta y}(y-n\Delta y)} \tag{9.19}$$

$$F(u,v)=\Delta x\Delta y\sum_{-\infty}^{+\infty}\sum_{-\infty}^{+\infty} f(m\Delta x,n\Delta y)e^{-j2\pi(m\Delta xu,n\Delta yv)} \qquad |u|\leqslant\frac{1}{2\Delta x},\quad |v|\leqslant\frac{1}{2\Delta y} \tag{9.20}$$

因为$F(u, v)$包含$f(m\Delta x, n\Delta y)$所有频率的幅值和角度信息，所以称$F(u, v)$为离散采样信号$f(m\Delta x, n\Delta y)$的频谱。

设对频率变化区间也进行等间隔采样，并取频率采样间隔为

$$\Delta u = 2u_c/m = 1/m\Delta x \qquad \Delta v = 2v_c/n = 1/n\Delta y \tag{9.21}$$

这样，在截止频率范围$(2u_c, 2v_c)$内，分别有m及n个采样点，有

$$\begin{cases} u_k = k\Delta u = k/m\Delta x & (k=0,1,\cdots,m-1) \\ v_k = l\Delta v = l/n\Delta y & (l=0,1,\cdots,n-1) \end{cases} \tag{9.22}$$

用u_k和v_k代替u和v，则

$$\Delta x\Delta u = 1/m \qquad \Delta y\Delta v = 1/n \tag{9.23}$$

因为$\Delta x\Delta y$是个常数因子，不影响$F(u, v)$的变化，所以将$f(m\Delta x, n\Delta y)$的频谱函数改为

$$F(k\Delta u,l\Delta v)=\sum_{k_1=0}^{m-1}\sum_{k_2=0}^{n-1} f(k_1\Delta x,k_2\Delta y)e^{-j2\pi\left(\frac{k_1 k}{m},\frac{k_2 l}{n}\right)} \tag{9.24}$$

为方便起见，上式可简写为

$$F(u,v)=\sum_{x=0}^{M-1}\sum_{y=0}^{N-1} f(x,y)e^{-j2\pi\left(\frac{xu}{M}+\frac{yv}{N}\right)} \tag{9.25}$$

式中，u, v为频域坐标；x, y为空域坐标。

进一步推导，式（9.25）可写为

$$F(u,v)=\sum_{x=0}^{M-1}\left[\sum_{y=0}^{N-1}f(x,y)e^{-j\frac{xu}{M}2\pi}\right]e^{-j\frac{yv}{N}2\pi}=ft_{列}\left\{ft_{行}\left\{f(x,y)\right\}\right\} \tag{9.26}$$

式中，$ft_{列}$表示对二维信号的每一列进行一维傅里叶变换；$ft_{行}$表示对二维信号的每一行进行一维傅里叶变换。

至此可知，二维傅里叶变换可以分解成两次一维傅里叶变换。具体地讲，就是先将原二维信号的行看成独立的一维信号，对其进行一维傅里叶变换，之后将得到的中间结果二维函数的列也看成独立的一维信号，对其再进行一次一维傅里叶变换，最终得到的结果即为二维信号的二维频谱函数。

离散傅里叶逆变换为

$$f(x,y)=\frac{1}{MN}\sum_{k=0}^{M-1}\sum_{l=0}^{N-1}F(k,l)e^{j2\pi\left(\frac{mk}{M}+\frac{nl}{N}\right)} \tag{9.27}$$

同样，可以进一步推导得到

$$f(x,y)=\frac{1}{MN}ft_{行}^{-1}\left\{ft_{列}^{-1}\left\{F(u,v)\right\}\right\} \tag{9.28}$$

式中，$ft_{列}^{-1}$表示对二维信号的每一列进行一维傅里叶逆变换；$ft_{行}^{-1}$表示对二维信号的每一行进行一维傅里叶逆变换。

9.1.3 快速傅里叶变换（FFT）

快速傅里叶变换要达到的目的是，找到一个方法可以将复杂的连加运算（多个数的加权和）转换为简单的两个数相加运算（两个数的加权和）的重复，以缩短傅里叶变换的计算时间。

下面，以一维快速傅里叶变换为例进行推导。

设$f(x)=\{f(0),f(1),\cdots,f(N-1)\}$为一维信号序列，令

$$W_N^{\mu x}=e^{-j\frac{\mu x}{N}\cdot 2\pi}=\exp\left(-j\frac{\mu x}{N}2\pi\right) \tag{9.29}$$

则

$$F(u)=\frac{1}{N}\sum_{x=0}^{N-1}f(x)e^{-j\frac{\mu x}{N}2\pi}=\frac{1}{N}\sum_{x=0}^{N-1}f(x)W_N^{\mu x} \tag{9.30}$$

把式（9.30）分成奇数项和偶数项，得

$$F(u)=\sum_{x=0}^{N/2-1} f(2x)W_N^{2xu}+\sum_{x=0}^{N/2-1} f(2x+1)W_N^{(2x+1)u} \tag{9.31}$$

上式相当于把原信号的偶数项序列、奇数项序列提取出来，分别放在不同地方进行连加，令 $M=\dfrac{N}{2}$ 有

$$F(\mu)=\sum_{x=0}^{M-1} f(2x)W_M^{\mu x}+\sum_{x=0}^{M-1} f(2x-1)W_M^{\mu x}W_N^{\mu}=F_{\mathrm{e}}(\mu)+W_N^{\mu}F_{\mathrm{o}}(\mu) \tag{9.32}$$

式中，$\mu\in[0, M]$。

对于频谱函数的另外一半，即$F(\mu+M)$有

$$\begin{aligned}F(\mu+M)&=\sum_{x=0}^{M-1} f(2x)W_M^{(\mu+M)x}+\sum_{x=0}^{M-1} f(2x-1)W_M^{(\mu+M)x}W_N^{(\mu+M)}\\&=\sum_{x=0}^{M-1} f(2x)W_M^{\mu x}W_M^{Mx}+\sum_{x=0}^{M-1} f(2x-1)W_M^{\mu x}W_M^{Mx}W_N^{(\mu+M)}\end{aligned} \tag{9.33}$$

$$W_M^{Mx}=\exp\left(-j\frac{Mx}{M}2\pi\right)=\exp(-j2\pi)=1 \tag{9.34}$$

$$W_N^{M+\mu}=W_N^{M}\,W_N^{\mu}=\exp\left(-j\frac{M}{2M}2\pi\right)W_N^{\mu}=-W_N^{\mu} \tag{9.35}$$

将式（9.34）、式（9.35）代入式（9.33）有

$$\begin{aligned}F(\mu+M)&=\sum_{x=0}^{M-1} f(2x)W_M^{\mu x}1+\sum_{x=0}^{M-1} f(2x-1)W_M^{\mu x}1(-W_N^{\mu})\\&=F_{\mathrm{e}}(\mu)-W_N^{\mu}F_{\mathrm{o}}(\mu)\end{aligned} \tag{9.36}$$

由上面的推导可知，这时傅里叶变换的计算量已经减少为原来的一半。

根据上面的推导过程可知，快速傅里叶变换的核心思想是，将原函数分解成一个奇数项和一个偶数项的加权和，之后将分解的奇数项和偶数项再分别分解成其中的奇数项和偶数项的加权和，这样，通过不断重复两项的加权和来完成原有傅里叶变换的复杂运算，由此达到减少计算时间的目的。

下面通过一个简单的例子来介绍快速傅里叶变换方法。

设原信号（函数）序列为$f(x)=\{f_0, f_1, f_2, f_3, f_4, f_5, f_6, f_7\}$，用快速傅里叶变换求其频谱。

先将$f(x)$序列的各个函数值，按照排序分为奇数项集和偶数项集如下：

$$f_e(x)=\{f_0,f_2,f_4,f_6\} \quad f_o(x)=\{f_1,f_3,f_5,f_7\}$$

之后将奇数项集和偶数项集按照排序，再分别分为奇数项集与偶数项集如下：

$$f_{ee}(x)=\{f_0,f_4\}=\{f_{eee},f_{eeo}\} \quad f_{eo}(x)=\{f_2,f_6\}=\{f_{eoe},f_{eoo}\}$$

$$f_{oe}(x)=\{f_1,f_5\}=\{f_{oee},f_{oeo}\} \quad f_{oo}(x)=\{f_3,f_7\}=\{f_{ooe},f_{ooo}\}$$

因为这时的奇数项集、偶数项集均只有两个数据，所以停止运算，不进行下一层分解。

将上面的分解以树状图来表示，如图9.1所示。

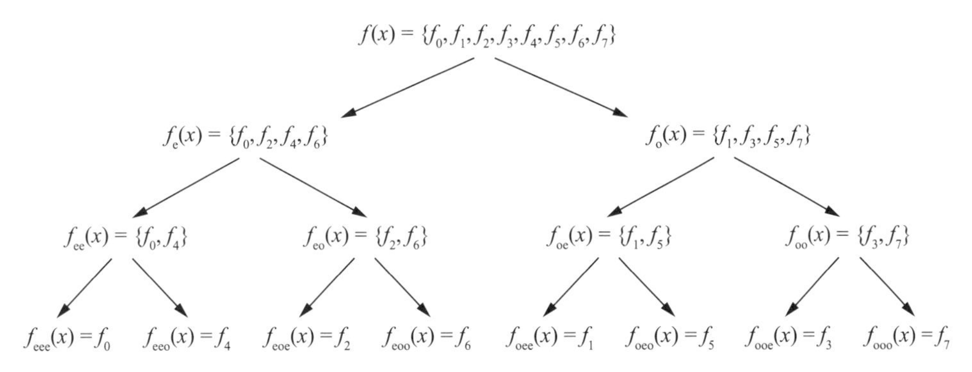

图9.1　快速傅里叶变换奇偶项分层分解示意图

因为原信号序列的数据为8个（$N=8$），因此，经过快速傅里叶变换的数据序列中数据个数也相应地为8个，即$f(x)=\{f_0,f_1,f_2,f_3,f_4,f_5,f_6,f_7\}$经过傅里叶变换后为$F(\mu)=\{F_0, F_1, F_2, F_3, F_4, F_5, F_6, F_7\}$。

这里$M=N/2=4$，按照式（9.32）、式（9.36）有

$F(\mu)=F_e(\mu)+W_8^{\mu}F_o(\mu)$（$\mu=0, 1, 2, 3$）

$F(\mu)=F_e(\mu)-W_8^{\mu}F_o(\mu)$（$\mu=4, 5, 6, 7$）

下面，以$F(0)=F_0$为例进行计算。

$F_0=F(0)=F_e(0)+W_8^{0}F_o(0)=F_e(0)+F_o(0)$，对应地，$F_4=F(4)=F_e(0)-F_o(0)$。

$F_e(0)=F_{ee}(0)+W_4^{0}F_{eo}(0)=F_{ee}(0)+F_{eo}(0)$，对应地，$F_e(2)=F_{ee}(0)-F_{eo}(0)$。

$F_o(0)=F_{oe}(0)+W_4^{0}F_{oo}(00)=F_{eo}(0)+F_{oo}(0)$，对应地，$F_o(2)=F_{oe}(0)-F_{oo}(0)$。

$F_{ee}(0)=F_{eee}(0)+W_2^{0}F_{eeo}(0)=f_0+f_4$，对应地，$F_{ee}(1)=f_0-f_4$。

$F_{eo}(0)=F_{eoe}(0)+W_2^{0}F_{eoo}(0)=f_2+f_6$，对应地，$F_{eo}(1)=f_2-f_6$。

$F_{oe}(0)=F_{oee}(0)+W_2{}^0F_{oeo}(0)=f_1+f_5$，对应地，$F_{oe}(1)=f_1-f_5$。

$F_{oo}(0)=F_{ooe}(0)+W_2{}^0F_{ooo}(0)=f_3+f_7$，对应地，$F_{oo}(1)=f_3-f_7$。

由上述计算得

$$F_e(0)=(f_0+f_4)+(f_2+f_6) \qquad F_e(2)=(f_0+f_4)-(f_2+f_6)$$
$$F_o(0)=(f_1+f_5)+(f_3+f_7) \qquad F_o(2)=(f_1+f_5)-(f_3+f_7)$$

进而得

$$F_0=(f_0+f_4+f_2+f_6)+(f_1+f_5+f_3+f_7)$$
$$F_4=(f_0+f_4+f_2+f_6)-(f_1+f_5+f_3+f_7)$$

下面，我们根据傅里叶变换的定义来验证计算结果。

$$F_0=f_0W_8{}^{0\cdot 0}+f_1W_8{}^{0\cdot 1}+f_2W_8{}^{0\cdot 2}+f_3W_8{}^{0\cdot 3}+f_4W_8{}^{0\cdot 4}+f_5W_8{}^{0\cdot 5}+f_6W_8{}^{0\cdot 6}+f_7W_8{}^{0\cdot 7}$$
$$=f_0+f_1+f_2+f_3+f_4+f_5+f_6+f_7=(f_0+f_4+f_2+f_6)+(f_1+f_5+f_3+f_7)$$
$$F_4=f_0W_8{}^{4\cdot 0}+f_1W_8{}^{4\cdot 1}+f_2W_8{}^{4\cdot 2}+f_3W_8{}^{4\cdot 3}+f_4W_8{}^{4\cdot 4}+f_5W_8{}^{4\cdot 5}+f_6W_8{}^{4\cdot 6}+f_7W_8{}^{4\cdot 7}$$
$$=f_0-f_1+f_2-f_3+f_4-f_5+f_6-f_7=(f_0+f_4+f_2+f_6)-(f_1+f_5+f_3+f_7)$$

可以看到两种方法的计算结果完全一致。

因为二维傅里叶可以分解成两次一维傅里叶变换，所以二维快速傅里叶变换实际上是进行两次一维快速傅里叶变换。

下面通过一个简单的例子来介绍二维快速傅里叶变换的计算方法。

已知图像为 $f=\begin{pmatrix}0&1&0&2\\0&3&0&4\\0&5&0&6\\0&7&0&8\end{pmatrix}$，求二维傅里叶变换$F(u,v)$。

因为原图像中有两个全0的列向量，其傅里叶变换后也一定是全0的列向量。所以为了减小计算量，先进行列傅里叶变换，再进行行傅里叶变换。

又因为图像的大小为4×4，所以对每个列向量都有$f^{(i)}(x)=\{f_0,f_1,f_2,f_3\}^{(i)}$，（其中，上标$i$表示第$i$行或者是第$i$列），对其按照奇数项和偶数项进行排列后即为$\{f_0,f_2\}$、$\{f_1,f_3\}$。

$$F(0)=f_e(0)+W_4{}^0F_o(0)=[F_{ee}(0)+W_2{}^0F_{eo}(0)]+W_4{}^0[F_{oe}(0)+W_2{}^0F_{oo}(0)]$$
$$=(f_0+W_2{}^0f_2)+W_4{}^0(f_1+W_2{}^0f_3)=(f_0+f_2)+(f_1+f_3)$$
$$F(2)=F_e(0)-W_4{}^0F_o(0)=(f_0+f_2)-(f_1+f_3)$$

$$F(1)=F_e(1)+W_4^1F_o(1)=[F_{ee}(1)+W_2^1F_{eo}(1)]+W_4^1[F_{oe}(1)+W_2^1F_{oo}(1)]$$

$$=f_0+W_2^1f_2+W_4^1(f_1+W_2^1f_3)=(f_0-f_2)-j(f_1-f_3)$$

$$F(3)=F_e(1)-W_4^1F_o(1)=(f_0-f_2)+j(f_1-f_3)$$

所以，对f的列进行快速傅里叶变换有

$$\begin{bmatrix}0 & (1+5)+(3+7) & 0 & (2+6)+(4+8)\\ 0 & (1-5)-j(3-7) & 0 & (2-6)-j(4-8)\\ 0 & (1+5)-(3+7) & 0 & (2+6)-(4+8)\\ 0 & (1-5)+j(3-7) & 0 & (2-6)+j(4-8)\end{bmatrix}=\begin{bmatrix}0 & 16 & 0 & 20\\ 0 & -4+4j & 0 & -4+4j\\ 0 & -4 & 0 & -4\\ 0 & -4-4j & 0 & -4-4j\end{bmatrix}$$

再对f的行进行快速傅里叶变换有

$$\begin{bmatrix}0+36 & 0-j(-4) & 0-36 & 0+j(-4)\\ 0+(-8+8j) & 0-j(0) & 0-(-8+8j) & 0+j(0)\\ 0+(-8) & 0-j(0) & 0-(-8) & 0+j(0)\\ 0+(-8-8j) & 0-j(0) & 0-(-8-8j) & 0+j(0)\end{bmatrix}=\begin{bmatrix}36 & 4j & -36 & -4j\\ -8+8j & 0 & 8-8j & 0\\ -8 & 0 & 8 & 0\\ -8-8j & 0 & 8+8j & 0\end{bmatrix}$$

即 $F(u,v)=\begin{bmatrix}36 & 4j & -36 & -4j\\ -8+8j & 0 & 8-8j & 0\\ -8 & 0 & 8 & 0\\ -8-8j & 0 & 8+8j & 0\end{bmatrix}$。

9.1.4 图像的频谱分布特性

通过傅里叶变换可以获得原图像信号的频域分布情况，由于图像中不同特性的像素具有不同的频域特性，因此，可以在频域设计相应的滤波器，以达到滤除某些信息，或者保留某些信息的目的。

1. 图像的频谱分布

由傅里叶变换公式[式（9.20）]可知，$F(u, v)$为复数，u、v是频率坐标。提取$F(u, v)$的幅值$|F(u, v)|$就可以得到信号$f(x, y)$在各个频率点$F(u, v)$的强度。如图9.2所示，对图9.2(a)进行傅里叶变换，得到的幅频特性如图9.2(b)所示，因为这里采用的是双边频谱的变换公式[式（9.20）]，所以根据傅里叶变换的定义可知，得到的频谱关于图像的中心点是对称的。

频域上高频信号对应空间域变化比较剧烈的信号，而低频信号对应空间域变化比较缓慢的信号。人眼从空间域图像中可以看到并理解其景物内容，实际上是因为变化比较剧烈的信号主要集中在不同景物的边界上，而大部分信息主要集中在边界内部的非边界景物信息之中。这样，就比较容易理解一幅图像的傅里叶变换的幅频特性在其幅频图的四个角上比较亮，而在中心部分比较暗。为了方便观察，通常会将幅频图四个对角子块进行置换，如图9.2(c)所示。这样，低频部分集中在图像的中心部分，便于观察。

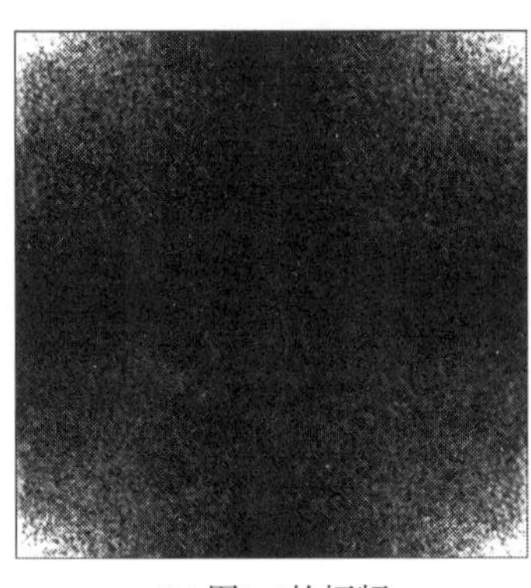

(a)原　图　　(b)图(a)的幅频　　(c)图(b)的频率置换

图9.2　图像的傅里叶变换频谱

综上所述，可以用“低频部分反映图像概貌，高频部分反映图像细节”来总结频域的信息强度与空间域的像素特性之间的关系。根据这一对应关系，可以利用傅里叶变换后的幅频特性进行图像的滤波处理。

2. 图像的高通滤波

图像的频域变换有一个非常突出的优点，即可以将信号的信息强度进行重新分配。具体地说，就是将景物的细节部分集中在高频区段。因此，可以通过高通滤波将景物的细节信息提取出来。这里所说的景物细节是指目标物的边界信息。

如图9.3所示，对图9.3(a)频谱图中的低频部分加一个掩模，强制其为0，相当于有一个保持高频部分信息不变，而低频信息被完全抑制的高通滤波器作用在

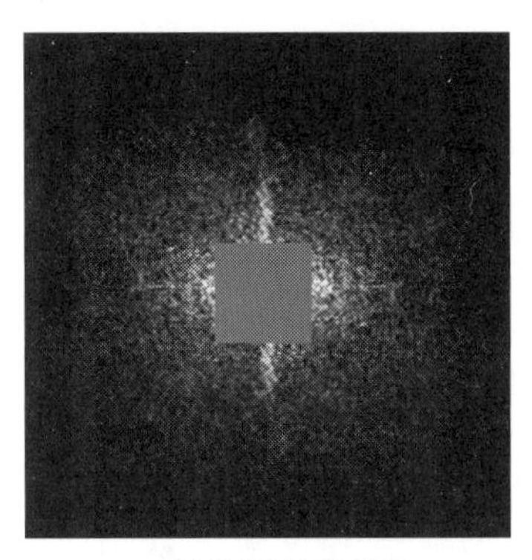
(a)低频部分被强制为0

(b)高通滤波的效果

图9.3　基于傅里叶变换的高通滤波

图像上。对经过这样处理的频谱进行傅里叶逆变换，就可以得到图9.3(b)所示的图像细节部分。从图9.3(b)中可以看到，经过高通滤波，保留下来的图像信息为青蛙的轮廓边界以及原图[见图9.1(a)]中聚焦的叶子经脉，而青蛙身后散焦叶脉部分的信息就被滤除掉了。图中的波纹是吉布斯效应，有兴趣的读者可以参考相关专业文献。

3. 图像的低通滤波

经过傅里叶变换，图像景物的概貌部分被集中在低频区段。因此，可以通过低通滤波将图像景物的概貌信息提取出来。

如图9.4所示，对图9.4(a)频谱图中的高频部分加一个掩模，强制为0，相当于一个只保持低频部分信息不变，而高频信息被完全抑制的低通滤波器作用在图像上。对经过这样处理的频谱进行傅里叶逆变换，就可以得到图9.4(b)所示的图像概貌部分。从图9.4(b)中可以看到，经过低通滤波保留下来的图像信息是比原图[图9.1(a)]略显模糊的图像，这是因为图像中表示景物边界的高频部分被滤除。但是无论是青蛙所在的叶片等环境，还是青蛙本身，仍旧可以再现。这幅图中保留的低频数据量是原来的3.8%[$\approx(50\times50)/(256\times256)$]。换句话说，傅里叶变换有很高的信息强度集中特性。

(a)高频部分强制为0

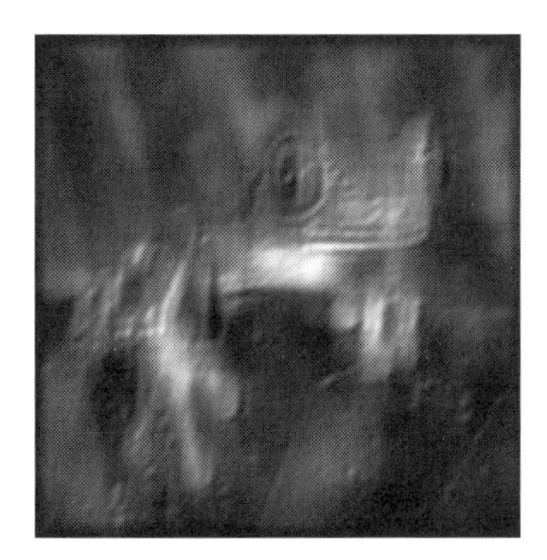

(b)低通滤波效果

图9.4 基于傅里叶变换的低通滤波

9.2 小波变换

小波变换作为重要的时频变换在信号处理中被广泛使用。本节仅对小波变换在图像处理领域应用的相关内容进行介绍，有关小波变换理论分析方面的内容，请读者参考相关文献。

傅里叶变换的提出，使信号分析可以在时域和频域上分别进行。因为常常希望在分析信号时间特性的同时，分析信号的频率特性，便引出了时频分析的概念。

窗口傅里叶变换是一种时频分析手段，在进行信号分析时，通过对信号加窗，得到窗内信号的频域特性。通过移动窗，就可以得到在不同时域段的频率特性。换句话说，对某个信号进行的加窗傅里叶变换分析，相当于用一个形状、大小和放大倍数相同的“放大镜”在时–频面上移动，观察信号在某固定长度时间内的频率特性。

根据信号分析的测不准定理可知，时域分辨尺度Δt与频域分辨尺度$\Delta\omega$之积大于某个常数（即$\Delta t\Delta\omega \geqslant C$）。换句话说，在进行信号分析时，不能在提高时域分辨率的同时使频域分辨率无限制地提高。为此，在对信号进行时频分析时，可以根据信号的变换规律，对时域分辨率和频域分辨率进行折中。

在信号分析过程中，对于信号的低频分量（波形较宽），需要较长时间段才能给出完整的信息，这时，对时间分辨率的要求可以低一些，允许Δt较大，对频率分辨率的要求高一些，即$\Delta\omega$要较小。而对于信号的高频分量（波形较窄），必须在较短的时间段内以较小的Δt给出较好的精度，即对时间分辨率的要求高，Δt要较小，而对频率分辨率的要求低一些，即$\Delta\omega$可略大。由此分析可知，更合适的做法是观测信号的“放大镜”的分辨率是可以变化的。为此，引入小波变换的概念来实现可变大小的观测信号用的“放大镜”。

9.2.1　连续小波变换

首先介绍连续小波变换的定义。设$f(t)$、$\varphi(t)$是平方可积函数，且$\varphi(t)$的傅里叶变换$\Psi(\omega)$满足条件

$$\int_R \left|\Psi(\omega)\right|^2 / \omega \mathrm{d}\omega < \infty \tag{9.37}$$

则称

$$W_{\mathrm{f}}(a,b) = \frac{1}{\sqrt{a}}\int_R f(t)\overline{\varphi}\left(\frac{t-b}{a}\right)\mathrm{d}t \quad (a>0) \tag{9.38}$$

是$f(t)$的连续小波变换；$\varphi(t)$为小波函数或小波母函数；a为尺度因子；b为平移因子。

从上述定义可以看出，小波变换也是一种积分变换，是将一个时间函数变换

到时间尺度相平面上，可以提取函数的某些特征。而a、b参数是连续变换的，所以将上述变换称为连续小波变换。

连续小波变换的定义可以用内积表示：

$$W_{\mathrm{f}}(a,b)=\langle f(t),\ \varphi_{\mathrm{a,b}}(t)\rangle \tag{9.39}$$

$$\varphi_{\mathrm{a,b}}(t)=\frac{1}{\sqrt{a}}\varphi\left(\frac{t-b}{a}\right) \tag{9.40}$$

从连续小波变换的定义中可以粗略看出小波变换的含义。由于数学上内积表示两个函数的“相似”程度，所以，小波变换$W_{\mathrm{f}}(a,\ b)$表示$f(t)$与$\varphi_{\mathrm{a,b}}(t)$的“相似”程度。

与傅里叶变换类似，实际上，小波变换也是将一个信号波分解成若干基波的线性组合，这些基波是不同时间发生的不同频率的小波，具体是靠平移和伸缩来实现。平移确定某个频段出现的确切位置，伸缩得到从低到高不同频率的基波。傅里叶变换用到的基波函数是唯一确定的，即正弦函数。小波变换用到的小波是不唯一的，同一个工程问题用不同的小波函数进行分析，有时结果相差很多。所以如何选择小波是实际应用中的难题，也是小波分析研究的热点问题。目前大多通过经验或多次实验来选择小波函数。图9.5所示是一个小波函数伸缩与平移的波形示意图。当平移因子b改变时，表示观测信号$f(t)$与$\varphi_{\mathrm{a,b}}(t)$相似性的位置的变化。通过$b$的不断变化，实现在整个时间段上对信号进行频率特性的分析。

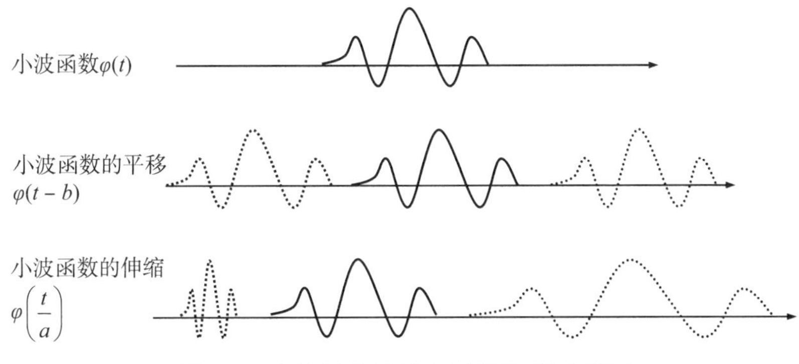

图9.5 小波函数伸缩与平移波形示意图

当比例因子a增大时（$a>1$），表示用伸展的$\varphi(t)$波形去观察整个$f(t)$，换句话说，即以小的时间分辨率和大的频率分辨率来观测信号的低频信息；反之，当a减小时（$0<a<1$），则以压缩的波形去衡量$f(t)$的局部，即以大的时间分辨率和小的频率分辨率来观测信号的高频部分。随着尺度因子从大到小（$0<a<+\infty$），$f(t)$的小波变换可以反映从概貌到细节的全部信息。从这个意义来说，

小波变换是一架“变焦镜头”，它既是“望远镜”又是“显微镜”，而参数a就是它的“变焦旋钮”。

下面介绍连续小波变换的反演公式。设$f(t)\in L^2(R)$，则

$$f(t)=\frac{1}{C_\psi}\int_0^\infty\int_{-\infty}^\infty\frac{1}{a^2}W_f(a,b)\varphi_{a,b}(t)\mathrm{d}b\mathrm{d}a \tag{9.41}$$

与其他积分变换一样，小波变换只有在其逆变换存在的条件下才有实际意义。小波函数$\varphi(t)$的傅里叶变换需要满足$0<C_\varphi<+\infty$，即

$$0<\int_0^{+\infty}\frac{|\Psi(\omega)|^2}{\omega}\mathrm{d}\omega<+\infty \tag{9.42}$$

称为小波的容许条件。由此可推导出

$$\Psi(0)=\int_{-\infty}^{+\infty}\varphi(t)\,\mathrm{d}t=0 \tag{9.43}$$

由式（9.42）可知，$\varphi(t)$具有快速衰减性，由式（9.43）可知，$\varphi(t)$具有波动性。所以$\varphi(t)$的波形是快速衰减的振动曲线，这就是将$\varphi(t)$称为小波的原因。

9.2.2　离散小波变换

对于前面讨论的连续小波变换，因为$f(t)=\frac{1}{C_\psi}\int_0^\infty\int_{-\infty}^\infty\frac{1}{a^2}W_f(a,b)\varphi_{a,b}(t)\mathrm{d}b\mathrm{d}a$，所以信号$f(t)$可以看成$\varphi_{a,b}(t)$的线性组合。由于参数$a$、$b$是连续变化的，所以$\varphi_{a,b}(t)$一般情况下不是线性无关的。下面，分析参数的变化与$\varphi_{a,b}(t)$特性的关系。

令$a=a_1$，$b=b_1$，则

$$\begin{aligned}W_f(a_1,b_1)&=\int_R f(t)\bar{\varphi}_{a_1,b_1}(t)\mathrm{d}t\\&=\int_R\frac{1}{C_\psi}\left[\int_0^\infty\int_{-\infty}^\infty\frac{1}{a^2}W_f(a,b)\varphi_{a,b}(t)\mathrm{d}b\mathrm{d}a\right]\bar{\varphi}_{a_1,b_1}(t)\mathrm{d}t\\&=\int_R\frac{1}{C_\psi}\left[\int_0^\infty\int_{-\infty}^\infty\frac{1}{a^2}W_f(a,b)\varphi_{a,b}(t)\mathrm{d}b\mathrm{d}a\right]\bar{\varphi}_{a_1,b_1}(t)\mathrm{d}t\\&=\int_0^\infty\int_{-\infty}^\infty\frac{1}{a^2}W_f(a,b)\left[\frac{1}{C_\psi}\int_R\varphi_{a,b}(t)\bar{\varphi}_{a_1,b_1}(t)\mathrm{d}t\right]\mathrm{d}b\mathrm{d}a\\&=\int_0^\infty\int_{-\infty}^\infty\frac{1}{a^2}W_f(a,b)k_\varphi(a,a_1,b,b_1)\mathrm{d}b\mathrm{d}a\end{aligned} \tag{9.44}$$

式中，$k_{\varphi}(a,a_1,b,b_1)=\frac{1}{C_{\psi}}\int_R \varphi_{a,b}(t)\bar{\varphi}_{a_1,b_1}(t)\mathrm{d}t$ 称为再生核。显然，当$\varphi_{a,b}(t)$与$\varphi_{a1,b1}(t)$正交时，$k_{\varphi}(a, a_1, b, b_1)=0$，即这时$W_f(a, b)$对$W_f(a_1, b_1)$“没有贡献”。

根据以上分析可知，只要合适地对参数a、b离散化，就可以保持信息的不丢失，这就是离散小波变换的核心思想。

1. 尺度参数a的离散化

一般的做法是，取$a=a_0^j$（$j=0$，± 1，$\pm 2, \cdots$），此时相应的小波函数是$a_0^{-j/2}\psi\left[a_0^{-j}(t-b)\right]$（$j=0$，$\pm 1$，$\pm 2, \cdots$），这时，称小波的尺度为$j$（即$a=a_0^j$）。

2. 位移参数b的离散化

对于尺度$j=0$，应该存在一个适当的位移量b_0，使得$\varphi(t-kb_0)$（$k=0$，± 1，$\pm 2, \cdots$），可以覆盖整个时间轴且信息不丢失。

当$j\neq 0$时，取$b=a_0^j b_0$，则下面是离散化后且不丢失信息的小波函数：

$$\varphi_{i,k}(t)=a_0^{-i/2}\varphi(a_0^{-i}t-kb_0) \quad (i,k\in Z) \tag{9.45}$$

或者将kb_0在数轴上调整（归一化）为整数k，则有

$$\varphi_{i,k}(t)=a_0^{-i/2}\varphi(a_0^{-i}t-k) \quad (i,k\in Z) \tag{9.46}$$

根据以上讨论，给出离散小波变换的定义，设$\varphi(t)\in L^2(R)$，$a_0(>0)$是常数，$\varphi_{j,k}(t)=a_0^{-j/2}\varphi(a_0^{-j}t-k)(j,k\in Z)$，则称

$$W_f(j,k)=\int_R f(t)\bar{\varphi}_{j,k}(t)\,\mathrm{d}t \tag{9.47}$$

为$f(t)$的离散小波变换。

特别地，取$a_0=2$，则称以离散小波函数$\varphi_{i,k}(t)=2^{-i/2}\varphi(2^{-i}t-k)$（$i$，$k\in Z$）构造的离散小波变换为二进小波变换。

9.2.3 小波的多尺度分解与重构

下面从另外一个角度来理解小波变换。

设W_j是集合$\{\varphi_{j,k}(t);\ k\in Z\}$（即对每个$W_j$，相同尺度$j$，不同位移$k$下的$\varphi_{j,k}(t)$构成的集合）线性张成的在$L^2(R)$上的闭包，则有

$$L^2(R) = \cdots \dot{+} W_{-1} \dot{+} W_0 \dot{+} W_1 \dot{+} \cdots \tag{9.48}$$

对$f(t) \in L^2(R)$，有唯一的分解为

$$f(t) = \cdots + g_{-1}(t) + g_0(t) + g_1(t) + \cdots \tag{9.49}$$

式中，$g_k(t) \in W_k$，$k \in Z$。

对每个$k \in Z$，考虑

$$V_k = \cdots \dot{+} W_{k-2} \dot{+} W_{k-1} \quad (k \in Z) \tag{9.50}$$

每个V_k是包含尺度≤$k-1$的所有位移下的$\varphi_{j,k}(t)$构成的集合。

根据以上的集合定义，取函数$\Psi(t) \in V_0$，使$\{\Psi(t-k)\}$（$k \in Z$）是V_0的标准正交基，则称$\Psi(t)$为尺度函数或小波父函数。那么，尺度函数$\Psi(t)$与小波函数$\varphi(t)$正交。

尺度函数$\Psi(t)$的傅里叶变换$\Psi(\omega)$具有低通滤波特性，小波函数$\varphi(t)$的傅里叶变换$\Phi(\omega)$具有高通滤波特性。

这样，利用尺度函数$\Psi(t)$和小波函数$\varphi(t)$构造信号的低通及高通滤波器，则可以对信号进行不同尺度的分解。图9.6所示是多尺度分解的示意图。首先，在第一层将原信号的频谱F分解为高频段H_1和低频段L_1，在第二层，在低频段L_1上进行高频、低频分解，得到高频段H_2和低频段L_2，依次类推，分解的层数越高，时间分辨率越低，频率分辨率越高。

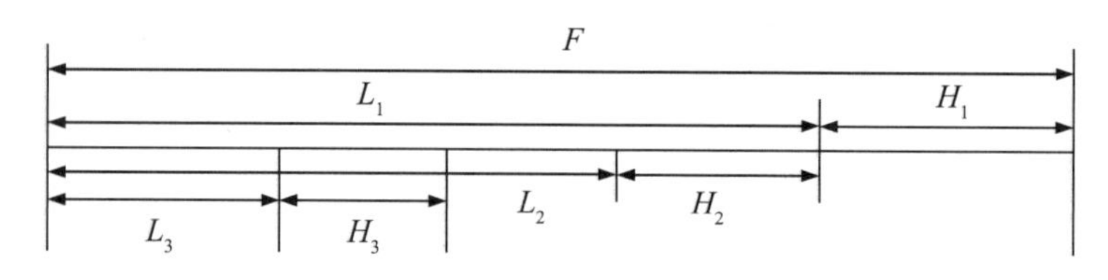

图9.6　多尺度分解示意图

当对不同频段的信号进行相应的处理之后，就需要进行小波重构，使信号还原到原始的时域。小波的多尺度分解与信号的子带编码技术相结合，即可构成对信号的无冗余描述。有关子带编码的原理请读者参考相关参考文献。这里只给出子带编码的方法。

对进行离散小波变换后的变换系数信息进行相隔采样，重构时，对未采样点的值以0替代进行重构，可以不丢失原始信息。具体地说，设

$$\text{低频部分为 } g_L(k) = \sum_i f(i) h_L(-i+k) \tag{9.51}$$

高频部分为 $g_{\mathrm{H}}(k)=\sum_{i} f(i) h_{\mathrm{H}}(-i+k)$ （9.52）

式中，$h_{\mathrm{L}}(k)$、$h_{\mathrm{H}}(k)$分别为低通、高通分解滤波器。

$$\tilde{g}_{\mathrm{L}}(k)=\begin{cases} g_{\mathrm{L}}(k) & k=2i-1 \\ 0 & k=2i \end{cases} \quad \tilde{g}_{\mathrm{H}}(k)=\begin{cases} g_{\mathrm{H}}(k) & k=2i-1 \\ 0 & k=2i \end{cases} \quad (i \in Z) \tag{9.53}$$

则有

$$f(i)=\sum_{k} \tilde{g}_{\mathrm{L}}(i) \tilde{h}_{\mathrm{L}}(-i+k)+\sum_{k} \tilde{g}_{\mathrm{H}}(i) \tilde{h}_{\mathrm{H}}(-i+k) \tag{9.54}$$

式中，$\tilde{h}_{\mathrm{L}}(k)$、$\tilde{h}_{\mathrm{H}}(k)$分别为低通、高通重构滤波器。

小波变换与前面介绍的正交变换相比，还有一个非常重要的不同点，那就是小波函数$\varphi(t)$与相应的尺度函数$\Psi(t)$可以选择不同的函数。

小波函数的选择，通常依据不同的应用目的来确定的，例如，对于无失真压缩，选择正交归一或双正交基的小波函数，因为其目的是精确、紧凑地表示信号。对于需要保留具有比较丰富低频信息的应用，在选择小波函数时，选择构成的滤波器系数序列长度较长的小波函数，以牺牲时间分辨率来达到提高频率分辨率的目的。

下面通过一个简单的例子来介绍信号的小波多尺度分解与重构。

设原信号为 $f=\{1, 2, 0, 3, 4, -1\}$，低通、高通滤波器为Haar小波构造的，具体滤波器的系数如下：

分解滤波器组为 $\begin{cases} L_{\mathrm{D}}=\dfrac{1}{\sqrt{2}}[1 \quad 1] \\ H_{\mathrm{D}}=\dfrac{1}{\sqrt{2}}[-1 \quad 1] \end{cases}$ 重构滤波器组为 $\begin{cases} L_{\mathrm{R}}=\dfrac{1}{\sqrt{2}}[1 \quad 1] \\ H_{\mathrm{R}}=\dfrac{1}{\sqrt{2}}[1 \quad -1] \end{cases}$

对信号 f 进行一层小波分解为

$$C_{1}=L_{\mathrm{D}} * f=\frac{1}{\sqrt{2}}[3 \quad 2 \quad 3 \quad 7 \quad 3 \quad 0]$$

$$D_{1}=H_{\mathrm{D}} * f=\frac{1}{\sqrt{2}}[1 \quad -2 \quad 3 \quad 1 \quad -5 \quad 2]$$

保留C_1、D_1中奇数点的值进行等间隔采样后有

$$\tilde{C}_{1}=\frac{1}{\sqrt{2}}[3 \quad 3 \quad 3] \quad \tilde{D}_{1}=\frac{1}{\sqrt{2}}[1 \quad 3 \quad -5]$$

下面再对$\widetilde{C}_1$、$\widetilde{D}_1$进行信号的重构。

首先，将$\widetilde{C}_1$、$\widetilde{D}_1$的偶数点以0替代，即

$$\hat{C}_1=\frac{1}{\sqrt{2}}[3\quad 0\quad 3\quad 0\quad 3\quad 0]\qquad \hat{D}_1=\frac{1}{\sqrt{2}}[1\quad 0\quad 3\quad 0\quad -5\quad 0]$$

用重构滤波器进行重构：

$$L_R*\hat{C}_1=\frac{1}{2}[3\quad 3\quad 3\quad 3\quad 3\quad 3]$$

$$H_R*\hat{D}_1=\frac{1}{2}[1\quad -3\quad 3\quad 5\quad -5\quad -1]$$

$$L_R*\hat{C}_1+H_R*\hat{D}_1=\frac{1}{2}[4\quad 0\quad 6\quad 8\quad -2\quad 2]=[2\quad 0\quad 3\quad 4\quad -1\quad 1]$$

因为在前面的卷积处理中，滤波器的长度为2，所以有一个数据位的超前，对处理结果还需要进行移位处理。

经过移位得到原信号⇒[1　2　0　3　4　−1]，可以看到，与原始信号一致。

二维小波变换与二维傅里叶变换相同，可以将一维小波变换直接扩展到二维，即先将描述图像的矩阵的每行（列）独立地看成一维信号，分别进行一维小波变换。之后，对变换后的中间结果的每一列（行）再进行独立的小波变换，所得结果即为二维小波变换。

下面通过一个简单的例子来介绍二维小波变换。

设图像为$f=\begin{bmatrix}1&0&2&1\\0&3&1&2\\3&1&0&2\\2&3&1&0\end{bmatrix}$，采用的低通、高通滤波器为Haar小波构造的，具体滤波器的系数如下：

$$\text{分解滤波器组为}\begin{cases}L_D=\frac{1}{\sqrt{2}}[1\quad 1]\\H_D=\frac{1}{\sqrt{2}}[-1\quad 1]\end{cases}\quad\text{重构滤波器组为}\begin{cases}L_R=\frac{1}{\sqrt{2}}[1\quad 1]\\H_R=\frac{1}{\sqrt{2}}[1\quad -1]\end{cases}$$

下面对其进行小波变换。

第一步：对f的每一个行向量进行低通滤波，得到结果为$h_0=\begin{bmatrix} L_D * f(1,\cdots) \\ L_D * f(2,\cdots) \\ L_D * f(3,\cdots) \\ L_D * f(4,\cdots) \end{bmatrix}=$ $\frac{1}{\sqrt{2}}\begin{bmatrix} 1 & 2 & 3 & 2 \\ 3 & 4 & 3 & 2 \\ 4 & 1 & 2 & 5 \\ 5 & 4 & 1 & 2 \end{bmatrix}$，间隔采样之后有$h_0 \Rightarrow \tilde{h}_0=\frac{1}{\sqrt{2}}\begin{bmatrix} 1 & 3 \\ 3 & 3 \\ 4 & 2 \\ 5 & 1 \end{bmatrix}$。式中，$f(i,\ \cdots)$表示$f$的第$i$行。

第二步：对f的每一个行向量进行高通滤波，得到的结果为$h_1=\begin{bmatrix} H_D * f(1,\cdots) \\ H_D * f(2,\cdots) \\ H_D * f(3,\cdots) \\ H_D * f(4,\cdots) \end{bmatrix}=\frac{1}{\sqrt{2}}\begin{bmatrix} -1 & 2 & -1 & 0 \\ 3 & -2 & 1 & -2 \\ -2 & -1 & 2 & 1 \\ 1 & -2 & -1 & 2 \end{bmatrix}$，间隔采样之后有$h_1 \Rightarrow \tilde{h}_1=\frac{1}{\sqrt{2}}\begin{bmatrix} -1 & -1 \\ 3 & 1 \\ -2 & 2 \\ 1 & -1 \end{bmatrix}$。

第三步：对$\tilde{h}_0$的每一个列向量进行低通滤波，得到的结果为$h_{00}=\begin{bmatrix} L_D * \tilde{h}_0(\cdots,1) & L_D * \tilde{h}_0(\cdots,2) \end{bmatrix}=\frac{1}{2}\begin{bmatrix} 4 & 6 \\ 7 & 5 \\ 9 & 3 \\ 6 & 4 \end{bmatrix}$，间隔采样之后有$h_{00} \Rightarrow \tilde{h}_{00}=\frac{1}{2}\begin{bmatrix} 4 & 6 \\ 9 & 3 \end{bmatrix}$。式中，$\tilde{h}_0(\cdots,\ j)$为$\tilde{h}_0$的第$j$列。

第四步：对$\tilde{h}_0$的每一个列向量进行高通滤波，得到的结果为$h_{01}=$ $\begin{bmatrix} H_D * \tilde{h}_0(\cdots,1) & H_D * \tilde{h}_0(\cdots,2) \end{bmatrix}=\frac{1}{2}\begin{bmatrix} 2 & 0 \\ 1 & -1 \\ 1 & -1 \\ -4 & 2 \end{bmatrix}$，间隔采样之后有$h_{01} \Rightarrow \tilde{h}_{01}=\frac{1}{2}\begin{bmatrix} 2 & 0 \\ 1 & -1 \end{bmatrix}$。

第五步：对$\tilde{h}_1$的每一个列向量进行低通滤波，得到的结果为$h_{10}=\begin{bmatrix} L_D * \tilde{h}_1(\cdots,1) & L_D * \tilde{h}_1(\cdots,2) \end{bmatrix}=\frac{1}{2}\begin{bmatrix} 2 & 0 \\ 1 & 3 \\ -1 & 1 \\ 0 & -2 \end{bmatrix}$，间隔采样之后有$h_{10} \Rightarrow \tilde{h}_{10}=\frac{1}{2}\begin{bmatrix} 2 & 0 \\ -1 & 1 \end{bmatrix}$。

第六步：对$\tilde{h}_1$的每一个列向量进行高通滤波，得到的结果为

$$h_{11}=\left[H_D*\tilde{h}_1(...,1)\quad H_D*\tilde{h}_1(...,2)\right]=\frac{1}{2}\begin{bmatrix}4&2\\-5&1\\3&-3\\2&0\end{bmatrix}$$，间隔采样之后有 $h_{11}\Rightarrow\tilde{h}_{11}=\frac{1}{2}\begin{bmatrix}4&2\\3&-3\end{bmatrix}$。

最终得到小波变换的结果为 $H=\begin{bmatrix}\tilde{h}_{00}&\tilde{h}_{01}\\\tilde{h}_{10}&\tilde{h}_{11}\end{bmatrix}=\frac{1}{2}\begin{bmatrix}4&6&2&0\\9&3&1&-1\\2&0&4&2\\-1&1&3&-3\end{bmatrix}$。

下面的讨论中，如果不进行特殊说明，小波变换系数就按照上面H的方式放置。

接下来对H进行小波重构。

第一步：对$\tilde{h}_{00}$的每一个列向量先进行等间隔插0再进行低通滤波，得到的结果为 $\tilde{h}_{00}\Rightarrow h_{00}=\frac{1}{2}\begin{bmatrix}4&6\\0&0\\9&3\\0&0\end{bmatrix}$，$L_R*h_{00}=\left[L_R*h_{00}(\cdots,1)\quad L_R*h_{00}(\cdots,2)\right]=\frac{1}{2\sqrt{2}}\begin{bmatrix}4&6\\9&3\\9&3\\4&6\end{bmatrix}$

$\stackrel{移位}{\Rightarrow}\frac{1}{2\sqrt{2}}\begin{bmatrix}4&6\\4&6\\9&3\\9&3\end{bmatrix}$。

第二步：对$\tilde{h}_{01}$的每一个列向量先进行等间隔插0再进行高通滤波，得到的结果为 $\tilde{h}_{01}\Rightarrow h_{01}=\frac{1}{2}\begin{bmatrix}2&0\\0&0\\1&-1\\0&0\end{bmatrix}$，$H_R*h_{01}=\left[H_R*h_{01}(\cdots,1)\quad H_R*h_{01}(\cdots,2)\right]=\frac{1}{2\sqrt{2}}\begin{bmatrix}2&0\\-1&1\\1&-1\\-2&0\end{bmatrix}$

$\stackrel{移位}{\Rightarrow}\frac{1}{2\sqrt{2}}\begin{bmatrix}-2&0\\2&0\\-1&1\\1&-1\end{bmatrix}$，$\tilde{h}_0=L_R*h_{00}+H_R*h_{01}=\frac{1}{2\sqrt{2}}\begin{bmatrix}2&6\\6&6\\8&4\\10&2\end{bmatrix}=\frac{1}{\sqrt{2}}\begin{bmatrix}1&3\\3&3\\4&2\\5&1\end{bmatrix}$。

第三步：对$\tilde{h}_0$的每一个行向量先进行等间隔插0再进行低通滤波，得到的结果为$\tilde{h}_0\Rightarrow h_0=\frac{1}{\sqrt{2}}\begin{bmatrix}1&0&3&0\\3&0&3&0\\4&0&2&0\\5&0&1&0\end{bmatrix}$，$L_R*h_0=\begin{bmatrix}L_R*h_0(1,\cdots)\\L_R*h_0(2,\cdots)\\L_R*h_0(3,\cdots)\\L_R*h_0(4,\cdots)\end{bmatrix}=\frac{1}{2}\begin{bmatrix}1&3&3&1\\3&3&3&3\\4&2&2&4\\5&1&1&5\end{bmatrix}\stackrel{移位}{\Rightarrow}\frac{1}{2}\begin{bmatrix}1&1&3&3\\3&3&3&3\\4&4&2&2\\5&5&1&1\end{bmatrix}$。

第四步：对 $\tilde{h}_1$ 的每一个列向量进行等间隔插0后再进行高通滤波，得到的结果为 $\tilde{h}_1 \Rightarrow h_1 = \frac{1}{\sqrt{2}}\begin{bmatrix} -1 & 0 & -1 & 0 \\ 3 & 0 & 1 & 0 \\ -2 & 0 & 2 & 0 \\ 1 & 0 & -1 & 0 \end{bmatrix}$，$H_R * h_1 = \begin{bmatrix} H_R * h_1(1,\cdots) \\ H_R * h_1(2,\cdots) \\ H_R * h_1(3,\cdots) \\ H_R * h_1(4,\cdots) \end{bmatrix} = \frac{1}{2}\begin{bmatrix} -1 & 1 & -1 & 1 \\ 3 & -1 & 1 & -3 \\ -2 & -2 & 2 & 2 \\ 1 & 1 & -1 & -1 \end{bmatrix}$

$\overset{\text{移位}}{\Rightarrow} \frac{1}{2}\begin{bmatrix} 1 & -1 & 1 & -1 \\ -3 & 3 & -1 & 1 \\ 2 & -2 & -2 & 2 \\ -1 & 1 & 1 & -1 \end{bmatrix}$。

第五步：重构 $\tilde{f} = L_R * h_0 + H_R * h_1 = \frac{1}{2}\begin{bmatrix} 2 & 0 & 4 & 2 \\ 0 & 6 & 2 & 4 \\ 6 & 2 & 0 & 4 \\ 4 & 6 & 2 & 0 \end{bmatrix} = \begin{bmatrix} 1 & 0 & 2 & 1 \\ 0 & 3 & 1 & 2 \\ 3 & 1 & 0 & 2 \\ 2 & 3 & 1 & 0 \end{bmatrix} = f$ 。

可以看到，重构结果与原始图像数据一致。

9.3 小波变换在图像处理中的应用

小波变换因其突出的时频变换特性，以及小波基函数选择的灵活性，在图像处理中有多方面的广泛应用。本节中就几个最基本、最典型的应用进行阐述。

9.3.1 应用于图像压缩

从小波变换具有的频域特性来理解，从傅里叶变换得到启示，图像的数据信息大多集中在低频部分，而高频部分的信息很弱，对人眼视觉的影响也较小。对图9.7(a)所示原图进行一次小波变换之后的结果如图9.7(b)所示。可以看到，一幅图像经过小波变换之后，概貌信息大多集中在低频部分，而其余部分只有很弱

(a)原　图

(b)一次小波变换

(c)解压图像

图9.7　基于小波变换的图像压缩

的表示细节的信息。为此，如果只保留占总数据量1/4的低频部分，对其余三个部分的系数不存储或传输，解压时，这三个子块的系数以0来替代，则可得到图9.7(c)的效果。可以看到省略了部分细节信息，画面的效果与原图相比，差别不是非常大。

上面只是对小波变换用于图像压缩进行了原理性的论述，在实际应用中，为了提高压缩比，还会进行多层（多尺度）小波变换，以及与其他编码方式相结合，共同来完成图像压缩。

9.3.2　应用于图像融合

图像融合实际上就是将以不同方式获得的某个目标物信息综合起来，获得一个对目标物的好的显示效果。医学上使用的PETCT影像技术就是典型的例子，将采用PET成像的影像与采用CT成像的影像融合在一起，获得一个可清晰显示病灶的影像。

图9.8所示是另外一种思路下的图像融合，在保证分辨率的前提下，对某一个场景进行拍摄时，常用的方法之一是将该场景用若干幅局部照片拍摄下来，之后再将这些照片融合成一幅图像。显然，融合局部照片获得一张全局照片的核心是准确检测相邻两幅图像的重叠部分。

(a)局部1

(b)局部2

(c)局部3

(d)融合得到的全局图

图9.8　图像融合示例

如图9.8中的3张局部图所示，该场景的主要目标物是树木与建筑物，因此会出现较多的相似纹理。容易因细节的干扰而导致相邻图像重叠部分的误检。如果采用小波变换，在低频区域进行重叠部分的检测至少有两个好处，一是处理的数据量大幅度减少（例如，做两次小波变换，处理数据量是原来的1/16）；二是因为低频部分只反映景物的概貌，细节部分不在低频子块中反映，可以抵抗细节对检测的干扰。从图9.8(d)可以看出，小波在图像融合中的应用效果是非常明显的。

9.3.3 应用于图像增强

小波变换用于图像增强的思路是，对原图像进行小波变换，得到的小波变换系数矩阵分别表示不同的频率特性。一个简单的图像增强方法是，对低频、次低频、次高频、高频四个子块以不同的增强系数进行处理，再进行小波逆变换，从而达到图像增强的目的。

如图9.9所示，为了更方便地显示图像的增强效果，将Lena图的对比度降低，得到一个显示效果不好的原图[见图9.9(a)]，之后，对其进行一次小波变换，设得到的低频子块为h_{00}、次低频子块为h_{01}、次高频子块为h_{10}、高频子块为h_{11}，对这四个子块分别进行增强处理如下：

$$\tilde{h}_{00}=k_1h_{00}\qquad \tilde{h}_{01}=k_2h_{01}\qquad \tilde{h}_{10}=k_2h_{10}\qquad \tilde{h}_{11}=k_3h_{11} \tag{9.55}$$

(a)原　图

(b)增强效果

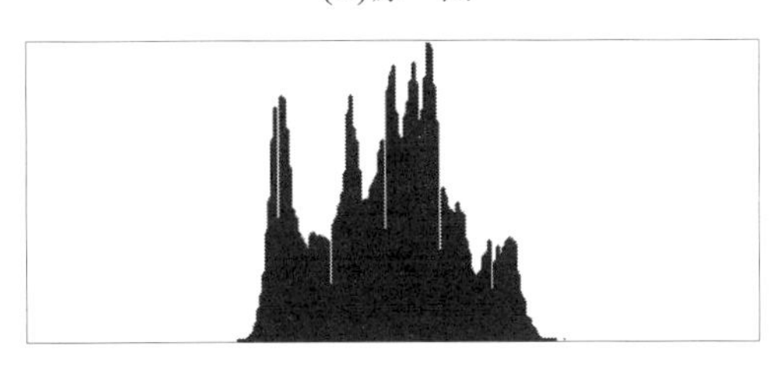

(c)图(a)的灰度直方图

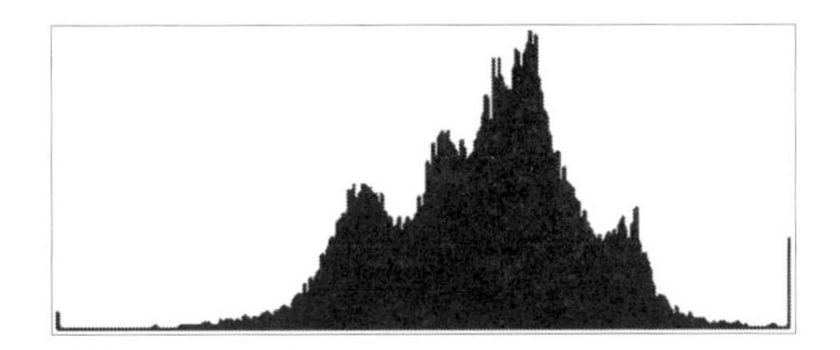

(d)图(b)的灰度直方图

图9.9　图像增强的示例

之后将得到的结果进行小波重构及标准化处理。图9.9(b)是增强之后得到的结果。除视觉效果的明显增强之外，从图9.9(c)、图9.9(d)给出的两个灰度直方图也可以看出，经过上述处理，灰度直方图得到展宽。

9.3.4　应用于图像去噪

利用小波变换去除图像噪声的思路是，噪声大多属于高频信息，进行小波变换之后，噪声信息大多集中在次低频、次高频、高频子块中。图9.10给出了一个基于小波变换的图像噪声去除实例。图9.10(a)是叠加了高斯噪声的原图，经过小波变换之后，特别是高频子块，几乎以噪声信息为主，如图9.10(b)所示。为此，将高频子块置0，对次低频和次高频子块进行一定抑制，则可以达到一定的噪声去除效果，如图9.10(d)所示。

(a)叠加了噪声的原图

(b)小波变换结果

(c)去除噪声的效果

图9.10　去除噪声示例

为了使噪声去除的效果更好，可以对不同尺度小波变换下的次低频、次高频、高频子块进行抑制，保留低频子块的信息不变，则可以很好地去除图像噪声。

习　题

1. 已知一幅图像为 $f=\begin{bmatrix}10 & 10 & 20 & 30\\10 & 20 & 20 & 40\\20 & 20 & 20 & 80\\20 & 20 & 20 & 200\end{bmatrix}$。

① 对它进行二维快速傅里叶变换。

② 用Haar波对它进行二维小波变换。

2. 请编程实现一种基于小波变换的图像边缘提取方法。

第10章

图像压缩编码

图像压缩编码的核心是，通过改变图像的描述方式，将数据中的冗余去除，由此达到压缩数据量的目的。图像压缩的有效方法很多，本章介绍几种典型的图像压缩编码方法。

10.1　图像冗余的概念

在实际获取的原始数据中包含多余信息，这些冗余来自于数据之间的相关性，或者人的视觉特性，这就为数据压缩提供了可能。

数据压缩的理论基础是信息论中的信源编码原理。从信息论的角度看，压缩就是去除信息中的冗余，减少承载信息的数据量，用一种更接近信息本质的描述来代替原有冗余的描述。

10.1.1　冗余的概念

为了加深读者对抽象的冗余概念的理解，通过下面一个简单的例子来介绍数据冗余的概念。

假设一个商人在旅行的归途，当他还在旅馆时，收到来自家里的电报，电文如下：“你的妻子张三，将于明天晚上8点零7分在上海的虹桥机场接你”

如果一个汉字为两个半角字符，一个数字、一个标点符号为一个半角字符，则这条电文需要的数据量为$25 \times 2+3 \times 1 = 53$个半角字符。

这条消息能否改写得既简短又清楚呢？仔细看一下就知道，消息中包含一些商人已知的信息，例如，他的妻子名叫张三，虹桥机场位于上海市。如果把这些冗余信息删掉，就可以将电文写成下面的形式：“你的妻子将于明天晚上8点零7分在虹桥机场接你”

在没有任何信息损失的前提下减少了描述消息的字数。统计这条修改后的电文，所需的数据量为$20 \times 2+2 \times 1 = 42$个半角字符，是原始数据量的97.25%。

如果还需进一步减少数据量，对上面已经修改过的电文在没有严重消息损失的前提下，即收报人不会发生误解的前提下进一步压缩描述消息的字数。

分析上面电文的内容，可对常识性的内容加以假设。“你的妻子”是以第三者的身份对接机者进行描述，如果改成“妻”则是以接机者本人身份进行描述，无论哪一种，收到电报的人都不会对接机者的身份产生误解。再例如，商人在外地，飞抵上海一定是在机场，所以“虹桥”一般情况下不会误解为“虹桥公园”

等地。从时间描述来看，8点零7分与8点相比，只相差7分钟，这7分钟的等待也是一个允许的偏差。通过上面的合理（这里所谓的合理是指不会因为信息损失导致收报人产生对消息的误解）假设，可以进一步地将电文修改如下："妻于明20点在虹桥接你"

统计这条电文所需要的数据量为$9\times2+2\times1=20$个半角字符，是原始数据量的37.7%。

通过上面的例子可以体会到，如果在减少一定数据量时，不会引起产生歧义的信息丢失，则表明描述信息的数据量中存在数据冗余。

10.1.2　图像中的冗余

在图像数据中，根据采用矩阵方式描述图像的特点，一般存在三类的冗余。

1. 编码冗余

如果一个图像的灰度级编码使用了多于实际需要的编码符号，就称该图像包含编码冗余。如果某一幅图像只有8个灰度级（3bit）的灰度分布，但是仍然采用标准8bit存储一个像素，就有了编码冗余。编码冗余通常是为了以某个标准格式（例如，固定大小的最大灰度级定义）进行图像描述时产生的。

图10.1所示是一个二灰度级的图像，虽然它不是前面定义的标准二值图像（即图像为黑、白两个灰阶），但是在这里因为较暗的区域不是黑色而是灰色，如果以灰度图来描述，就存在$256-2=254$个灰阶的编码冗余。以二进制数来度量，存在$8-1=7$(bit)的编码冗余。

图10.1　二灰度级图像

2. 像素冗余

图像信号相比于其他信号有一个非常明显的特点，就是像素之间存在非常大的相关性。由于存在相关性，因此，任何给定的像素值，原理上都可以通过它的邻接像素预测得到。换句话说，单个像素携带的信息相对是小的。对于一幅图像，如果描述每个像素的数据量是相等的，并且是相互独立的，则由于像素相关性使得该数据量对视觉的贡献存在一定冗余，这种像素之间的内在相关性导致的冗余称为像素冗余。

图10.2(a)所示是一幅灰度图像，将原图中一个局部子块的数据取出显示，

如图10.2(b)所示，该子块的灰度值十分接近，分布在100左右，而且还存在许多相等的值，如107，这表明图像像素之间的相关性很强。如果采用灰度图的描述方式，这个子块需要的数据量为25 × 8 = 200(bit)，如果将这个子块以最小的数据，以及其他数据与之的偏差的数据流形式来描述，是103和25个偏差7、7、4、1、2、0、2、4、4、7、0、1、5、7、7、1、4、6、7、7、4、4、4、5、5。显然，这25个偏差值的大小范围为0 ~ 7，可以以一个较小的灰度级（如3bit，8个灰度级）来描述，则数据量为24 × 3+8 = 80(bit)，是原始数据量的40%。由此便可看出像素冗余的特点。

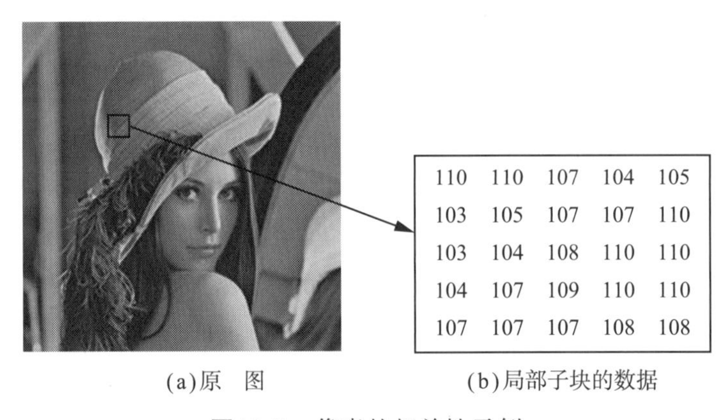

(a)原　图　　　(b)局部子块的数据

图10.2　像素的相关性示例

3. 视觉心理冗余

最终观测图像的对象是人，而人的视觉存在一定的主观心理冗余。例如，人的视觉对颜色的感知就存在冗余，“异谱同色”就是指数据不同的颜色，在视觉上被认为是相同的颜色。另外，人在观察一幅图像时，一些信息在一般视觉处理中比其他信息的相对重要程度要小，这部分信息往往被忽视。这种对视觉感知影响很小的信息被称为视觉心理冗余。产生这种冗余的原因是人眼视觉系统的非均匀性。如图10.3所示，虽然图10.3(a)和图10.3(b)的灰度级相差很多，但是肉眼几乎看不出两图之间有什么差别。

从上面给出的不同类型的图像冗余可知，图像压缩编码的核心就是减少图像中的冗余信息。由于一幅图像存在一定的数据冗余（编码冗余和像素冗余）和主观视觉冗余，所以图像的压缩编码可以从以下两方面着手来开展。

一方面，数据冗余是由描述图像的方式导致的，所以如果改变图像信息的描述方式，就可以压缩数据冗余。基于数据统计特征的传统的信源编码方法，如行程编码、预测编码、变换编码等都是针对这类数据冗余提出的有效的压缩方法。

(a)256灰度级

(b)52灰度级

图10.3　视觉心理冗余示例

另一方面，图像中存在主观视觉心理冗余，编码时，忽略一些视觉感知不太明显的微小差异，可以进行有损压缩。如结合分形、模型基、神经网络、小波变换等数学工具，充分利用视觉系统生理心理特性和图像信源的各种特性进行编码，包括子带编码、分层编码、分型编码、模型编码等，都是考虑了这类冗余提出的图像压缩编码方法。

10.2　图像无损压缩编码

无损压缩是指将压缩后的数据进行重构（或者称为还原、解压缩），重构后的信息与原来的信息完全相同的压缩编码方式。无损压缩用于要求重构信息与原始信息完全一致的场合。常见的例子有磁盘的文件压缩（例如，常用的WinRAR、WinZip）。根据目前的压缩技术，无损压缩的算法一般可以把普通的文件数据压缩到原来的1/2～1/4。常用的无损压缩算法有行程编码（RLE）、哈夫曼编码（Huffman Code）、LZW等。下面就行程编码和哈夫曼编码进行介绍。

10.2.1　行程编码（RLE）

1. 行程编码原理

行程编码是一种无损压缩编码方法，多媒体静止图像数据压缩国际标准JPEG的算法中就采用了这种编码方法。

行程编码方法是建立在图像统计特性的基础上。例如，在传真通信中的文件大多是二值图像，即每个像素的灰度值只有0、1两种取值。如果每个像素用一位二进制码（0、1）直接传送，那么一帧图像编码的输入码元数等于该帧图像的像素总数，分辨率提高，像素点数会剧烈增长，码元数也会随之剧烈增长。但是，如果采用统计相邻相同像素值的像素个数作为计数值，计数值后跟随一个该像素值的数值，则在某些情况可以大大提高信息的编码效率。

对于黑、白二值图像，由于图像自身的相关性，每一行的扫描线总是由若干段连续出现的黑像素点和连续出现的白像素点构成。黑（白）像素点连续出现的点数称为行程长度，简称长度。黑像素点和白像素点总是交替发生。而交替发生变化的频率与图像的复杂度有关。我们把灰度1（黑）和1的行程长度，以及0（白）和0的行程长度组合，构成编码输入码元，再对其进行编码，就是行程编码的核心设计思想。

下面我们来看一个简单的例子，为了方便描述，这里用汉字“黑”代表灰度1，用汉字“白”代表灰度0。图像中某个局部的黑白分布为“黑黑黑黑 白白白 黑黑黑黑黑黑 白白白白白白白”。如果对这个二值图像采用一位二进制数表示，则这段信息所占的数据量为$20 \times 1 = 20(\text{bit})$。

同样对这段信息，对其黑白分布进行统计，则有“4黑3白6黑7白”，我们只需要将前面的计数值进行排列，就可以构成一个码流：4，3，6，7，当然，这里默认起始为黑，如果默认其始为白，则码流为0，4，3，6，7。因为这里的最大计数值为7，所以每个值可以用三位二进制数来表示，采用这种编码方式需要的数据量为$5 \times 3 = 15(\text{bit})$，是原始数据量的75%。

对于文字或图形这类二值图像，其黑白分布都属于平稳的随机分布，相邻像素之间存在很强的相关性，所以采用行程编码可以得到好的压缩率。

同样，对于灰度图像或彩色图像，也可以将灰度值（或彩色值）与其行程长度组合在一起构成行程对，作为编码输入的码元进行编码。

2. 行程编码

一维行程编码是利用一行像素的相关性，所以一维行程编码是逐行扫描，对本扫描行中的像素进行编码。

例如，图像中某一行的灰度值为40、40、40、40、40、232、232、232、232、232、0、0、0、0、0、0、0、0、93、93、93、93、56、93、93、93、93、93，对灰度值分布进行统计，结果见表10.1。

表 10.1　灰度值分布统计结果

序　号	灰度值	行程长度	灰度行程对
1	40	5	(5, 40)
2	232	5	(5, 232)
3	0	8	(8, 0)
4	93	4	(4, 93)
5	56	1	(1, 56)
6	93	5	(5, 93)

从统计结果可以看出，本例中行程长

度的最大值为8，为了提高行程编码的效率，行程长度用三位二进制数表示，这样，8就拆成7+1。灰度值仍然采用八位二进制数表示，则可得到行程编码的码流为5，40，5，232，7，0，1，0，4，93，1，56，5，93，数据量为$7\times3+7\times8=77$(bit)，是原数据量的$77/(28\times8)=34.375\%$。

从行程编码的原理可知，要想提高行程编码的效率，可以通过排序，使相邻像素值相等的情况尽可能多。二维行程编码是利用图像二维信息的强相关性，按照一定的扫描路线进行扫描，遍历所有像素点，获得点点相邻的关系之后，再进行一维行程编码。

考虑到像素间的相关性，除了边界上的点，像素之间距离越近，其相关性越强。因此，实际应用中采用的一种非常简单且有效的方法是，首先将图像分为一定大小的子块，之后对每个子块的像素进行二维排序，使像素之间的关系变成一维邻接关系。图10.4所示是两种比较常用的排序方法。

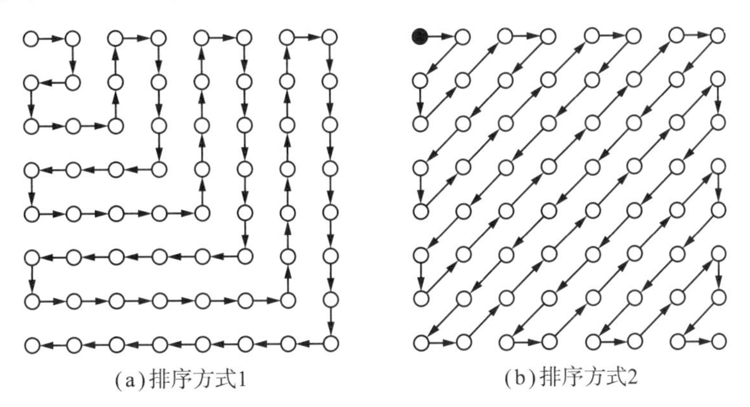

图10.4 二维行程编码数据排列方式

下面通过一个简单的例子来介绍二维行程编码。

设图像为 $f=\begin{bmatrix} 130 & 130 & 130 & 129 & 129 & 133 & 132 & 130 \\ 130 & 130 & 129 & 130 & 133 & 132 & 130 & 131 \\ 130 & 129 & 130 & 133 & 132 & 130 & 131 & 131 \\ 130 & 130 & 129 & 128 & 130 & 131 & 131 & 131 \\ 129 & 129 & 128 & 131 & 130 & 131 & 130 & 130 \\ 127 & 128 & 127 & 130 & 129 & 128 & 130 & 130 \\ 127 & 127 & 125 & 129 & 128 & 128 & 130 & 130 \\ 127 & 125 & 128 & 128 & 128 & 128 & 130 & 130 \end{bmatrix}$，原始数据量为

$N_0=8\times64=512$(bit)，如果按照图10.4(a)的排序方式进行二维行程编码，

$$f=\begin{bmatrix}130\to & 130 & 130\to & 129 & 129\to & 133 & 132\to & 130\\ 130\leftarrow & 130 & 129 & 130 & 133 & 132 & 130 & 131\\ 130\to & 129\to & 130 & 133 & 132 & 130 & 131 & 131\\ 130\leftarrow & 130\leftarrow & 129\leftarrow & 128 & 130 & 131 & 131 & 131\\ 129\to & 129\to & 128\to & 131\to & 130 & 131 & 130 & 130\\ 127\leftarrow & 128\leftarrow & 127\leftarrow & 130\leftarrow & 129\leftarrow & 128 & 130 & 130\\ 127\to & 127\to & 125\to & 129\to & 128\to & 128\to & 130 & 130\\ 127\leftarrow & 125\leftarrow & 128\leftarrow & 128\leftarrow & 128\leftarrow & 128\leftarrow & 130\leftarrow & 130\end{bmatrix}$$

，则码流为5, 130；1, 129；1, 130；1, 129；1, 130；1, 129；1, 130；1, 133；1, 128；1, 129；2, 130；2, 129；1, 128；1, 131；2, 130；1, 132；1, 133；1, 129；1, 133；1, 132；1, 130；2, 131；1, 128；1, 129；1, 130；1, 127；1, 128；3, 127；1, 125；1, 129；2, 128；3, 130；2, 131；1, 130；1, 132；1, 130；3, 131；5, 130；4, 128；1, 125；1, 127。

上面得到的最大行程长度为5，取3bit来描述行程长度，则需要的数据量为 $N_1 = 41 \times (3+8) = 451(\text{bit})$，是原始数据量的88.09%。

对同一幅图像，如果按照图10.4(b)的排序方式进行二维行程编码，

$$f=\begin{bmatrix}130\to & 130 & 130\to & 129 & 129\to & 133 & 132\to & 130\\ 130 & 130 & 129 & 130 & 133 & 132 & 130 & 131\\ 130 & 129 & 130 & 133 & 132 & 130 & 131 & 131\\ 130 & 130 & 129 & 128 & 130 & 131 & 131 & 131\\ 129 & 129 & 128 & 131 & 130 & 131 & 130 & 130\\ 127 & 128 & 127 & 130 & 129 & 128 & 130 & 130\\ 127 & 127 & 125 & 129 & 128 & 128 & 130 & 130\\ 127\to & 125 & 128\to & 128 & 128\to & 128 & 130\to & 130\end{bmatrix}$$

，则码流为6, 130；3, 129；1, 130；1, 129；3, 130；1, 129；3, 133；2, 129；2, 127；3, 128；3, 132；4, 130；1, 131；3, 127；2, 125；2, 130；6, 131；2, 129；4, 128；1, 130；1, 131；2, 130；3, 128；5, 130。

上面得到的最大行程长度为5，取3bit来描述行程长度，则需要的数据量为 $N_2 = 24 \times (3+8) = 264(\text{bit})$，是原始数据量的51.56%。

10.2.2 哈夫曼（Huffman）编码

实际拍摄的图像，行程编码效率并不高，当相邻像素的值都不相同时，编码

后的数据量比原数据量更大。但是因为行程编码每个码字的长度相同，编码、解码都比较简单，所以一般用在混合编码中。

为了提高编码效率，一种有效的方法是，采用非定长编码（变长编码）方式，哈夫曼编码就属于这类编码方式。

在变长编码中，输出码字的字长不相等，其基本原理就是对于信源中出现概率或频率较高的信息赋予较短的字长，对于信源中出现概率或频率较低的信息赋予较长的字长，这是构造哈夫曼编码的核心。可以证明，按照概率的高低顺序，给输出码字分配不同字长的变长编码方法，其输出码字的平均码长最短，与信源熵值最接近，所以从信息熵的角度来看，哈夫曼编码方法是一种最佳的无损编码方式。

根据以上的原理，哈夫曼编码方法的具体步骤如下。

① 对数据的分布概率进行统计。设数据总量为N，N个数据中有n个不同的取值，分别为$x_1, x_2, \cdots, x_n$，取值为x_i的概率函数为$P_i = N_i/N$（$i = 1, 2, \cdots, n$），其中，N_i为取值为x_i的数据总量（总个数）。

② 将n不同的取值$x_1, x_2, \cdots, x_n$，按照其概率函数值从小到大排列，构成该层节点（称第一层节点为始节点）的排列关系。

③ 在该层节点中选择两个概率最小的节点合并为一个节点，合并节点的概率值为这两个节点的概率值之和，这时节点总数减1，即$n = n-1$。这两个待合并节点的排序是，概率值较大的排在上（或下）方，概率值较小的排在下（或上）方。

④ 重复步骤②、③直到节点总数为1（称之为终节点），停止循环。这样，就构成了一个二叉树，称这个二叉树为哈夫曼编码树。

⑤ 对二叉树进行编码，将每对合并节点的上方节点编码为1（或0），下方节点编码为0（或1）。

⑥ 将终节点到每个始节点的路径上的0、1编码串作为x_i（$i = 1, 2, \cdots, n$）的编码。

按照这样的方式得到的编码中，小概率的数值距离终节点的路径长，由此可知上面给出的算法得到结果与哈夫曼编码原理相吻合。

下面通过一个简单的例子来介绍哈夫曼编码的实现过程。

设图像为 $f=\begin{bmatrix} 130 & 130 & 130 & 129 & 129 & 133 & 132 & 130 \\ 130 & 130 & 129 & 130 & 133 & 132 & 130 & 131 \\ 130 & 129 & 130 & 133 & 132 & 130 & 131 & 131 \\ 130 & 130 & 129 & 128 & 130 & 131 & 131 & 131 \\ 129 & 129 & 128 & 131 & 130 & 131 & 130 & 130 \\ 127 & 128 & 127 & 130 & 129 & 128 & 130 & 130 \\ 127 & 127 & 125 & 129 & 128 & 128 & 130 & 130 \\ 127 & 125 & 128 & 128 & 128 & 128 & 130 & 130 \end{bmatrix}$，原始数据量为 $N_0 = 8\times 64 = 512(\text{bit})$，对其进行哈夫曼编码。

首先，对图像像素的灰度值分布进行统计，可能的取值为125、127、128、129、130、131、132、133。

这些灰度值在图像中出现的概率统计见表10.2。

表 10.2　图像灰度值分布

灰度值	125	127	128	129	130	131	132	133
出现频次	2	5	10	9	24	8	3	3
概率值	2/64	5/64	10/64	9/64	24/64	8/64	3/64	3/64
概率排序	1	4	7	6	8	5	2	3

将图像中像素值出现的概率值从小到大排序为：

$a_1=125$，$p_1=2/64$；$a_2=132$，$p_2=3/64$；$a_3=133$，$p_3=3/64$；

$a_4=127$，$p_4=5/64$；$a_5=131$，$p_5=8/64$；$a_6=129$，$p_6=9/64$；

$a_7=128$，$p_7=10/64$；$a_8=130$，$p_8=24/64$；

根据上面的排序得到哈夫曼编码树如图10.5所示。

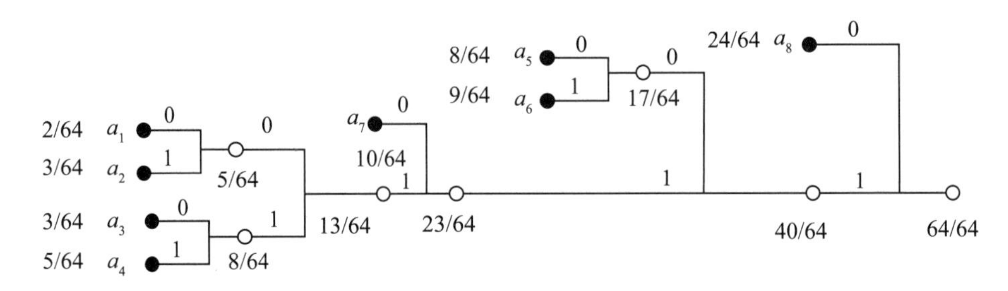

图10.5　哈夫曼编码树

由此可得图像的编码如下：$a_1=125$，编码为 $c_1=11100$；$a_2=132$，编码为 $c_2=11101$；$a_3=133$，编码为 $c_3=11110$；$a_4=127$，编码为 $c_4=11111$；$a_5=131$，编码为 $c_5=100$；$a_6=129$，编码为 $c_6=101$；$a_7=128$，编码为 $c_7=110$；$a_8=130$，编码为 $c_8=0$。

经过哈夫曼编码后的数据量为$N_f = 5 \times (2+3+3+5)+3 \times (8+9+10)+1 \times 24 = 170(\text{bit})$，是原数据量的33.2%。

设平均码长（即每个像素的平均码长）为$\bar{N}$，有

$$\bar{N} = \sum_{i=1}^{8} p_i l_i = \frac{13}{64} \times 5 + \frac{27}{64} \times 3 + \frac{24}{64} \times 1 \approx 2.66 \text{ (bit / pel)}$$

设编码熵为H，有

$$\begin{aligned} H = -\sum_{i=1}^{8} p_i \log_2 p_i = -\Big[& \frac{2}{64}\log_2(2/64) + \frac{3}{64}\log_2(3/64) \\ & + \frac{5}{64}\log_2(5/64) + \frac{8}{64}\log_2(8/64) \\ & + \frac{9}{64}\log_2(9/64) + \frac{10}{64}\log_2(10/64) \\ & + \frac{24}{64}\log_2(24/64)\Big] \approx 2.58 \text{ (bit / pel)} \end{aligned}$$

通过这个例子，可以总结以下几点：

① 哈夫曼编码的平均码字$\bar{N} > H$（熵），是最接近熵的编码。

② 平均码长$\bar{N} < N_0$（等长编码所需的比特数）。

③ 哈夫曼编码是异字头码，编解码具有唯一性。

10.3 图像有损压缩编码

无损编码的最大压缩率下限为数据的熵。显然，当数据量很大时，无法满足实际需要。因此，利用图像的视觉冗余和数据冗余，在不影响接收方对数据恢复理解的前提下，可以以损失某些不重要的信息为代价，提高图像的压缩率。

10.3.1 彩色图像的有损编码

彩色图像的彩色信息是一种心理物理量。换句话说，人眼对图像亮度的改变比较容易察觉，而对相近颜色的色差，在一定范围内是不容易察觉的。因此，对于彩色图像的压缩，通常在使用压缩编码时，首先进行色系转换，将彩色图像的亮度信息与颜色信息分离。

一种常用的方法是，先将RGB表色系的数据转换到YCbCr表色系，根据人

眼对亮度与色差的敏感性不一致性，保持亮度矩阵Y的分辨率不变，降低色差矩阵数据C_b、C_r的分辨率，由此达到减少数据量的目的。

设图像的大小为$M \times N$，将原图像的RGB数据转换到YCbCr表色系，Y、C_b、C_r三个矩阵的大小均为$M \times N$。Y矩阵的大小保持不变，即保留图像亮度信息的分辨率不变，色差矩阵C_b和C_r以$M/2 \times N/2$分辨率表示，即将该两个色差矩阵缩小到原来的1/4。这样，数据量为原始数据量$(1+1/4+1/4)/3 = 50\%$。

如图10.6所示，虽然C_b、C_r只有原来分辨率的1/4（C_b、C_r只取原数据矩阵奇数行、奇数列的数据，解压时，将一个C_b、C_r值填入一个2×2的子块），但是几乎分辨不出画面效果的差异。这就是彩色图像的压缩率可以做到比灰度图像的压缩率更大的原因之一。

(a)原　图

(b)C_b、C_r是小分辨率的效果

图10.6　将C_b、C_r间隔采样后的效果（见彩插10）

10.3.2　小波变换编码

小波变换编码是将视觉不敏感的细节部分进行一定程度的损失之后，获得更高的图像压缩率。因此，小波变换编码的过程包括三个环节：

① 进行小波变换，获得小波变换系数。

② 对小波变换系数进行量化。

③ 对量化后的小波变换系数进行编码（例如，采用行程编码或者是哈夫曼编码）。

图10.7所示是对一幅指纹图像进行多层小波分解（即多尺度小波变换）的示例。从小波分解后图像信息强度的集中度来看，信息主要集中在低频子块，在次低频和次高频子块中有较强的细节信息的集中，相对地，高频部分反映的是视觉不容易察觉的细节信息，这个部分的信息强度最弱。

在进行多层小波分解时，究竟分解到几层最合适，取决于不同图像的信息集中特性，以及小波函数的选取。但是有一个原则，如果再多分解一层，其信息的集中程度不十分明显时，表明分解层数达到饱和。

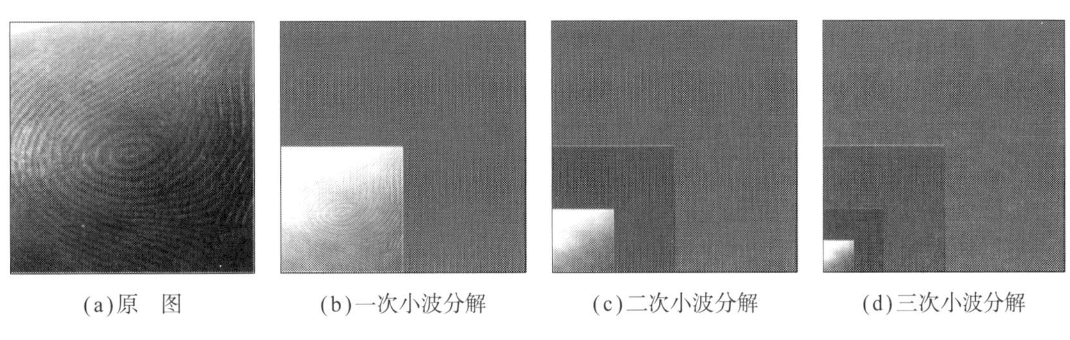

(a)原　图　　(b)一次小波分解　　(c)二次小波分解　　(d)三次小波分解

图10.7　多层小波分解示例

以图10.7(a)所示的指纹图像为例，分析其进行多层小波分解的系数特性的变化。

在不进行小波变换时，统计得到原图像的灰度分布均值$\bar{f}=123.61$，标准差为$\sigma=47.74$。

如果对图像进行一次小波变换，如图10.7(b)所示，将变换系数全部进行取整处理，统计得到在高频子块中，0系数所占比例为$N_{11}^{(1)}=34\%$，系数的标准差为$\sigma_{11}^{(1)}=5.96$。可知，高频子块的系数取值比较集中，并且有许多为0的系数。这样，如果在后续编码中采用包括哈夫曼编码在内的编码方式，可以有高的压缩比。同样，在次高频子块中，0系数所占比例为$N_{10}^{(1)}=16\%$，系数的标准差为$\sigma_{10}^{(1)}=15.11$。在次低频子块中，0系数所占比例为$N_{01}^{(1)}=11.4\%$，系数的标准差为$\sigma_{01}^{(1)}=9.98$。

如果对图像进行二次小波变换，如图10.7(c)所示，将变换系数全部进行取整处理，统计得到在高频子块中，0系数所占比例为$N_{11}^{(2)}=15\%$，系数的标准差为$\sigma_{11}^{(2)}=17.65$。可知，在这层中高频子块的0系数比例降低了一半还多。同时系数的集中度也降低了许多。在次高频子块中，0系数所占比例为$N_{10}^{(2)}=5.4\%$，系数的标准差为$\sigma_{10}^{(2)}=39.99$。在次低频子块中，0系数所占比例为$N_{01}^{(2)}=7.89\%$，系数的标准差为$\sigma_{01}^{(2)}=24.94$。

如果对图像进行三次小波变换，如图10.7(d)所示，将变换系数全部进行取整处理，统计得到在高频子块中，0系数所占比例为$N_{11}^{(3)}=5\%$，系数的标准差为$\sigma_{11}^{(3)}=46.06$。可知，在这层中，系数的标准差取值与原图像数据的标准差接近。同样，在次高频子块中，0系数所占比例为$N_{10}^{(3)}=1.4\%$，系数的标准差为

$\sigma_{10}^{(3)} = 102.92$。在次低频子块中，0系数所占比例为$N_{01}^{(3)} = 2.73\%$，系数的标准差为$\sigma_{01}^{(3)} = 55.69$。

从该图进行三次小波分解之后的数据分布特性可知，每进行一次小波分解，数据信息强度分布的集中度就降低一些。到了第三层，每个频率子块数据的集中度与原始数据的集中度都差不多，所以再继续进行下一层的分解对后续编码不利，因此，对图10.7(a)所示的原图，分解到第三层结束。

小波变换之后，需要对小波变换系数进行量化处理。小波变换后系数强度的分布，在每个子块中是不相同的。一般情况下，因为低频子块包含的信息对于人的视觉感知来说是最重要的，所以要求量化间隔小。高频子块的信息对人的视觉来说是最不敏感的，量化间隔可以比较大。

下面通过一个简单的例子来介绍小波变换编码。

设原图像为 $f = \begin{bmatrix} 130 & 130 & 130 & 129 & 134 & 133 & 129 & 130 \\ 130 & 130 & 130 & 129 & 134 & 133 & 130 & 130 \\ 130 & 130 & 130 & 129 & 132 & 132 & 130 & 130 \\ 129 & 130 & 130 & 129 & 130 & 130 & 129 & 129 \\ 127 & 128 & 127 & 129 & 131 & 129 & 131 & 130 \\ 127 & 128 & 127 & 128 & 127 & 128 & 132 & 132 \\ 125 & 126 & 129 & 129 & 127 & 129 & 133 & 132 \\ 127 & 125 & 128 & 128 & 126 & 130 & 131 & 131 \end{bmatrix}$，选择Haar小波得到图像经过二次小波变换后的系数矩阵（取整）为

$$F = \begin{bmatrix} 519 & 524 & 0 & 3 & 0 & 0 & 0 & -1 \\ 509 & 520 & 1 & 0 & 1 & 0 & 2 & 1 \\ 1 & 5 & 0 & 2 & 0 & 1 & 3 & -1 \\ -3 & -6 & 2 & 1 & -1 & 1 & 0 & 1 \\ 0 & 1 & 0 & 0 & 0 & 0 & 0 & 0 \\ 0 & 1 & 0 & 0 & 0 & 0 & 0 & 0 \\ -1 & -1 & 0 & 0 & 0 & 0 & 1 & 0 \\ 0 & 0 & 0 & 0 & -1 & 0 & 1 & 0 \end{bmatrix} = \begin{bmatrix} F_{00}^{(2)} & F_{01}^{(2)} & \multirow{2}{*}{$F_{01}^{(1)}$} \\ F_{10}^{(2)} & F_{11}^{(2)} & \\ \multicolumn{2}{c}{F_{10}^{(1)}} & F_{11}^{(1)} \end{bmatrix}$$

接下来对F进行量化处理。考虑到各个不同频段对视觉的影响，对$F_{00}^{(2)}$压缩到最大数为255，则有量化间隔为$524/255 \approx 2.05$。$F_{01}^{(2)}$和$F_{10}^{(2)}$以大于$F_{00}^{(2)}$的量化间隔，在这里取3进行量化，对$F_{11}^{(2)}$，量化间隔可以大于$F_{01}^{(2)}$和$F_{10}^{(2)}$的量化间隔，取4进行量化。对$F_{01}^{(1)}$和$F_{10}^{(1)}$可以取大于$F_{01}^{(2)}$和$F_{10}^{(2)}$的量化间隔，在这里取4，$F_{11}^{(1)}$

量化间隔可以大于$F_{01}^{(1)}$和$F_{10}^{(1)}$的量化间隔，在这里取5，则得到量化后的系数矩阵为$\tilde{F}=\begin{bmatrix}253&255&0&1&0&0&0&0\\248&253&0&0&0&0&0&0\\0&0&0&0&0&0&0&0\\0&0&0&0&0&0&0&0\\0&0&0&0&0&0&0&0\\0&0&0&0&0&0&0&0\\0&0&0&0&0&0&0&0\\0&0&0&0&0&0&0&0\end{bmatrix}$，再对其进行哈夫曼编码，$a_1=255$，分布概率为$p_1=1/64$，编码为$c_1=0110$；$a_2=248$，分布概率为$p_2=1/64$，编码为$c_2=0111$；$a_3=1$，分布概率为$p_3=1/64$，编码为$c_3=010$；$a_4=253$，分布为$p_4=2/64$，编码为$c_4=00$；$a_5=0$，分布概率为$p_5=49/64$，编码为$c_5=0$。

数据量为$N_f=4\times(1+1)+3\times1+2\times2+1\times59=74(\text{bit})$，约是原数据量$N_0=8\times64=512(\text{bit})$的14.5%。

习　题

1. 设图像为$f=\begin{bmatrix}30&30&30&29&34&33&29&30\\30&30&30&29&34&33&30&30\\30&30&30&29&32&32&30&30\\29&30&30&29&30&30&29&29\\27&28&27&29&31&29&31&30\\27&28&27&28&27&28&32&32\\25&26&29&29&27&29&33&32\\27&25&28&28&26&30&31&31\end{bmatrix}$，请对其以下面的方式进行压缩编码。

① 采用二维行程编码，并计算其压缩率。

② 采用哈夫曼编码，并计算其压缩率。

③ 如果采用行程编码和哈夫曼编码进行混合编码，本图像的压缩率能否提高?

④ 采用Haar小波变换进行有损混合编码。

⑤ 对该图像直接根据人的视觉特性设计一种更为简单的有损压缩编码。

第11章

深度学习与图像处理

深度学习网络的提出，让图像处理的思路走向另一个方向，借助训练样本，让图像处理的效果有很大的延伸，目前深度学习在图像处理领域的发展很快，本章介绍最基本的深度学习网络，并展示深度学习网络在图像处理领域中的作用。

11.1　深度卷积网络的基本结构

深度卷积网络之所以能够被快速推广，是因为网络模型可以通过学习获取隐含在样本中的特征，获取的特征具有良好的泛化能力。网络模型通过多层的卷积操作，充分利用图像信息具有的马尔可夫随机场统计相关特性，将感受野范围内像素间的相关性与样本所属类别的内部特性关联起来，由此获得图像的隐含特征。

图11.1所示为深度卷积网络的基本结构。

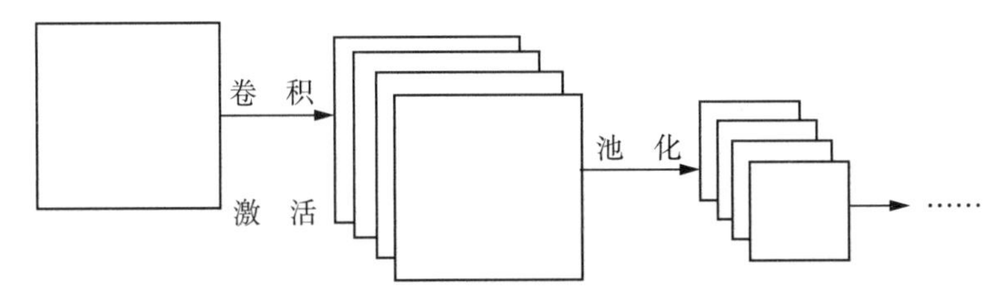

图11.1　深度卷积网络基本结构示意图

11.1.1　卷积层

网络层数允许是很多层，可以是几十层，甚至上百层，卷积是指对图像数据不断通过通道数的增减来控制其特征的维度，卷积是线性操作，卷积核的大小决定了网络的宽度，卷积层的数量决定了网络的深度。但小卷积核的不断加深并不能达到一直扩大感受野的目的，因为深层感受野会让浅层感受野渐消记忆。

在前面的章节中提到过卷积操作，例如，锐化处理时的拉普拉斯处理模板，在这里就称为卷积核。其作用是不同的卷积核参数，相当于周围像素间的不同运算。

下面通过一个简单的计算例来介绍卷积操作。

设输入为单通道4×4的图像$f = \begin{bmatrix} 1 & 1 & 1 & 0 \\ 0 & 1 & 1 & 0 \\ 0 & 0 & 1 & 1 \\ 0 & 0 & 1 & 1 \end{bmatrix}$，为了使卷积操作后图像的大小不发生改变，首先对输入图进行填充处理，即所谓的填充操作：

$$f=\begin{bmatrix}1&1&1&0\\0&1&1&0\\0&0&1&1\\0&0&1&1\end{bmatrix}\longrightarrow f_{\text{in}}=\begin{bmatrix}0&0&0&0&0&0\\0&1&1&1&0&0\\0&0&1&1&0&0\\0&0&0&1&1&0\\0&0&0&1&1&0\\0&0&0&0&0&0\end{bmatrix}$$

进行第一层卷积处理，假设第一层卷积核为2@$3\times3\times1$（这里，2@表示有2个卷积核，3×3表示空间卷积的大小，$\times1$表示本层输入图的通道数），设卷积核分别为$h_{11}=\begin{bmatrix}1&1&0\\1&0&0\\1&0&0\end{bmatrix}$，$h_{12}=\begin{bmatrix}1&-1&0\\0&0&0\\0&-1&1\end{bmatrix}$，输出的2通道$4\times4$特征图分别为

$$g_{11}=h_{11}*f_{\text{in}}=\begin{bmatrix}0&1&2&2\\1&2&3&3\\0&1&2&3\\0&0&1&3\end{bmatrix}\quad g_{12}=h_{12}*f_{\text{in}}=\begin{bmatrix}1&1&0&0\\-1&0&0&0\\0&-1&0&0\\0&0&0&0\end{bmatrix}$$

假设第二层卷积核为3@$1\times1\times2$，即3个$1\times1\times2$大小的卷积核，设卷积核分别为$h_{211}=[0.5]$，$h_{212}=[0.5]$，$h_{221}=[0.1]$，$h_{222}=[-0.1]$，$h_{231}=[-0.1]$，$h_{232}=[-0.1]$，输出的3通道4×4特征图分别为

$$g_{21}=h_{211}*g_{11}+h_{212}*g_{12}=\begin{bmatrix}0.5&1&1&1\\0&1&1.5&1.5\\0&0&1&1.5\\0&0&0.5&1.5\end{bmatrix}$$

$$g_{22}=h_{221}*g_{11}+h_{222}*g_{12}=\begin{bmatrix}-0.1&0&0.2&0.2\\0.2&0.2&0.3&0.3\\0&0.2&0.2&0.3\\0&0&0.1&0.3\end{bmatrix}$$

$$g_{23}=h_{231}*g_{11}+h_{232}*g_{12}=\begin{bmatrix}0.1&0&-0.2&-0.2\\-0.2&-0.2&-0.3&-0.3\\0&-0.2&-0.2&-0.3\\0&0&-0.1&-0.3\end{bmatrix}$$

假设第三层卷积核为1@$3\times3\times3$，即1个$3\times3\times3$大小的卷积核，设卷积核为$h_{31}=\begin{bmatrix}0&1&1\\0&0&1\\0&0&1\end{bmatrix}$，$h_{32}=\begin{bmatrix}1&0&0\\-1&0&-1\\0&0&1\end{bmatrix}$，$h_{33}=\begin{bmatrix}1&-1&0\\0&0&0\\0&-1&1\end{bmatrix}$，则最终输出为

$$
\begin{aligned}
f_{\text{out}} &= h_{31} * \hat{g}_{21} + h_{32} * \hat{g}_{22} + h_{33} * \hat{g}_{23} \\
&= \begin{bmatrix} 2 & 2.5 & 2.5 & 0 \\ 2.5 & 4.5 & 5 & 1 \\ 1 & 4 & 6 & 1.5 \\ 0 & 1.5 & 4 & 1.5 \end{bmatrix} + \begin{bmatrix} 0.2 & 0.2 & 0.1 & -0.2 \\ 0 & -0.4 & -0.2 & -0.1 \\ -0.2 & 0.1 & 0 & 0.1 \\ 0 & -0.1 & -0.1 & 0.1 \end{bmatrix} + \begin{bmatrix} 0 & -0.1 & 0 & 0.3 \\ -0.3 & 0.1 & 0.1 & 0.3 \\ 0.2 & -0.1 & -0.1 & 0.3 \\ 0 & 0.2 & 0 & 0.1 \end{bmatrix} \\
&= \begin{bmatrix} 2.2 & 2.6 & 2.6 & 0.1 \\ 2.2 & 4.2 & 4.9 & 1.2 \\ 1 & 4 & 5.9 & 1.9 \\ 0 & 1.6 & 3.9 & 1.7 \end{bmatrix}
\end{aligned}
$$

式中，$\hat{g}_{21}$、$\hat{g}_{22}$、$\hat{g}_{23}$分别为g_{21}、g_{22}、g_{23}填充后的结果。

在深度学习网络中，所有卷积核的参数都是通过训练样本的学习获得的，上面例子中给定参数的目的是便于大家理解卷积核的作用。

11.1.2　激活层

激活函数是网络的非线性化处理，模拟人类大脑神经元的激活操作，以多个简单的非线性操作的组合，实现复杂的非线性映射。激活函数放在卷积层的后面，常用的激活函数有以下几种。

1. ReLU函数

计算公式为

$$
f_{\text{ReLU}}(x) = \max\{0, x\} \tag{11.1}
$$

上式表明，如果卷积计算得到的是负值，则不能激活神经元，因此，ReLU函数可作为激活阈值函数使用。

上一节例子中$f_{\text{out}} = \begin{bmatrix} 2.2 & 2.6 & 2.6 & 0.1 \\ 2.2 & 4.2 & 4.9 & 1.2 \\ 1 & 4 & 5.9 & 1.9 \\ 0 & 1.6 & 3.9 & 1.7 \end{bmatrix}$，则$f_{\text{ReLU}}(f_{\text{out}}) = \begin{bmatrix} 2.2 & 2.6 & 2.6 & 0.1 \\ 2.2 & 4.2 & 4.9 & 1.2 \\ 1 & 4 & 5.9 & 1.9 \\ 0 & 1.6 & 3.9 & 1.7 \end{bmatrix}$，

如果将ReLU函数放在第一个卷积层后面，$g_{11} = \begin{bmatrix} 0 & 1 & 2 & 2 \\ 1 & 2 & 3 & 3 \\ 0 & 1 & 2 & 3 \\ 0 & 0 & 1 & 3 \end{bmatrix}$，

$g_{12}=\begin{bmatrix}1&1&0&0\\-1&0&0&0\\0&-1&0&0\\0&0&0&0\end{bmatrix}$，有 $f_{\text{ReLU}}(g_{11})=\begin{bmatrix}0&1&2&2\\1&2&3&3\\0&1&2&3\\0&0&1&3\end{bmatrix}$，$f_{\text{ReLU}}(g_{12})=\begin{bmatrix}1&1&0&0\\0&0&0&0\\0&0&0&0\\0&0&0&0\end{bmatrix}$。

2. Sigmoid函数

计算公式为

$$f_{\text{Sigmoid}}(x)=\frac{1}{1+e^{-x}} \tag{11.2}$$

这个函数与ReLU函数相似，可以作为神经元的激活阈值函数，其优点是可导，$f'_{\text{Sigmoid}}(x)=f_{\text{Sigmoid}}(x)[1-f_{\text{Sigmoid}}(x)]$，并且函数值分布在(0, 1)区间。

上一节例子中，$g_{12}=\begin{bmatrix}1&1&0&0\\-1&0&0&0\\0&-1&0&0\\0&0&0&0\end{bmatrix}$，$f_{\text{Sigmoid}}(g_{12})=\begin{bmatrix}0.73&0.73&0&0\\0.27&0&0&0\\0&0.27&0&0\\0&0&0&0\end{bmatrix}$。

3. Tanh函数

计算公式为

$$f_{\text{Tanh}}(x)=\frac{e^{x}-e^{-x}}{e^{x}+e^{-x}} \tag{11.3}$$

这个函数的函数值分布在(−1, 1)区间，可描述神经元的非线性特性，但不能作为激活阈值函数。

上一节例子中，$g_{12}=\begin{bmatrix}1&1&0&0\\-1&0&0&0\\0&-1&0&0\\0&0&0&0\end{bmatrix}$，$f_{\text{Tanh}}(g_{12})=\begin{bmatrix}0.76&0.76&0&0\\-0.76&0&0&0\\0&-0.76&0&0\\0&0&0&0\end{bmatrix}$。

11.1.3 BN层（批数据归一化处理层）

因为训练数据量庞大、网络庞大，深度学习网络的训练样本是按批次放入的，例如，共10万个样本，每批次随机抽取1万个样本放入，10批次才能完成对所有样本的一次训练，要让每个批次的样本在网络训练中均为同分布，以提高网络的训练速度。

设第k批次的训练样本为$\{x_1^{\ k}, x_2^{\ k}, \cdots, x_N^{\ k}\}$，计算该批次$N$个训练样本的均值$\mu^k$和标准差$\sigma^k$：

$$\mu^k = \frac{1}{N}\sum_{i=1}^{N} x_i^k \tag{11.4}$$

$$\sigma^k = \frac{1}{N}\sqrt{\sum_{i=1}^{N}\left(x_i^k - \mu^k\right)^2} \tag{11.5}$$

则BN操作的计算公式如下：

$$\hat{x}_i^{\ k} = \alpha\left[\frac{1}{\sigma^k}\left(x_i^k - \mu^k\right)\right] + \delta \tag{11.6}$$

式中，α、δ为训练得到的参数。

11.1.4　池化层

池化层的目的是对特征图进行降采样处理，可以达到以下两个目的：

① 完成输入图像的多尺度特征提取。

② 降低特征图维数，保留主要特征。

常用的池化函数有以下两种：

① 最大池化。

$$f_{\text{maxpooling}}(\Omega) = \max\{x \mid x \in \Omega\} \tag{11.7}$$

② 平均池化。

$$f_{\text{meanpooling}}(\Omega) = \text{mean}\{x \mid x \in \Omega\} \tag{11.8}$$

上一节例子中，$f_{\text{out}} = \begin{bmatrix} 2.2 & 2.6 & 2.6 & 0.1 \\ 2.2 & 4.2 & 4.9 & 1.2 \\ 1 & 4 & 5.9 & 1.9 \\ 0 & 1.6 & 3.9 & 1.7 \end{bmatrix}$，假设$\Omega$为局部$2\times 2$的区域，则$f_{\text{max pooling}}(f_{\text{out}}) = \begin{bmatrix} 4.2 & 4.9 \\ 4 & 5.9 \end{bmatrix}$，$f_{\text{meanpooling}}(f_{\text{out}}) = \begin{bmatrix} 2.8 & 2.2 \\ 1.65 & 3.35 \end{bmatrix}$；如果将池化函数放在第一个卷积层后面，$g_{11} = \begin{bmatrix} 0 & 1 & 2 & 2 \\ 1 & 2 & 3 & 3 \\ 0 & 1 & 2 & 3 \\ 0 & 0 & 1 & 3 \end{bmatrix}$，$g_{12} = \begin{bmatrix} 1 & 1 & 0 & 0 \\ -1 & 0 & 0 & 0 \\ 0 & -1 & 0 & 0 \\ 0 & 0 & 0 & 0 \end{bmatrix}$，有$f_{\text{maxpooling}}(g_{11}) = \begin{bmatrix} 2 & 3 \\ 1 & 3 \end{bmatrix}$，

$$f_{\text{maxpooling}}(g_{12})=\begin{bmatrix}1&0\\0&0\end{bmatrix};\quad f_{\text{meanpooling}}(g_{11})=\begin{bmatrix}1&2.5\\0.25&2.25\end{bmatrix},\quad f_{\text{meanpooling}}(g_{12})=\begin{bmatrix}0.25&0\\-0.25&0\end{bmatrix}。$$

11.2 超分辨率图像重建卷积网络

超分辨率图像重建（super-resolution，SR）课题始于20世纪60年代，其核心是利用已观测到的多幅或一幅低分辨率图像，通过重建算法，得到一幅高分辨率图像[1]。

超分辨率图像重建最初以基于单幅图像的频谱带限函数外推实现[2~3]。但是，噪声的病态性导致了该类思路的瓶颈[4]，因此，后续衍生出基于多幅包含空间冗余信息的低分辨率图像重建高分辨率图像的算法[5~7]。然而基于重建的方法依赖于多幅低分辨率图像间的互补信息和通用的图像先验模型，当可用的观测图像不足以提供重建信息，或要求重建图像的放大倍数较高但观测图像数量不足时，通用图像先验难以有效完成正则化[8]。

基于学习的方法利用不同图像在高频细节上的局部复现性和相似性，通过学习过程从其他图像中取样，用取样图像块示例作为非参数化、非模型化的局部先验，代替参数模型化的全局先验指导重建。

随着研究的深入，关于超分辨率重建问题的求解，越来越多性能更好的网络模型被提出来，为了便于理解，这里介绍两个简单的超分辨率重建网络模型。

11.2.1 SRCNN网络

如图11.2所示，SRCNN网络[9]是三层卷积神经网络，将低分辨率图像通过

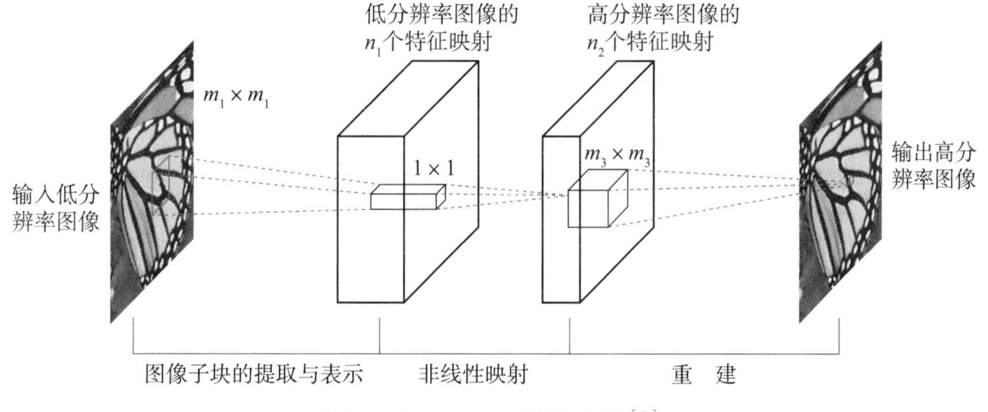

图11.2 SRCNN网络结构[9]

双三次（bicubic）插值放大到目标大小的图像作为输入，将其定义为F_{in}，则网络学习的目的是使网络的输出$F_{out} = f(F_{in})$，尽可能地接近真实的高分辨率图像F^*。SRCNN网络的训练学习对应传统SR方法的三个步骤：图像子块的提取和特征表示、特征非线性映射、最终重建。

1. 训练样本

考虑到图像具有的马尔可夫随机场特性，即像素间的相关性是有限记忆，也就是局部相关，所以训练样本采用的是图像裁剪的子块。

设训练用网络输入的是低分辨率图像子块$\{x_1, x_2,\cdots, x_N\}$，对应的高分辨率图像子块为$\{y_1, y_2, \cdots, y_N\}$，高分辨率图像子块$y_i$是从高分辨率图像中无重叠、无后处理地随机裁剪得到，作为高分辨率图像子块的标签。当超分辨率要将图像放大2 × 2倍或者4 × 4倍时，一般选择y_i的大小为32 × 32。获得高分辨率标签$\{y_1, y_2, \cdots, y_N\}$后，对其按照设定的放大重建系数，例如4 × 4，进行下采样获得低分辨率图像子块$\{x_1, x_2, \cdots, x_N\}$，训练时按照SRCNN的要求对$\{x_1, x_2, \cdots, x_N\}$进行双三次插值，将其放大到与$\{y_1, y_2, \cdots, y_N\}$同样大小。

2. 卷积策略

SRCNN只在亮度通道上进行超分辨率网络的学习训练，在两个色差通道直接进行双三次插值。为了避免边界效应，在训练过程中所有卷积核没有填充（no填充），所以网络最终输出的图像比输入图像的空间大小有所减小，如图11.3所示，当上采样系数为2，即放大2 × 2倍时，输入的图像子块大小为32 × 32，第一个卷积层的64个卷积核大小为9 × 9，因此，第一个卷积层输出特征图的大小为24 × 24(32−8 = 24)；第二个卷积层的32个卷积核大小为1 × 1，因此，第二个卷积层输出特征图的大小为24 × 24；第三个卷积层的1个卷积核大小为5 × 5，因

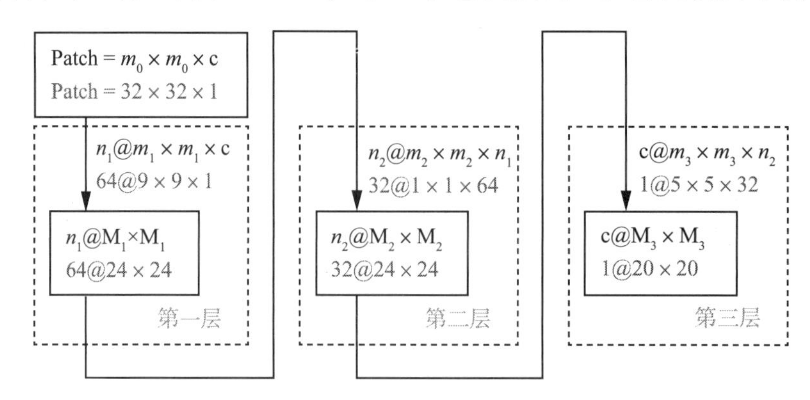

图11.3　放大2 × 2倍的 SRCNN输入输出数据变化示意图

此，第三个卷积层输出特征图的大小为$20 \times 20(24-4=20)$。在训练过程中，loss函数只取32×32图像子块中心20×20部分的值进行计算。

3. 网络操作流程

① 第一层，图像子块的提取和表示。

首先，对输入的c（如果仅有亮度通道则$c=1$，如果是彩色图像则$c=3$）个通道图像子块$\{x_1, x_2, \cdots, x_N\}$，通过卷积获得特征图$\{z_1, z_2, \cdots, z_N\}$，卷积运算公式如下：

$$z_i = f_1(x_i) = \max\{0,\ h_1 * x_i + b_1\} \tag{11.9}$$

式中，h_1是卷积核，是由$n_1@m_1 \times m_1$个卷积构成；b_1是偏置；max是ReLU激活函数。

这样，经过第一层得到的特征图z_1有n_1个通道。

② 第二层，非线性映射。

第二层使用$n_2@1 \times 1 \times n_1$的卷积核对上一层输出的特征图$z_i$按照式（11.10）进行卷积非线性映射，该操作相当于对对应像素位置的n_1个通道的特征进行非线性融合，得到n_2个通道的特征图$\{q_1, q_2, \cdots, q_N\}$，其可看作高分辨率图像块的$n_2$种特征表示。

$$q_i = f_2(z_i) = \max\{0,\ h_2 * z_i + b_2\} \tag{11.10}$$

③ 第三层，重建。

第三层使用$c@m_3 \times m_3 \times n_2$的卷积核对上一层输出的特征图$q_i$按照式（11.11）进行卷积非线性映射，汇聚所有$n_2$维特征，重建每一个高分辨率像素。

$$\hat{y}_i = f_3(q_i) = h_3 * q_i + b_3 \tag{11.11}$$

由于没有加入ReLU函数，本层映射实为线性映射，这一过程在物理含义上相当于传统操作，将预测的高分辨率重叠块进行平均，生成最终高分辨率图像，不同的是，如果这些高分辨率块的数据不在图像域（图像域像素值分布在0 ~ 255），则需要先将系数投影到图像域然后再进行均值。

将三层卷积整合在一起，构成SRCNN模型。在学习映射函数$f_1(x_i)$、$f_2(z_i)$、$f_3(q_i)$时，需要估计网络参数$\theta = \{h_1, h_2, h_3, b_1, b_2, b_3\}$，即所有卷积核的权重和偏置均由学习得到。

这里，采用均方误差（mean squared error，MSE）作为Loss函数：

$$L(\theta)=\frac{1}{N}\sum_{i=1}^{N}\| \hat{y}_i - y_i \|_2^2 \qquad (11.12)$$

损失的最小化使用随机梯度下降法和标准BP算法进行反向传播。使用MSE作为损失函数有利于得到较高的峰值信噪比（peak signal to noise ratio，PSNR）。

虽然SRCNN网络结构简单，却有着清晰的物理含义，对未来SR网络的发展有着重要的引领和启发意义。

11.2.2 ESPCN网络

在SRCNN网络中，需要将低分辨率图像通过上采样插值得到与高分辨率图像相同的尺寸，再输入到网络中，这意味着要在较高的分辨率上进行卷积操作，增加了计算量，同时并没有为超分辨率提供更多的信息。

ESPCN（efficient sub-pixel convolutional neural network）[10]是一种直接在低分辨率图像尺寸提取特征，计算得到高分辨率图像的高效方法。ESPCN网络结构如图11.4所示，其中采用超分辨率的上采样因子，即放大$r \times r$倍。

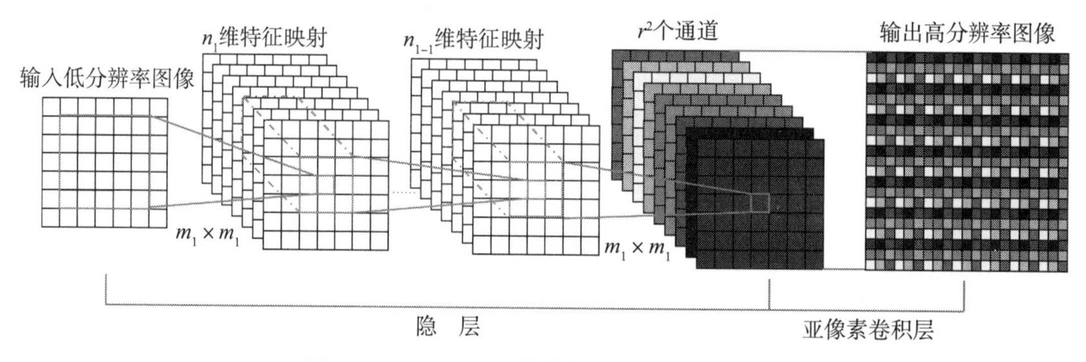

图11.4　ESPCN网络结构图（见彩插11）

从图11.4可以看到，相比SRCNN，ESPCN实际上只改动了最后的上采样方式。ESPCN的核心概念是亚像素卷积层（sub-pixel convolutional layer），网络的输入是图像的亮度通道，网络也是3个卷积层，第一层用64个$5 \times 5 \times c$的卷积核；第二层用32个$3 \times 3 \times 64$的卷积核，第三层用$r^2 \times \mathrm{c}$个$3 \times 3 \times 32$的卷积核，输出$r^2 \times c$个与输入图像大小一样的特征图像，即$r^2 \times c$个通道大小为$W \times H$的特征图。

最后，连接一个亚像素层如图11.5所示，将特征图像每个像素的$r^2 \times c$个通道重新排列成c个通道的$r \times r$区域，即通过将通道数转换成像素个数的重新排列方式，获得c个通道的$rW \times rH$的超分辨率重建图像。

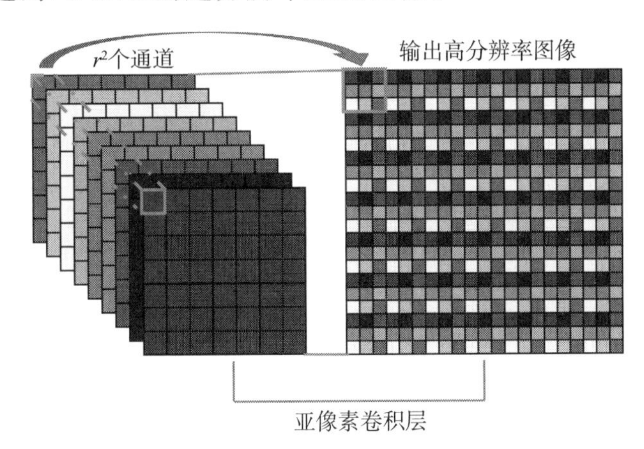

图11.5　亚像素卷积过程示意图（见彩插12）

r^2c这个变换虽然被称作亚像素卷积，但实际上并没有卷积操作，只在最后一层对图像大小做变换，前面的卷积运算由于在低分辨率图像上进行，因此，效率较高。亚像素卷积层是ESPCN的主要贡献，其后有很多方法都在沿用，在低分辨率图像上提取特征，经过亚像素卷积层重建高分辨率图像。

11.3　图像分类深度卷积网络

卷积神经网络用于图像分类具有突出的优势，多层卷积操作使图像映射到特征空间，对类内样本具有泛化性的同时，对类间样本具有差异性。为了便于理解，这里展开介绍经典的LeNet-5、AlexNet网络，在此基础上发展起来许多具有显著优势的网络，例如，VGG网络能够做到更深的卷积层，ResNet网络的残差传递思想，很大程度上解决了网络深度加大时的梯度消失问题，篇幅原因，这里不再陈述。

11.3.1　LeNet-5网络

LeNet-5网络由Yann LeCun等人于1998年提出[11]，最初用于手写体字符识别，是一种非常高效的卷积神经网络，这个网络是卷积神经网络架构的起点，后续许多网络都以此为范本进行优化，被认为是卷积神经网络的鼻祖。LeNet-5网络结构如图11.6所示。

LeNet-5网络结构共有7层（不包括输入层），包括卷积层、池化层、全连接层、输出层，最终经过全连接层和Softmax函数完成分类。网络各层参数见表11.1。

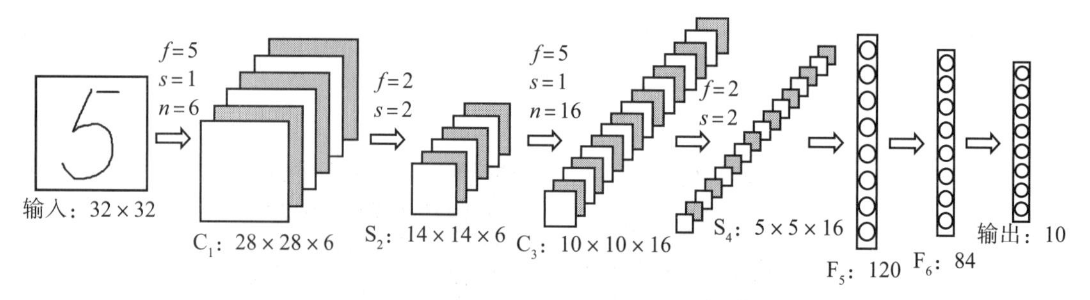

图11.6　LeNet-5 网络结构示意图

表 11.1　LeNet-5 网络参数表

	输　入	输　出	卷积核	步　长	通　道
输入层	32×32×1（灰度图像）				
卷积层 C_1	32×32×1	28×28×6 （28=32−4）	6@5×5×1	1	6
池化层 S_2	28×28×6	14×14×6 （14=28/2）		2	6
卷积层 C_3	14×14×6	10×10×16 （10=14−4）	16@5×5×6	1	16
池化层 S_4	10×10×16	5×5×16 （5=10/2）		2	16
全连接层 F_5	5×5×16=400	120	–	–	–
全连接层 F_6	120	84	–	–	–
输出层	84	10（类别数）	–	–	–

为了直观地了解各层的输出，对在Minist数据集上训练的LeNet-5网络进行测试，展示前几层的可视化效果。图11.7所示为测试的数字图像以及网络各层输出的特征图的可视化效果。

接下来，在数据集CIFAR10上训练和评估LeNet-5网络的性能。该数据集共有60 000张彩色图像，这些图像尺寸是32×32，分为10个类，classes = ('plane', 'car', 'bird', 'cat', 'deer', 'dog', 'frog', 'horse', 'ship', 'truck')，每类6000幅图像，图11.8给出该数据集的10个类，每类随机展示10幅图像。

这里有一些名词需要解释：

① epoch：对训练集的全部数据进行一次完整训练，称为一次epoch。

② batch：由于硬件计算力有限，实际训练时将训练集分成多个批次训练，每批数据的大小为batch_size，在计算力允许的情况下，可以选大一些。

③ iteration或step：对一个batch的数据训练的过程称为一个iteration或step。

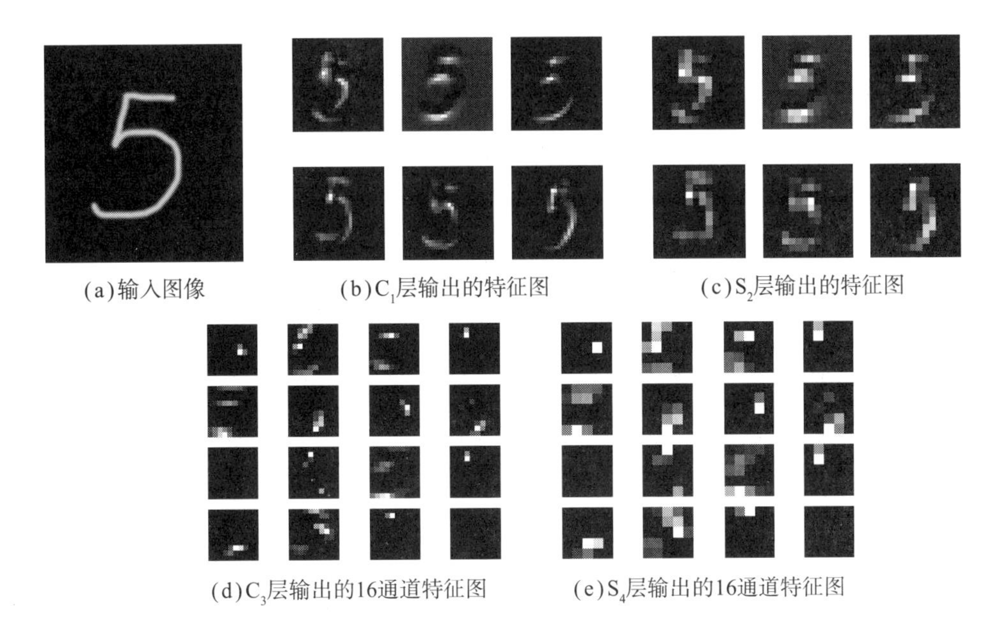

图11.7 LeNet-5各层输出的可视化效果

图11.8 CIFAR10数据集

假设网络训练设置batch_size = 50，那么完整训练一次样本iteration或step = 1000，epoch = 1，训练结果为

[1, 1000] train_loss: 1.531 test_accuracy: 0.520;

[2, 1000] train_loss: 1.201 test_accuracy: 0.593

[3, 1000] train_loss: 1.045 test_accu racy: 0.620

[4, 1000] train_loss: 0.939　test_accuracy: 0.667

[5, 1000] train_loss: 0.851　test_accuracy: 0.674

这里，采用交叉熵损失函数（cross entropy loss function）作为损失函数：

$$L(\theta)=\frac{1}{N}\sum_{i=1}^{N}\sum_{k=1}^{M}y_{\mathrm{ik}}\log p_{\mathrm{ik}} \tag{11.13}$$

式中，N为样本数；M为类别数；y_{ik}表示符号函数（0或1），如果样本i的真实类别等于k则取1，否则取0；p_{ik}表示观测样本属于类别的预测概率；θ为迭代训练的卷积核参数。

如图11.9所示，导入一幅图像进行测试，LeNet-5网络输出的softmax结果见表11.2。

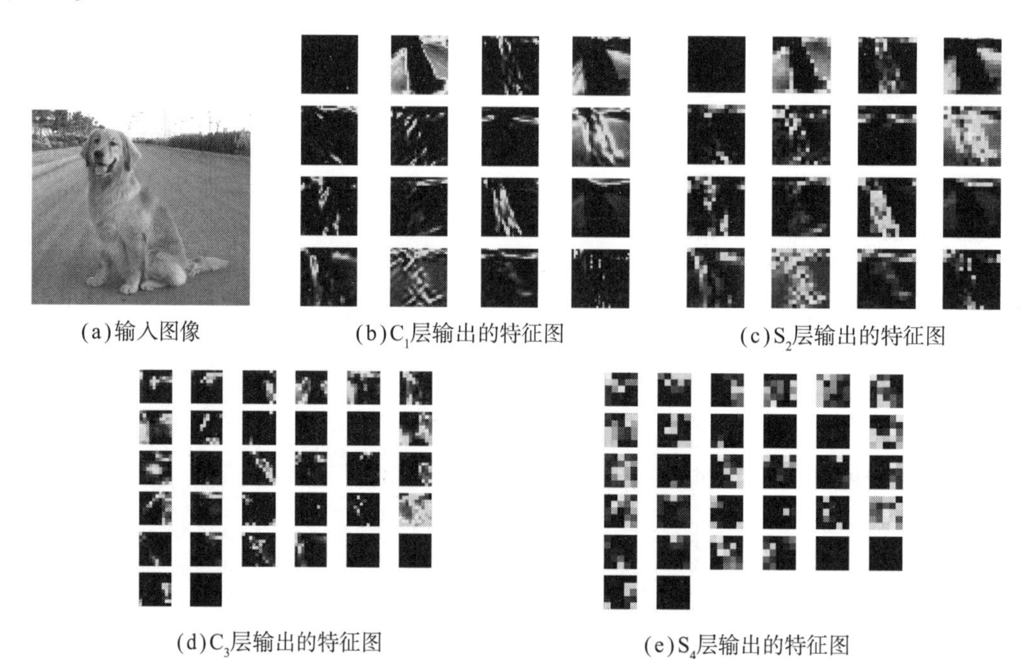

(a)输入图像　(b) C_1层输出的特征图　(c) S_2层输出的特征图

(d) C_3层输出的特征图　(e) S_4层输出的特征图

图11.9　LeNet-5网络测试实验示例

表 11.2　输出结果

飞　机	汽　车	鸟	猫	鹿	狗	青　蛙	马	船	卡　车
0.006	0.0003	0.11	0.097	0.091	0.478	0.0014	0.15	0.0018	0.0018

取分值最高的“狗”作为分类结果，是正确的。

11.3.2 AlexNet网络

2012年，Alex Krizhevsky、Ilya Sutskever在多伦多大学Geoff Hinton实验室设计出一个深层卷积神经网络AlexNet[12]，夺得了2012年ImageNet LSVRC的冠军，且准确率远超第二名（top5错误率为15.3%，第二名为26.2%），引起很大轰动。AlexNet可以说是一个具有历史意义的网络结构。在此之前，深度学习已经沉寂了很长时间，AlexNet诞生之后，后面的ImageNet冠军都是用卷积神经网络（CNN）来做的，并且层次越来越深，使得CNN成为图像识别分类的核心算法模型，带来了深度学习的大爆发。

AlexNet网络结构如图11.10所示。

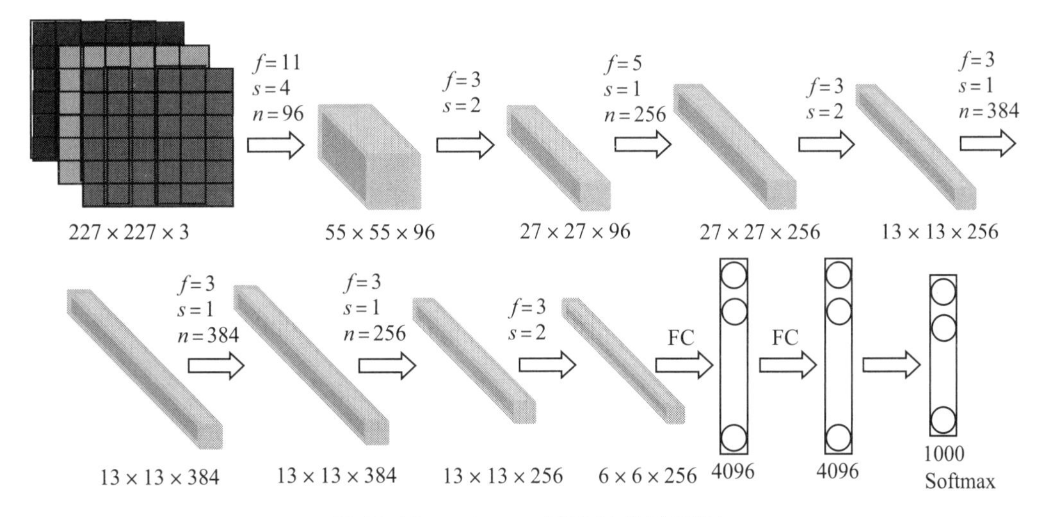

图11.10 AlexNet网络结构示意图

AlexNet包括8个参数层，即5个卷积层和3个全连接层，最后一个全连接层的输出送到一个1000维的Softmax层，产生一个覆盖1000类标签的分布。其他层，包括LRN（local response normalization）层出现在第1个及第2个卷积层后，最大池化层（3×3，步长为2）出现在两个LRN层及最后一个卷积层后。ReLU激活函数应用在8个参数层每一层的后面。

下面介绍AlexNet网络结构。

1. 卷积层C_1

① 输入预处理之后的图像，大小为227×227×3（RGB三通道的彩色图像）。

② 用96个11×11×3的卷积核（步长为4）进行特征提取，卷积后的数据为

$55 \times 55 \times 96$，其中，$55 = (227-11)/4+1$（卷积核的深度与本层输入通道的数量相同）。

③ 使用ReLU激活函数，ReLU后面跟LRN层，尺寸不变。

④ 最大池化$Pooling_1$的核为3×3，步长2，特征图大小为$27 \times 27 \times 96$，其中，$27 = (55-3)/2+1$。

AlexNet网络采用最大池化，是为了避免平均池化的模糊化效果，从而保留最显著的特征，并且AlexNet提出让步长比池化核的尺寸小，这样池化层的输出之间会有重叠和覆盖，提升了特征的丰富性，减少了信息的丢失。

2. 卷积层C_2

① 输入的特征图大小为$27 \times 27 \times 96$。

② 用256个$5 \times 5 \times 96$的卷积核（步长1）对输入特征图进行填充操作，可得大小相同但通道数不同的特征图，即$27 \times 27 \times 96$大小的特征图。

③ 进行ReLU操作，后面跟LRN层，尺寸不变。

④ 最大池化$Pooling_2$的核为3×3，步长2，得到的数据为$13 \times 13 \times 256$，其中，$13 = (27-3)/2+1$。

3. 卷积层C_3

用384个$3 \times 3 \times 256$的卷积核（步长1）对输入特征图进行填充操作，可得大小相同但通道数不同的特征图，即$13 \times 13 \times 384$大小的特征图。

4. 卷积层C_4

用384个$3 \times 3 \times 384$的卷积核（步长1）对输入特征图进行填充操作，可得大小相同但通道数不同的特征图，即$13 \times 13 \times 384$大小的特征图。

5. 卷积层C_5

① 用256个$3 \times 3 \times 384$的卷积核（步长2）可得$8 \times 8 \times 256$大小的特征图。

② 最大池化$Pooling_5$的核为2×2，步长2，降采样之后的特征图大小为$4 \times 4 \times 256$。

6. 全连接层FC_6

这里使用4096个神经元，对256个大小为4×4的特征图进行一个全连接，之后再进行一个dropout，也就是随机从4096个节点中丢弃一些节点信息（值清零），得到新的4096个神经元（dropout的使用可以减少过度拟合，丢弃并不影响正向和反向传播）。

经过交叉验证，隐含节点率等于0.5时效果最好，原因是隐含节点率为0.5时dropout随机生成的网络结构最多。

进入全连接层实际上就是进入分类器，前5个卷积层用来提取特征，后面3个全连接层构成分类器。

7. 全连接层FC_7

这个全连接层相当于分类器的隐层，仍然是4096个神经元。

8. 全连接层FC_8

采用1000个神经元对FC_7中的4096个神经元进行全连接，输出的值是所属类别的得分，取得分最高的神经元对应的类别作为分类结果。

AlexNet将CNN用到了更深更宽的网络中，其分类精度相比于LeNet-5更高，具有以下优势：

① 应用ReLU激活函数能更快地训练，同时解决了Sigmoid在训练较深的网络时出现的梯度消失和梯度弥散问题。

② 使用dropout和数据增强，避免过度拟合。

③ 重叠的最大池化层，避免了平均池化层的模糊化效果，并且步长比池化核的尺寸小，池化层的输出之间有重叠，提升了特征的丰富性。

④ 提出了LRN层。局部响应归一化，对局部神经元创建竞争机制，使得其中响应大的值变得更大，同时抑制反馈较小的局部神经元。

11.4 图像目标检测深度卷积网络

图像目标检测示例如图11.11所示，目标检测是对图像中特定目标的区域进行检测并定位。如检测图中的狗、自行车、卡车，并标记这些目标在图像中的位置。

本节介绍经典的Faster-RCNN网络[13]和YOLO网络[14~16]。

图11.11 图像目标检测示例（见彩插13）

11.4.1 Faster-RCNN网络

Faster-RCNN网络有两个核心操作。

① 得到图像中的候选目标区域（proposals）。通过卷积神经网络计算得到某矩形区域是目标区域的可能性得分，并根据得分推荐一定数量的候选目标区域。

② 识别候选目标区域中的物体是何种物体。通过卷积神经网络的分类功能，将候选目标区域的图像输入分类网络，从而识别出该候选区域为何种物体。同时，利用卷积神经网络的回归功能，对目标区域的位置进行回归，提高目标识别的位置精度。

1. Faster-RCNN网络结构

Faster-RCNN网络结构如图11.12所示，输入图像进入特征提取网络（conv layers），采用VGG[17]得到特征图（feature map）。将特征图传入区域推荐网络（region proposal network，RPN），得到推荐的目标物体矩形框。再将矩形框与特征图（feature map）进行对应，取出矩形框内的特征图，传入由全连接网络构成的分类器，得到最终的识别结果。

这里由于RPN网络[13]给出的矩形框大小是不一致的，输入到分类器时，需要对矩形框内的特征图进行一次RoI池化（RoI pooling），以确保输入到分类器的数据格式是固定的。

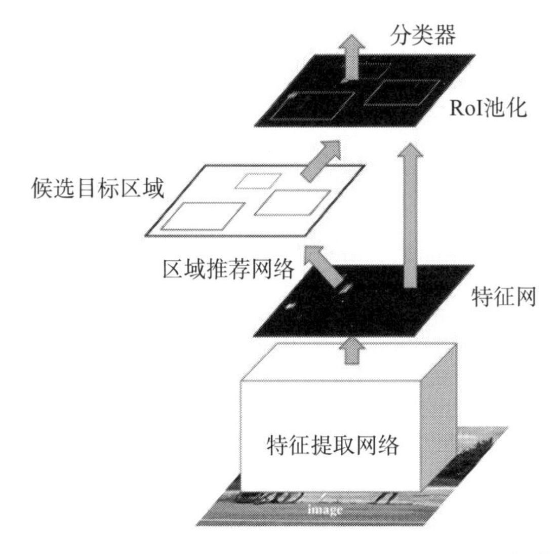

图11.12 Faster-RCNN网络结构示意图[13]

2. Faster-RCNN的特征提取网络模块

Faster-RCNN网络的第一步，是将原始三通道彩色图像输入特征提取网络。可用于特征提取的神经网络很多，从最早的LeNet到现在常用的VGG[17]和ResNet[18]分类网络都可以用于Faster-RCNN，作为基础网络（backbone），对分类网络全连接层之前的特征图完成特征提取。本节采用VGG网络作为Faster-RCNN的基础网络。

以1024 × 1024分辨率的三通道彩色图像为例，特征提取网络的输入为1024 × 1024 × 3，经过VGG基础网络后，特征图的大小是输入图的1/16，即输出为64 × 64 × 512（64 = 1024/16）。

3. Faster-RCNN的区域推荐网络模块

区域推荐网络RPN的作用是找出图像中可能是目标物的区域，其结构如图11.13所示。

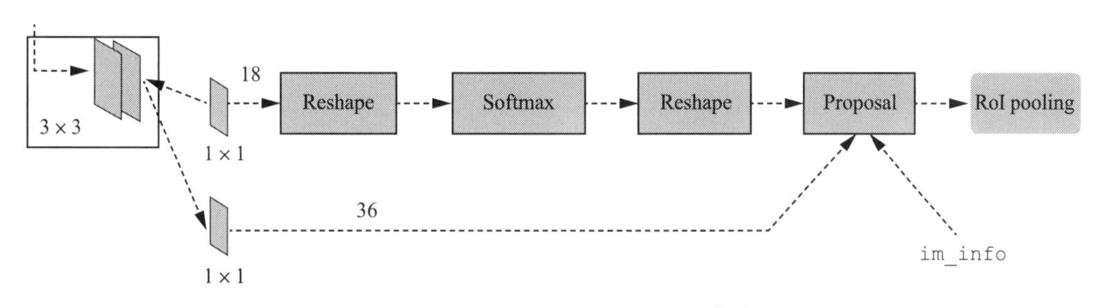

图11.13 RPN网络结构示意图[13]

从结构图中可以看出，FPN网络[19]首先将VGG基础网络提取的特征图输入到一个卷积层，得到的结果分别进入两个分支。上面的分支用来得到候选框为目标物的可能性得分；下面的分支用来对候选框的坐标位置进行回归，使其更加准确。

在这里需要介绍锚点（anchor）的概念，以特征图的每个位置为中心点，预设9种可能的目标框。如图11.14所示，以特征图当前位置为中心点，对应三种尺度（128 × 128、256 × 256、512 × 512）和三种长宽比（1：1、1：2、2：1）。实际9种目标框的尺寸为128 × 128、90 × 180、180 × 90、256 × 256、180 × 360、360 × 180、512 × 512、360 × 720、720 × 360。

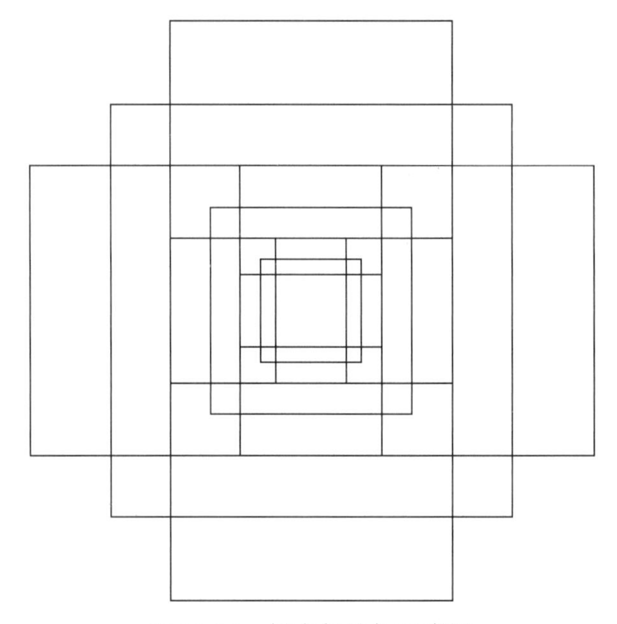

图11.14　锚点候选框示意图

把特征图的每个位置看作一个锚点，每个锚点对应9种目标候选框，如果输出的特征图为64 × 64 × 512，将其输入到一个3 × 3的全卷积层，输出仍然是64 × 64 × 512，那么如果有64 × 64个锚点，也就有64 × 64 × 9个目标候选框。

针对图11.13中上面的分支，需要判断每个目标候选框是前景还是背景，即要给出一个前景概率和一个背景概率。于是，将每个锚点上512维的特征向量输入一个全连接层，输入节点数512，输出节点数18（每个候选框2个得分）。此处实际上是采用一个1 × 1卷积核的卷积网络，输入通道512，输出通道18。然后将网络输出送入Softmax计算分类得分。在进入Softmax前后需要分别对输入和输出进行Reshape，原因是Softmax只对一个候选框是前景还是背景进行概率计算，因此，将18 × 1变形为9 × 2，只对长度为2的维度进行Softmax。

针对图11.13中下面的分支，需要得到每个候选框的坐标回归值，即要给出上下左右（top、bottom、left、right）四个调整值。也是将每个锚点上512维的特征向量输入一个全连接层，输入节点数512，输出节点数36（每个候选框4个调整值）。此处实际上是采用一个1×1卷积核的卷积网络，输入通道512，输出通道36。

最后，网络根据候选框的前景概率进行排序，将排在前2000的候选框作为RPN网络的输出结果。同时利用坐标回归网络的结果，对推荐的候选框位置坐标进行修正，得到最终的推荐结果。

4. Faster-RCNN的RoI池化

得到了RPN网络给出的推荐目标框之后，将其送入目标分类网络进行识别，目标识别有以下两个关键点。

① 特征提取，网络可直接使用VGG基础网络提取的特征进行分类识别，这也是Faster-RCNN能够具有较高实时性的关键点。

② RPN网络得到的目标推荐框的大小是不同的，那么根据推荐框截取的特征图大小也是不同的，因此，无法采用相同的网络结构，对所有目标进行分类识别。在这里Faster-RCNN网络提出RoI池化[13]的方法，解决了这个问题。

RoI池化的原理是，根据RPN网络得到的目标框，截取对应区域的特征图，RoI池化将截取出来的特征图等间隔划分成7×7个子区域，在每个区域内采用最大池化。这样，每个目标框内的特征图都变为7×7×512。接下来就可以将其输入到统一的分类网络中进行识别了。

5. Faster-RCNN的目标分类

得到每个候选目标框的特征图之后，可以将其展开成一维向量，并送入全连接层进行分类识别，过程与11.3节介绍的分类网络基本一致，这里就不详细介绍了。需要重点说明的是，RPN网络得到的候选目标框，只是根据前景概率推荐得分最高的前2000个，并非都是目标物。因此，在实际分类识别时，加入一个背景类别，表示该目标框内不是目标而是背景。例如，对VOC[20]数据集的图像进行目标检测，目标识别种类有20类，那么最后的全连接层输出就是21，即目标识别的全连接层为输入层25 088（7×7×512），输出层21，最后将其送入Softmax网络层计算识别概率。

6. Faster-RCNN的网络训练

对于网络的训练过程，需要重点说明损失函数的选择与损失值的计算，以及网络整体的训练步骤。

对应损失值的计算，这里重点介绍RPN网络的损失值计算过程，分类网络的计算过程与11.3节介绍的类似。

在RPN网络训练过程中，并不是把所有锚点的每个候选框都拿来进行计算，而是从中选择部分候选框进行损失值的计算，选择的依据是IoU。

IoU的全称为交并比，计算的是“预测目标区域”和“真实目标区域”的交集和并集的面积比值，如图11.15所示。

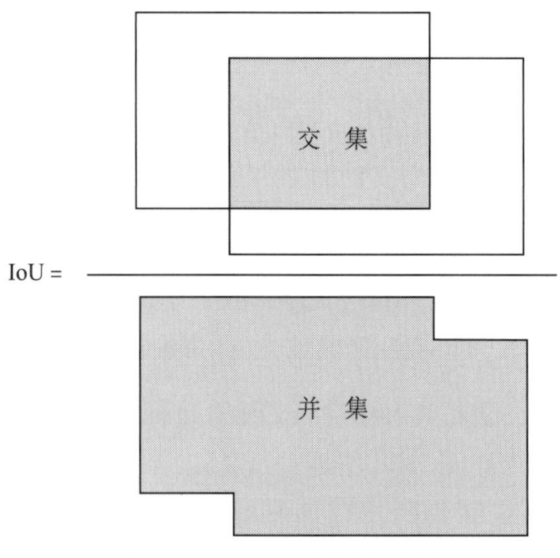

图11.15　IoU计算示意图

其中，真实目标区域是在训练前已经打标获得的，计算每个候选框和每个目标框之间的IoU，取最大的IoU值作为该候选框的IoU值。可选取IoU＞0.7的候选框为正样本，选择IoU＜0.3的候选框为负样本。

确定好正负样本之后，计算损失Loss，RPN网络的损失函数如下：

$$L(\{p_i\},\{t_i\})=\frac{1}{N_{\text{cls}}}\sum_i L_{\text{cls}}(p_i,p_i^*)+\lambda\frac{1}{N_{\text{reg}}}\sum_i p_i^* L_{\text{reg}}(t_i,t_i^*) \tag{11.14}$$

式中，p_i为网络得到的第i个候选框为目标框的概率；p_i^*为标签值，如果该候选框为正样本则取$p_i^*=1$，如果该候选框为负样本则取$p_i^*=0$；N_{cls}为该分支网络选择的样本总数；L_{cls}函数通常选择交叉熵损失，由于这里是一个二分类问题，因此，最终选择的是二值交叉熵损失函数；t_i是第i个候选框的位置回归参数，一个4维向量，由$[t_x, t_y, t_w, t_h]$组成；t_i^*为第i个候选框对应的IoU最大的标签框的参数，也是一个4维向量，由$[t_x^*, t_y^*, t_w^*, t_h^*]$组成。

具体计算过程如下：

$$t_x = (x - x_a) / w_a \quad t_y = (y - y_a) / h_a \quad t_w = \log(w / w_a) \quad t_h = \log(h / h_a) \qquad (11.15)$$

$$t_x^* = (x^* - x_a) / w_a \quad t_y^* = (y^* - y_a) / h_a \quad t_w^* = \log(w^* / w_a) \quad t_h^* = \log(h^* / h_a) \qquad (11.16)$$

式中，x_a、y_a、w_a、h_a是锚点对应原始候选框的中心点坐标和宽高；x^*、y^*、w^*、h^*是打标样本框的中心点坐标和宽高。可以计算出$[t_x^*, t_y^*, t_w^*, t_h^*]$，而网络输出是$[t_x, t_y, t_w, t_h]$。这样就可以计算$L_{reg}$损失函数了。对于回归问题通常会选择smooth L1[20]损失函数。N_{reg}为回归网络的样本总数，λ为平衡因子，用来平衡两个网络之间样本数的差异，例如，$N_{cls}=256$，$N_{reg}=2400$，那么可以将λ设置为10。

不难看出，损失函数的计算包含两部分内容，对应的就是图11.13中RPN网络的上下两个分支。

对于网络的整体训练过程，在实际训练中分为以下几个步骤。

① 在已经训练好的基础网络模型上，训练RPN网络。

② 锁定RPN网络参数，进行第一次Faster-RCNN网络训练。

③ 对RPN网络进行第二次训练。

④ 利用步骤③ 中训练好的RPN网络，进行第二次Faster-RCNN网络训练。

从这里可以看出，Faster-RCNN网络训练是一个循环迭代的过程，一般情况下迭代两次就可以了，网络基本上达到了很好的效果，后面再进行多次迭代，性能也不会得到明显提升。

11.4.2 YOLO网络

YOLO网络[14~16, 22]是基于深度学习的目标检测算法中非常经典的算法，随着其不断更新改进，效果也不断提高。从v1版本的提出，到v3版本的成熟，再到v4、v5版本的深入优化，YOLO网络的检测效果得到大幅提升，已成为现阶段主流的目标检测算法。

与Faster-RCNN的两步式检测（先从RPN网络获得推荐框，再对推荐框内目标进行分类识别）相比，YOLO网络采取的是一步式检测，将检测图像全图作为网络输入，直接在输出层得到检测物体的边界框回归参数和类别分数。本节以YOLO v1版本为基础，介绍该算法的主体思想。

1. YOLO v1的网络结构

YOLO网络将检测图均分成$S \times S$个区域，每个区域负责预测目标物边界框的中心落于该区域的目标。如图11.16所示，如果将待测图均分成7×7个区域，这时“狗”这个目标物的中心如果落在(4, 1)区域，那么(4, 1)区域对应的特征就用来识别这个区域是否有目标物，目标物是不是“狗”。

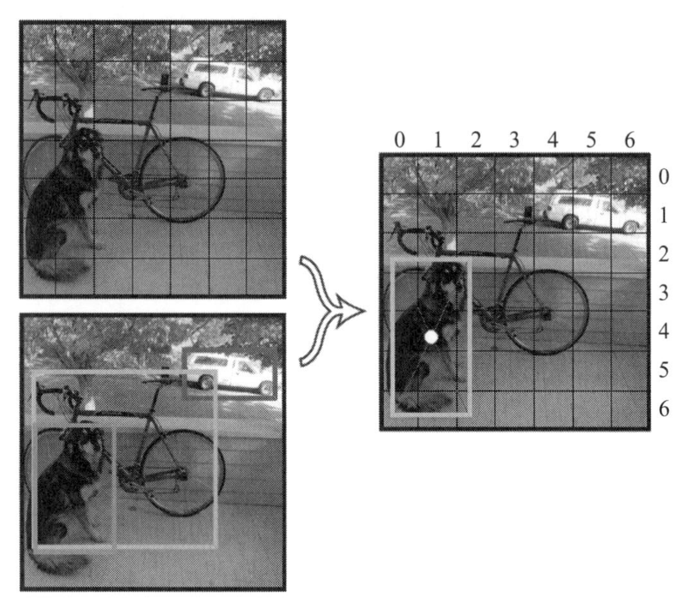

图11.16　图像分块示意图[14]（见彩插14）

另外，每个区域最多预测B个同类物体，一共有C种类别的待识别目标物。这样每个目标边界框要预测(x, y, w, h)和置信度（confidence）共5个值，每个网格还要预测一个类别信息，记为C类。那么，$S \times S$个网格，每个网格要预测B个目标边界框和C个类别概率。输出层就是$S \times S \times (5B+C)$的一个张量。

在YOLO v1的初始版本中，对VOC2017[20]数据集的图像进行目标检测，待测图像分辨率为448×448。网络取$S = 7$，$B = 2$，$C = 20$。这种情况下，YOLO v1网络的输入为$448 \times 448 \times 3$的张量，输出为$7 \times 7 \times 30$的张量$(5B+C = 30)$。根据这些参数，图11.17给出YOLO v1网络结构图。

YOLO网络借鉴了GoogLeNet[23]的网络结构，在其基础上稍作更改，得到了现在的YOLO v1网络结构。输入三通道彩色图像之后，经过24个卷积层和2个全连接层，得到最终的输出。

这里需要着重介绍的是最后两个全连接层。对于第一个全连接层，输入是$7 \times 7 \times 1024$的张量，对它做展平处理，得到50 176维的向量，这一层的输出为

4096维。对于第二个全连接层，输入为4096维，输出为1470维，对1470维数据进行变形处理（reshape）得到7 × 7 × 30的张量作为网络输出。具体过程如图11.18所示。

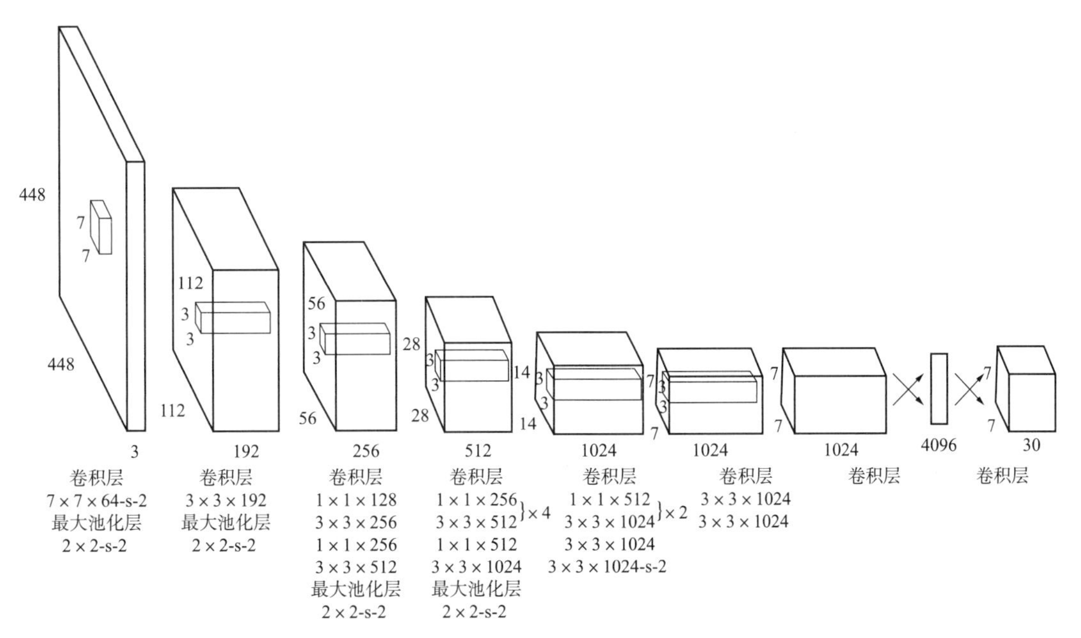

图11.17 YOLO v1网络结构图[14]

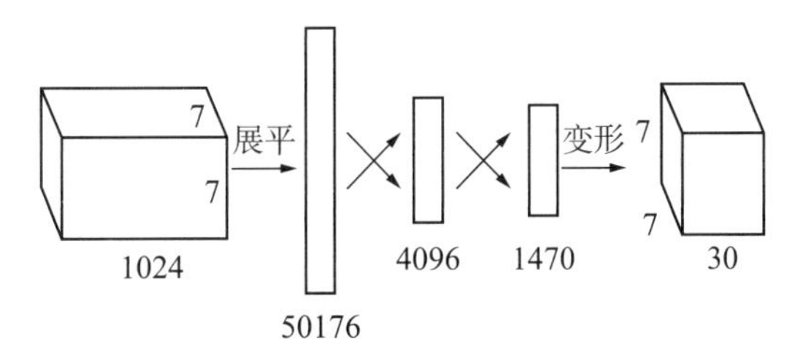

图11.18 全连接层细节示意图

这样就得到了YOLO网络的输出结果，针对每个7 × 7的区域，都有一个30维的特征向量，细节如图11.19所示，其中目标的（x，y，w，h）表示预测目标的边界框，x和y是边界框的中心点坐标，w和h是边界框的宽度和高度。紧接着是目标的置信度。这样两个目标的信息就对应了30维特征向量的前10个值。接下来的20个值对应20个类别的分类概率。

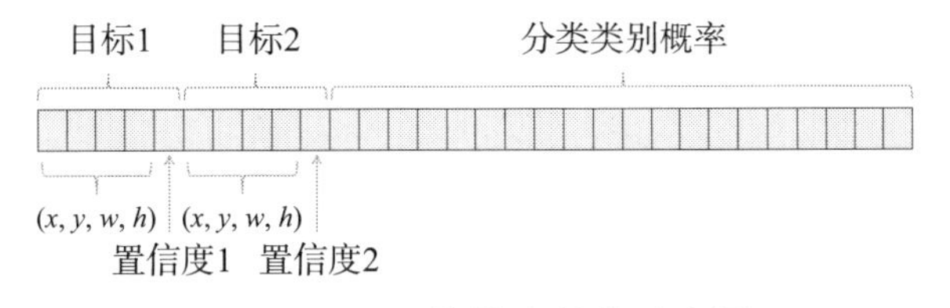

图11.19 网络输出结构示意图

这里的置信度被定义为

$$\text{conf} = \Pr(\text{Object})\text{IoU}_{\text{pred}}^{\text{truth}} \tag{11.17}$$

即该区域为目标的概率乘以该预测目标框与真实目标框直接的IoU值。

对应的20个类别概率被定义为

$$\text{class\_Score} = \Pr(\text{Class}_i | \text{Object}) \tag{11.18}$$

即该区域存在目标物且为第i类目标物的条件概率。

进行网络识别时，输出一共给出$7 \times 7 \times 2 = 98$个目标框，以及它们的置信度和20类的分类概率值。接下来将置信度目标与分类概率相乘，即可得到该目标框对应的每个类别的置信度得分（class-specific confidence score）。选取合适的阈值，将小于阈值的目标框删除，剩下的目标框经过非极大值抑制（NMS）处理，就得到最终的识别结果。

2. YOLO v1的网络训练

在YOLO v1网络中，损失函数由坐标位置预测损失、置信度损失、目标分类损失三部分组成，总损失为三部分之和。

① 坐标位置预测损失函数。

$$\begin{aligned}\text{Loss}_1 &= \sum_{i=1}^{S^2}\sum_{j=1}^{B} 1_{ij}^{\text{obj}}\left[(x_i - \hat{x}_i)^2 + (y_i - \hat{y}_i)^2\right] \\ &+ \sum_{i=1}^{S^2}\sum_{j=1}^{B} 1_{ij}^{\text{obj}}\left[\left(\sqrt{w_i} - \sqrt{\hat{w}_i}\right)^2 + \left(\sqrt{h_i} - \sqrt{\hat{h}_i}\right)^2\right]\end{aligned} \tag{11.19}$$

式中，i是指第i个区域；j是指该区域第j个目标块，上述例子中$B = 2$，表示前景和背景，j的取值为0、1；1_{ij}^{obj}是指第i个区域内第j个目标为目标物，即只计算正样本的坐标损失。

需要重点解释的是，式（11.19）中对宽度w和h高度进行了开根号处理，这是因为越小的目标框越不能容忍位置的偏差，越大则相反。

② 置信度损失函数。

$$\text{Loss}_2 = \sum_{i=1}^{S^2}\sum_{j=1}^{B} 1_{ij}^{\text{obj}}\left(C_i - \hat{C}_i\right)^2 + \lambda_{\text{noobj}}\sum_{i=1}^{S^2}\sum_{j=1}^{B} 1_{ij}^{\text{noobj}}\left(C_i - \hat{C}_i\right)^2 \tag{11.20}$$

式中，1_i^{obj}表示正样本，$\hat{C}$取1；1_{ij}^{noobj}表示负样本，$\hat{C}$取0。

③ 目标分类损失函数。

$$\text{Loss}_3 = \sum_{i=1}^{S^2} 1_i^{\text{obj}} \sum_{c \in \text{classes}} \left[p_i(c) - \hat{p}_i(c) \right]^2 \tag{11.21}$$

式中，1_i^{obj}表示有目标物的中心点落在第i个区域；p_i为预测类别概率；$\hat{p}_i$表示标注的类别概率，如标注该目标类别k，则$\hat{p}_i(c)|c=1$取值为1，$\hat{p}_i(c)|c \neq k$取值为0。

将三部分的损失函数相加作为网络的总体损失函数进行训练，即可得到较好的结果。

YOLO v1仍然存在很多不足之处，例如，YOLO网络对相互靠得很近的物体，还有很小的群体目标检测效果不好，这是因为一个网格中只预测了两个框，并且属于一类。这些问题都在后续版本的YOLO网络中得到了一定程度的改进。

3. YOLO v2的改进

针对YOLO v1版本检测效果存在的不足，YOLO v2版本[15]进行了一些改进，下面介绍v2版本中的几点主要改进。

① 对基础网络（backbone）的结构进行了改进，在Darknet-19[15]网络结构的基础上进行调整。这里以分辨率为416 × 416的图像为例，给出YOLO v2网络的结构及各层的特征尺寸，如图11.20所示。主体网络部分，只采用了Darknet-19网络的前18个卷积层，最后一层的输出尺寸为13 × 13 × 1024（图11.20中虚线部分）。

② 在v1网络中只采用高层的网络输出特征进行识别，效果较差，因此，希望引入网络中更低层的特征信息进行识别。YOLO v2网络将低层信息与高层信息进行融合，输出最后的结果。这个过程通过引入一个Passthrough layer层来实现。

将26 × 26分辨率的低层特征与最后的13 × 13输出进行融合。具体融合过程通过Passthrough layer层来实现，如图11.20中黑色框内部分。Passthrough layer层的具体结构如图11.21所示，该结构将$W \times H \times C$的特征图转换为$W/2 \times H/2 \times 4C$。这样特征图的尺寸就和最终输出层的尺寸一致了，可以将其与高层特征图在通道方向进行拼接。

③ 算法引入类似Faster-RCNN中锚点（anchor）的概念。在YOLO v2网络中一个特征向量负责预测5组边界框，每个边界框的数据由4个坐标位置、1个置信度、20个分类置信度，共25个数据组成。图11.20网络的最终输出为13 × 13 × 125。

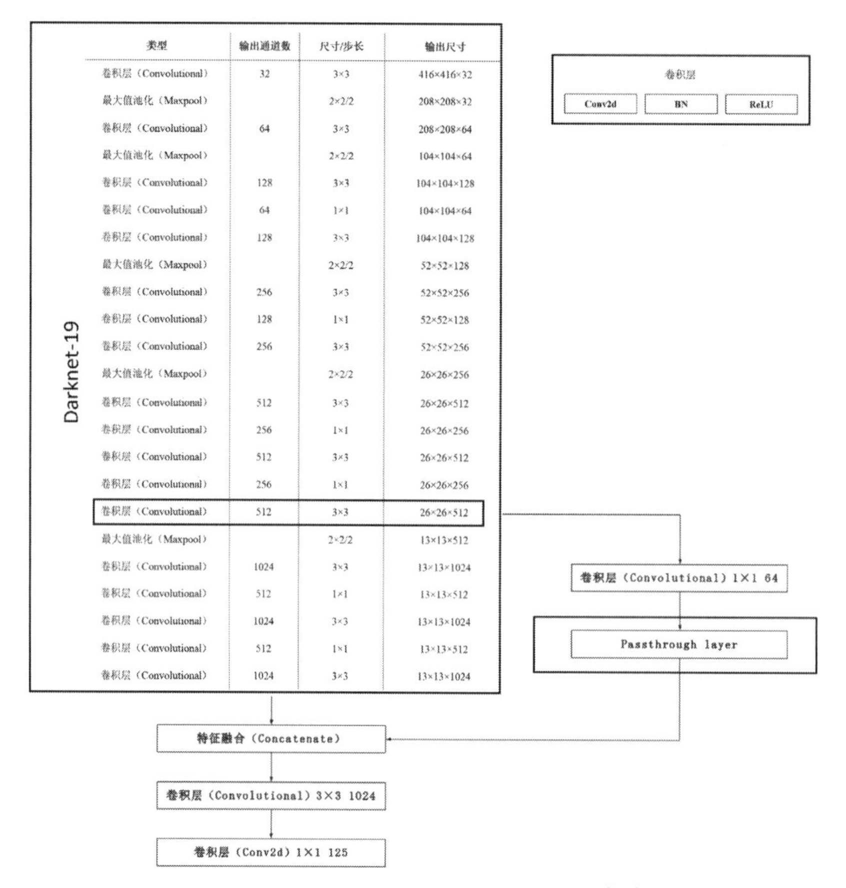

类型	输出通道数	尺寸/步长	输出尺寸
卷积层（Convolutional）	32	3×3	416×416×32
最大值池化（Maxpool）		2×2/2	208×208×32
卷积层（Convolutional）	64	3×3	208×208×64
最大值池化（Maxpool）		2×2/2	104×104×64
卷积层（Convolutional）	128	3×3	104×104×128
卷积层（Convolutional）	64	1×1	104×104×64
卷积层（Convolutional）	128	3×3	104×104×128
最大值池化（Maxpool）		2×2/2	52×52×128
卷积层（Convolutional）	256	3×3	52×52×256
卷积层（Convolutional）	128	1×1	52×52×128
卷积层（Convolutional）	256	3×3	52×52×256
最大值池化（Maxpool）		2×2/2	26×26×256
卷积层（Convolutional）	512	3×3	26×26×512
卷积层（Convolutional）	256	1×1	26×26×256
卷积层（Convolutional）	512	3×3	26×26×512
卷积层（Convolutional）	256	1×1	26×26×256
卷积层（Convolutional）	512	3×3	26×26×512
最大值池化（Maxpool）		2×2/2	13×13×512
卷积层（Convolutional）	1024	3×3	13×13×1024
卷积层（Convolutional）	512	1×1	13×13×512
卷积层（Convolutional）	1024	3×3	13×13×1024
卷积层（Convolutional）	512	1×1	13×13×512
卷积层（Convolutional）	1024	3×3	13×13×1024

图11.20　YOLO v2网络结构示意图[15]

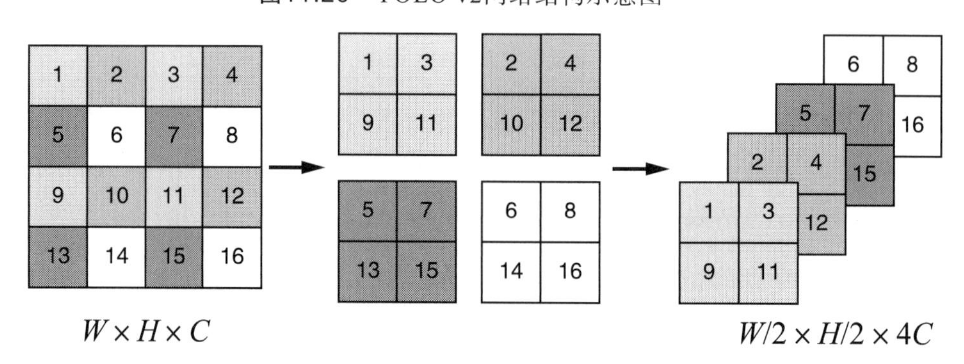

图11.21　Passthrough layer层结构示意图

④ 对锚点的定位进行了调整。在Faster-RCNN中网络对于边界框的输出为(t_x, t_y, t_w, t_h)，对于边界框的中心点(x, y)坐标转换公式如下：

$$
\begin{aligned}
x &= x_a + t_x w_a \\
y &= y_a + t_y h_a
\end{aligned}
\tag{11.22}
$$

从式（11.22）可以看出，由于t_x和t_y不受约束，因此(x, y)可能出现在全图的任何位置，这就背离了设计的初衷（希望特征图中的每个点只负责预测本区域内的目标物，其他位置的目标物由其他对应的特征点进行预测）。

在这里算法对t_x和t_y进行约束，引入$\sigma()$函数，则边界框的中心点(x, y)坐标转换公式如下：

$$\begin{aligned} x &= x_a + \sigma(t_x)w_a \\ y &= y_a + \sigma(t_y)h_a \end{aligned} \quad (11.23)$$

式中，$\sigma()$可选为Sigmoid函数，将系数约束在(0, 1)区间内。

4.YOLO v3的改进

首先YOLO v3网络[16]改用Darknet53[16]网络作为基础网络。另一方面，由于YOLO v1和YOLO v2中存在对不同尺寸目标物的检测效果不理想问题，在YOLO v3中，尝试在不同尺度的特征层进行目标检测。

图11.22中仍然以输入分辨率416×416的图像为例，给出YOLO v3网络结构及各层的特征尺寸。

Darknet53网络采用残差结构，增加了网络的深度。其中，残差结构Residual如图11.22右侧虚线框所示。在Darknet53中，每个黑框内的部分构成一个残差结构。

网络分别在三个预测特征层中对目标边界框进行预测，第一个预测特征层在Darknet53的输出层得到13×13×1024的特征图，经过两次卷积得到13×13×125的预测结果，其结构与YOLO v2相同。13×13的分辨率可以较好地预测图像中较大的目标物。

接下来网络通过一个上采样层将13×13的特征图尺寸扩大为原来的两倍，即26×26。然后将 Darknet53网络中26×26×512的对应层与上采样后的特征图进行融合，即进行深度方向的拼接。这样就得到第二个预测特征层的特征图。26×26的分辨率可以较好地预测图像中中等大小的目标物。

最后，网络对第二个预测特征层的特征图再次进行上采样，分辨率会变为52×52。然后将 Darknet53网络中52×52×256的对应层与上采样后的特征图进行深度方向的拼接，得到第三个预测特征层的特征图。52×52的分辨率可以较好地预测图像中较小的目标物。

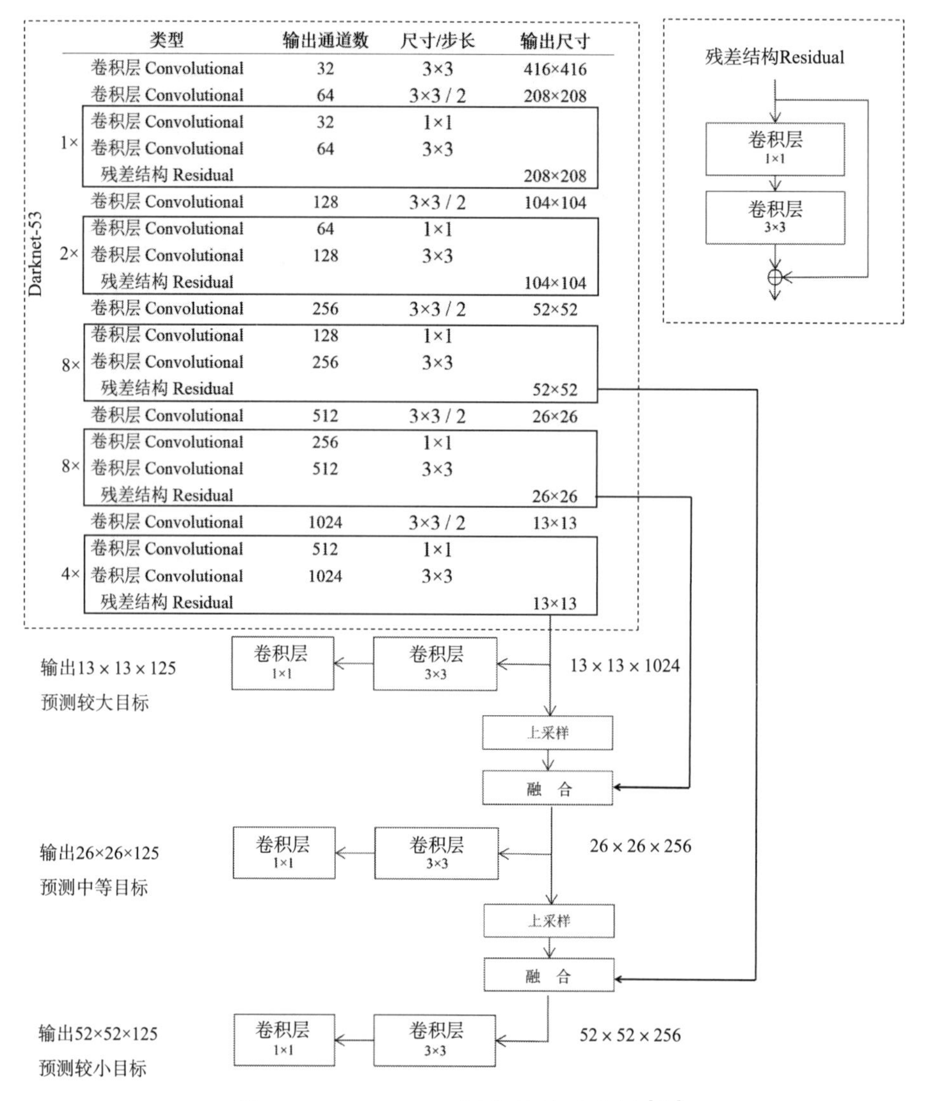

图11.22 YOLO v3网络结构示意图[16]

习 题

1. 结合本章介绍的其中一种超分辨率重建网络，查阅文献，分析目前最新的算法与该算法的异同点，以及指标的变化情况。

2. 结合本章介绍的其中一种分类网络，查阅文献，分析目前最新的算法与该算法的异同点，以及指标的变化情况。

3. 结合本章介绍的其中一种目标检测网络，查阅文献，分析目前最新的算法与该算法的异同点，以及指标的变化情况。

参考文献

第4章

[1] Ahmadi, Reza, et al. Survey of image denoising techniques [J]. Life Science Journal,2013,10(1):753-755.

[2] Saxena, Chandrika, Deepak Kourav. Noises and image denoising techniques: A brief survey [J]. International journal of Emerging Technology and advanced Engineering,2014,4(3):878-885.

[3] Jain, Paras, Vipin Tyagi. A survey of edge-preserving image denoising methods [J]. Information Systems Frontiers,2016,18(1):159-170.

[4] Tian, Chunwei, et al. Deep learning for image denoising: a survey [R]. International Conference on Genetic and Evolutionary Computing. Singapore:Springer, 2018.

[5] Kundu, Amlan, S. Mitra, P. Vaidyanathan. Application of two-dimensional generalized mean filtering for removal of impulse noises from images[J].IEEE transactions on acoustics, speech, and signal processing,1984,32(3):600-609.

[6] Justusson, B. I. Median filtering: Statistical properties[J].Two-Dimensional Digital Signal Prcessing II, 1981:161-196.

[7] Zeng, Weiming.A Simple Effective Noise Smoothing Filter Using Grayscale Minimum Variance[J].2010 International Conference on Biomedical Engineering and Computer Science. IEEE, 2010.

[8] Itoh, Kazuyoshi, Yoshiki Ichioka, Tatsuya Minami. Nearest-neighbor median filter[J].Applied optics,1988,27(16):3445-3450.

[9] Nock, Richard, Marc Sebban, Pascal Jappy. A symmetric nearest neighbor learning rule[J].European Workshop on Advances in Case-Based Reasoning, 2000.

[10] Brox, Thomas, Oliver Kleinschmidt, Daniel Cremers. Efficient nonlocal means for denoising of textural patterns[J].IEEE Transactions on Image Processing,2008,17(7):1083-1092.

第5章

[1] Canny, John. A computational approach to edge detection [J].IEEE Transactions on pattern analysis and machine intelligence,1986,6: 679-698.

[2] Huertas, Andres, Gerard Medioni. Detection of intensity changes with subpixel accuracy using Laplacian-Gaussian masks[J]. IEEE Transactions on Pattern Analysis and Machine Intelligence,1986,5: 651-664.

第11章

[1] Harris J L. Diffraction and Resolving Power [J]. Journal of the Optical Society of America, 1964,54(7):931-936.

[2] Goodman J W. Introduction to Fourier Optics [M]. New York:McGraw-Hill, 1968.

[3] Rusforth C K. In image reconstruction, theory and application [M]. New York:Academic Press, 1987:313.

[4] Andrews H C, Hunt B R. Digital image restoration [M]. Englewood Cliffs:Prentic-Hall,1977.

[5] Schultz R R, Stevenson R L. Extraction of high-resolution frames from video sequences [J]. IEEE Transactions on Image Processing, 1996,5(6):996-1011.

[6] Farsiu S, Robinson D, Elad M, Milanfar P. Fast and robust multi-frame super-resolution[J]. IEEE Transaction on Image Processing, 2004,13(10):1327-1344.

[7] Elad M, Feuer A. Restoration of single super-resolution image from several blurred, noisy and down-sampled measured images[J]. IEEE Transaction on Image Processing, 1997,6(12): 1646- 1658.

[8] Baker S, Kanade T. Limits on super-resolution and how to break them[J]. IEEE Transactions on Pattern Analysis and Machine Intelligence, 2002, 24(9):1167–1183.

[9] Chao D, Chen C L, He K, et al. Learning a Deep Covcolutional Network for Image Super-Resolution[C]. ECCV. Springer International Publishing, 2014.
[10] Shi W, Caballero J, F Huszár, et al. Real-Time Single Image and Video Super-Resolution Using an Efficient Sub-Pixel Convolutional Neural Network[C].2016 IEEE Conference on Computer Vision and Pattern Recognition (CVPR). IEEE, 2016.
[11] Lecun Y, Bottou L. Gradient-based learning applied to document recognition[J]. Proceedings of the IEEE, 1998, 86(11):2278-2324.
[12] Krizhevsky A, Sutskever I, Hinton G. ImageNet Classification with Deep Convolutional Neural Networks[J]. Advances in neural information processing systems, 2012, 25(2).
[13] Ross Girshick. Faster R-CNN:Towards Real-Time Object Detection with Region Proposal Networks[R], NIPS,2015.
[14] Joseph Redmon. You Only Look Once: Unified, Real-Time Object Detection[C] .2016 IEEE Conference on Computer Vision and Pattern Recognition (CVPR). IEEE, 2016.
[15] Redmon J, Farhadi A. YOLO9000: Better, faster, stronger. arXiv preprint arXiv:1612.08242, 2016.
[16] Redmon J, Farhadi A.YOLOv3: An incremental improvement. arXiv preprint arXiv:1804.02767, 2018.
[17] Simonyan K, Zisserman A. Very deep convolutional networks for large-scale image recognition. In ICLR, 2015.
[18] He K, Zhang X, Ren S, et al. Deep Residual Learning for Image Recognition[J]. IEEE, 2016.
[19] Lin T Y, Dollar P, Girshick R, et al. Feature Pyramid Networks for Object Detection[C].2017 IEEE Conference on Computer Vision and Pattern Recognition (CVPR). IEEE Computer Society, 2017.
[20] Everingham M, Van Gool L. The PASCAL Visual Object Classes Challenge 2007 (VOC2007) Results, 2007.
[21] Long J, Shelhamer E, Darrell T. Fully convolutional networks for semantic segmentation. In CVPR, 2015.
[22] https://pjreddie.com/darknet/yolo/
[23] Szegedy, Christian, et al. Going deeper with convolutions [J]. Proceedings of the IEEE conference on computer vision and pattern recognition,2015.